前D-LINK執行長 **曹安邦**——著

AI時代的跨國經營

規模不是問題，價值鏈才是關鍵

目錄

經營視野

市場開發

通路經營

以客為尊

國際化人才管理

全球化經營

推薦序

以「人本智慧」引導AI，為台灣創造更大的價值

宏碁集團創辦人／智榮基金會董事長　施振榮

本書作者曹安邦董事長是我多年的好友，多年來他為推動自有品牌國際化身經百戰，且成績斐然，此次他特別將他長年面對跨國經營點點滴滴的實戰經驗，鉅細靡遺地寫在書中與大家分享，有很高的參考價值。

尤其面對AI時代來臨，我們應該把AI當作工具，所謂「工欲善其事，必先利其器」。AI的英文是「Artificial Intelligence」，雖然一般習慣翻譯為「人工智慧」，但實際上翻譯為「人工智能」可能更為貼切，因為智慧是經驗的累積，AI尚達不到智慧的層次，只是一種智能，不過AI的記憶力及運算力可以擴張的空間大，還是能成為人類生活及文明的重要工具。

人的智慧能處理的層次比「人工智能」更高，面對未來社會各種情境可能會出現的問題，因此我說需要靠「人本智慧（Humanistic Wisdom）」來引導AI，透過經驗累積加上創意，借重科技的軟硬體工具，結合人本智慧與人工智能，才能面對台灣相對不熟悉的企業對消費者（B2C）市場。

過去台灣相對熟悉的代工製造模式，主要是針對企業對企業（B2B）市場，只要面對大客戶，在確認客戶的產品規格後把製造品質及交期做好即可。但企業對消費者（B2C）市場，往往面對的是不認識的消費者，並且要透過通路、行銷、售後服務等機制，才能累積品牌知名度並讓客戶滿意。

尤其經營品牌，產品更是要藉由不斷創新，才能在消費者心中建立起品牌形象，這需要長時間的累積。雖然經營品牌與直接面對消費者的B2C市場，挑戰很大，但所能創造的價值也最高，值得台灣長期投入。所以我也鼓勵大家，勇於面對這個挑戰，並不斷突破瓶頸進而為台灣創造更大的價值。

面對AI時代來臨，要如何做好跨國經營，本書作者以其自身多年經驗，詳細地說明該有什麼樣的創業精神與經營視野，才能打通任督二脈的價值鏈，進而創造價值，該如何做好市場開發與通路經營，以及如何傾聽市場深得「客」心，作者在書中將他多年的智慧結晶與讀者分享，相信對有心經營品牌及B2C市場的人，定能從中獲得啟發，在此向您推薦本書。

施振榮

推薦序

台灣ICT產業，未來十年《AI時代的跨國經營》

台灣區電機電子工業同業公會理事長　李詩欽

我和曹安邦董事長結緣，基於我們倆對推廣國際市場的興緻和經驗。曹董，一九九八至二〇〇八年間共計十年，從中南美、印度、中東、俄羅斯到非洲三十八國的跨國經營，尤其是在印度市場的成功，更是我所望塵莫及的。本書第二十二篇「印度市場的奇特崛起」，雖短，卻是曹董十年功的結晶。二〇一三年，曹董再創立GCR，選印度為基地，專營作為物聯網廠商，跨境銷售及落地的平台。我經常向他請教印度，他也不吝指導。

二〇一九年我榮任電電公會理事長後，積極推動台灣ICT產業在國際市場上布局，就全球化退潮後，供應鏈走向區域化及在地化，如何建立台灣ICT產業在區域組織及前列市場的供應鏈群聚，將台灣五十年的成功經驗複製到下列六大市場上。

大陸市場，是未來十年全球最大的單一國家市場。台灣ICT企業，三十年來在大陸以再出口所建立的龐大優勢，如何轉進大陸的內需市場，北美共同市場，就是美國、加拿大及墨西哥所共同打造的USMCA區域協定的共同市場。未來十年，台灣ICT企業，如何將過去二十年在美墨邊界所建立的生產製造優勢，擴大深耕美國及加拿大的市場，也轉進到墨西哥的內需市場。

歐盟共同市場，就是歐盟二十七個會員國，所共同創立的全球最大共同市場。未來十年，台灣ICT產業，如何將過去二十年在捷克、斯洛伐克及匈牙利所建立的生產製造優勢，深耕歐盟二十七國的內需市場及轉進到中東的內需市場。

東協共同市場，即東協十國的共同市場，台灣ICT企業，如何以泰國及越南為主要生產製造基地，積極深耕東協的內需市場。

印度市場，未來十年將成為全球第二大單一國家市場，僅次於中國市場。台灣ICT產業，如何在印度生產製造轉出口到其他區域市場的同時，積極轉進到印度內需市場。

日本市場，未來十年台灣ICT企業，如何利用台日共建半導體產業的優勢上，強化參與日本的內需市場，將日本當成台灣市場的延伸。

上述，將台灣五十年的成功經驗，複製到六大市場上的機遇，需要台灣ICT企業加速國際化。曹董「AI時代的跨國經營」就是最寶貴的經驗傳承，提供台灣ICT企業方方面面、全面性、活生生的成功案例。

更可貴的是曹董將AI的特質，融入跨國經營的需要上。未來十年是AI時代，台灣ICT企業在AI優勢上，更能加速在六大市場內，建立直接供應消費者及使用者，量身訂製最貼切，最具性價比的產品及服務。

AI可以建立「市場分析和預測」，分析大量的市場數據，包括客戶偏好、競爭情況、趨勢等，從而提供關於不同國際市場的深入洞察和預測。

AI可以提供「多語言支持」，幫助將資訊產品的推廣材料、網站內容等翻譯成多種語言，以滿足不同國家和地區的用戶需求。

AI可以提供「個性化推廣」，利用機器學習和大數據分析，AI可以根據個別用戶的偏好和行為模式，提供個性化的推廣內容和服務。

AI可以提供「社交媒體分析和行銷」，監測社交媒體上的討論和趨勢，提供有關如何在不同的國際市場上進行社交媒體行銷的建議。它可以幫助識別關鍵意見領袖和目標受眾，並優化推廣內容以增加曝光和參與。

AI可以提供「智能客戶服務」，通過智能虛擬助手，提供24/7的即時支援（編按：24/7指每天二十四小時，每周七天），回答常見問題，解決用戶疑慮，增強客戶滿意度。

AI可以提供「數據安全和隱私保護」，通過應用AI技術，企業可以更好地保護用戶數據，提高系統的安全性，增強國際市場用戶對產品的信任度。

綜上所述，AI在國際市場經營中，能夠幫助企業更好地了解市場、提供個性化服務、提高用戶參與度，深耕在地生產、在地行銷，直接訴求最終消費者及使用者的需求。

我引申曹董在「自序」中的兩段話，為台灣企業「AI時代的跨國經營」，共襄盛舉。

「我認為，全球化其實是「進階版」的本土化，當公司經營國際市場業務的規模越來越大，價值鏈就會越來越複雜、也越來越長，而此時，除了在當地市場的深耕布局外，再加上透過去除重複、異中求同，更兼顧了整體價值鏈平台效率的提升。帶著全球化精神落實執行，經營國際市場業務的格局與視野，其實，也決定了公司經營的深度與廣度。」

「值此世界局勢詭譎多變，區域衝突增溫的大環境下，將這十幾年來創業、當顧問、公司董事以及讀書的心得整理出書。希望此書的出版，讓讀過《繞著地球做生意》的朋友給予寶貴的回饋，也能夠對想要開始拓展海外市場的公司及朋友有所助益。」

李詩欽

推薦序

跳脫舒適圈，迎向新一波全球化布局

中華民國對外貿易發展協會董事長　黃志芳

運籌帷幄之中，決勝千里之外，這句話用來形容我的好友曹安邦先生的宏觀戰略與遠見卓識，再貼切不過。

他是國際行銷界的老兵，憑藉滿腔熱情與拼勁，歷經一卡皮箱闖天下的時代，繞著地球開疆闢土，拓展深耕新興市場，在友訊原有的品牌基礎上，將D-Link金字招牌擦得更加響亮，成為全球網通產品知名品牌，建立一百多個營運據點，產品銷售全球一百七十多國，獲得日不落品牌美譽。

從一九八〇年代以來，台灣推動經濟自由化與發展技術密集產業，很多以代工起家的企業，亟欲擺脫代工利潤不斷萎縮的困境，紛紛轉型自創品牌，企圖掌握市場經營主權。但從OEM代工營運模式轉型自創品牌，能成功的企業卻為數不多。友訊是台灣在國際市場上少數成功經營國際品牌的企業之一，在創立之初，幾位創辦人決心選擇品牌之路，把建立自有品牌行銷全球的願景目標植入企業的核心DNA。

他在友訊的工作生涯裡，前後十多年經歷兩個階段的職務。首先是站在第一線衝鋒陷陣，開拓國際市場的業務總經理，之後在金融風暴的經濟逆境中，臨危受命回到總部接任運籌帷幄的集團執行長。雖然身處截然不同的角色與位置，但在第一線擔任行銷先鋒的歷練讓他得以在集團制高點上洞察複雜的商業環境，在激烈的市場競爭中取得優勢。

本書是安邦兄將多年開發國際市場「綿綿角角」的細節及累積的實戰經驗，以生動、詼諧的方式娓娓道來，並以說故事的趣味穿插真實案例，鮮活呈現深耕布局新興市場的心路歷程，讓讀者猶如置身其中、感同身受，一起經歷在「蠻荒之地」煉金的所見所聞，讓不論是初入門或已有業務管理經驗的讀者，都能心領神會其中之奧妙與精髓。

透過 Tony 的視角，可以觀察到友訊在開發全球市場的戰略，既廣且深，不局限於美國、歐洲等已開發國家市場，更專注於擴展新興國家市場的業務版圖。他深刻體悟到，建構並管理一個完整的「價值鏈」，也就是從產品製造、代理銷售通路、經銷通路、到終端消費者的商業流程，是經營國際市場的致勝關鍵。然而，許多台灣企業往往過於重視「產品與技術」本身，忽略了不同市場與區域存在的文化差異及因地制宜的重要性，常常因此鎩羽而歸。所謂「魔鬼藏在細節裡」，開發陌生市場，需要時間累積 Know-how，要親身體驗、近身觀察當地文化背景、消費習慣、法規等，具備正確的心態與視野，以客觀、理性、包容的態度判斷情勢，進而深入且細緻的理順價值鏈。本書以不同章節把經營國際市場的各個面向，從市場開發、市場經營、通路佈建、到產品行銷、客戶服務、人才管理等，詳實分享攻略秘訣與獨門心法，並在書末特別規劃AI工具包，鼓勵企業運用AI科技，讓跨國商業開發及經營更精準、更有效率，值得有志拓展國際市場的讀者參考與學習。

過去數年間，全球經濟經歷了劇烈變化。從中美貿易戰到新冠疫情肆虐，再到俄烏戰爭爆發，及以哈衝突，這些事件對全球供應鏈和經濟秩序造成了重大衝擊。在地緣政治與逆全球化趨勢下，企業想要在國際市場上佔有一席之地，面臨前所未有的挑戰。本書是曹前執行長有感於現今局勢詭譎多變，區域衝突增溫的大環境下，值此時刻分享他累積多年披荊斬棘、縱橫馳騁國際市場的實戰指南；對於有心從事全球布局的企業或個人甚具參考價值。

AI時代來臨，賦予台灣百年難得一遇的機會，台灣一躍成為全球關鍵角色。我們必須突破原有框架與思維，打造國家與企業韌性，以堅定的決心跳脫舒適圈迎向新一波全球化布局。

黃志芳

推薦序

智識、見識與膽識的分享

長庚大學商管學院執行長　黃崇興

AI是什麼？是利用機器、資訊、資訊科技加強與協助「感知，決策，行動，不斷改善」這些人類處理事情的智慧，即稱之為人工智慧。這一本書的重點是在敘述一樁樁企業國際化過程中一位經理人要如何進行「感知，決策，行動，不斷改善」的要領，然後作者在關鍵處畫龍點睛的告訴讀者AI能做什麼。

這一本書不是任何商業理論的告誡，而是一本實踐的百科全書，一本實戰的參考工具書，它討論了what，why 以及 how。作者的實力在分享他個人數十載開拓與轉戰新興國家，開疆拓土的起伏轉折。書中的實例又反覆的印證管理學上的若干重點。

書中案例屢屢強調的重點，就是看似老生常談的：顧客的價值、整體供應鏈的思維、在地國際化的陷阱與克服、正視風險的態度、國際化組織的佈局、決策與執行手法上顧及因地而異的文化政治社會經濟情況。

只是配合書中的實例，作者的詮釋與說明，成功之處不驕，失敗之處不隱，在書中公開分享他的私人心法。私人心法既是每一段的精華，也是作者想要經驗傳承的所在。由於作者學識淵博，儒釋道都能引經據典，若干艱深的論點借力輕舟帶過，讓閱讀的人立能心領神會。

借用過去閱讀自陳明璋教授文章的一些論點，我認為作者在書中傳達了一個想在國際商務中有所作為的人，應該具有下列的理念：

（一）開創能力。配合AI的特性優點來開創國際市場，這是突破現狀更上層樓的功夫，強調有「青出於藍而勝於藍」的表現，要求在既有的基礎上另闢蹊徑，因此必須塑造出自己的風格與特色。

（二）決斷魄力。在整個國際化的過程中，當然要進行很多的決策，可是在決策的過程中，最後必須要有決斷力，非一意孤行的盲斷，也非逞一時之快的妄斷，更非一手遮天的專斷。要有客觀的事實根據，負責的人更要有見解高超的前瞻性眼光，同時要有決心與魄力。

（三）廣結善緣。在這一本書裡面，可以看出一個進行國際化的企業家，他的成功絕非只靠一時的努力，而是要以看出的、發掘的機運和環境相配合，而這些就是我們所謂的「緣」。能結緣而進一步造緣者，才能真正得道多助。

（四）理性感性。顧客市場其實是有潛在理性的，經營事業的根本道理更是理性的。一個從事國際企業的經營者若能再善用感性來觀察與分析，輔以AI的方法制定有效市場產品與銷售的策略，成功攻城掠地的機會自然會提高。

（五）正確思考。國際經營中的策略思考，並非只是不必擔心，放縱心思而已；而是要更有效地利用「擔心」，做好戒懼謹慎的心理準備，不是讓擔心牽制自我的成長，操縱單一個人的心思意念。追！追！追！問！問！問！

（六）智慧加工。對於在比我們科技或市場較落後的地區進行國際化佈局，在過程裡都會進行一些必要的制度轉移，或是技術的轉移。在這個過程中必須要經過一些智慧加工，有選擇性的釋出，以及有適度的修正，務求讓在地的經營能有效地吸收與應用，這樣才能發展出獨有的管理方式與風格，更能夠跟在台灣的企業總部有效連結，得到總部的支援。

（七）逆境為師。每一次的失敗都表示一定還有不夠完美之處，在國際化的進行過程中找出癥結，表示你會離成功更近一步，本書作者提出一些失敗的例子情境，讓我們相對看到清晰的成功面貌。成功種子是過程中一些失敗所播下的。

（八）中小意識。若能保持清新銳氣，不原地踏步，保持一種中小企業的原本創業精神，隨時接受新的在地的挑戰，這將會使想要進行國際化的大企業，永保青春活力。

除了要避免大意嘗試的糖心陷阱外，自我就是國際化最大的敵人，「知識讓我們思考，經驗教我們改進，實踐讓我們證明，而有反思才算是學習的完整。」與大家共勉。

推薦序
如讀萬卷書，走完萬里路

翱騰國際科技董事長　陳新

亦師亦友的IT前輩曹安邦先生曹董這本著作，可謂應運而生，順著時代的洪流攜帶著四十餘年的寶貴經歷而來。記錄的不僅是一趟跨越全球百城開疆拓土貿易的旅程、讓產品暢行一百七十餘個國家及地區的經歷，亦是一場從八百萬美金業績飛躍至五億美金的奇蹟。這份榮譽見證了一個純粹的台灣品牌如何在全球化的浪潮中穩固其立足之地，並自信地傲立於國際。作者在這部著作中，慷慨地分享了這段旅途中積累的經驗、精神與智慧，毫不保留地將其奉獻給每一位讀者，讓我們能夠從中汲取知識與經驗的精華。

台灣，這塊寶島雖然地域狹小，市場規模有其局限，但卻過剩地孕育了豐富的智慧、濃厚的熱情及無窮的創意。這些無形資產，實為無價之寶。然而，如何將這些珍貴的資源展現於世界，讓全球各地感受到來自台灣的熱度、光彩與創造力，乃是一大挑戰。透過作者在書中的分享，我們彷彿找到了解答。他為我們鋪陳了一條清晰的道路，指引如何將這些內在的豐饒轉化為外在的成就，為每一個台灣IT企業描繪了一條令人渴望的成功之路。

踏出家門的旅程，遠不只是身體的遷移，它亦是對心靈、文化及精神的深刻洗滌。曹安邦在其著作中闡述，揭示了如何堅定腳步，一步接一步地勇敢前行，不畏懼困難與挑戰，攜帶著行囊和夢想，從台灣出發，向世界進發，讓世界各地的每個角落都能聆聽到台灣的故事，目睹台灣的奇蹟。從這位IT產業的先驅身上，我們目睹了台灣品牌的興起，這不僅僅是商業的成功，更是台灣精神的具現。

然而，成就永非一日之功，其背後是無數次的努力與拼搏所堆疊而成。這些非凡的成就，絕非偶然或僥倖之事，而是憑藉清晰的目標、有效的方法、精心的策略、遠大的視野以及深厚的智慧所實現的。曹董所著之作便如同一座燈塔，為我們照亮前進的道路，在追尋夢想的旅程中，指引我們正確的方向。

古言道「讀萬卷書，不如行萬里路」，此言深含豐富哲理。書本能賦予我們知識，而真切的體驗則能賜予我們智慧。而曹董這本著作正是兩者結合最好的例子。透過他所累積的智慧與經歷，匯聚成書，讀者彷彿親歷其境，經歷那些遼闊的旅程。我們無需親足遍歷萬里，便能在閱讀中獲取珍貴的啟示，實現「不讀萬卷書，亦能行萬里路」的境界。此書成為開啟世界大門的鑰匙，引領我們於心靈之旅中，遍訪全球，體驗不同地域的行銷風情，深刻理解多元文化之精粹。

同時，此書亦激發我們對於未來AI世界的深思。面對全球科技革新的趨勢，台灣企業該如何定位，如何展現自身優勢，在國際舞台上發揮光芒，成為我們必須仔細考量的問題。透過書中的卓見，我們得以發現靈感與方向，學習如何運用友善的待人、真誠的處事、遠睿的眼界、堅毅的意志、果斷的決策、創新的思維、及熱忱的服務精神，為企業開啟通往世界的大門，邁向更加廣闊的未來。

總結來說，這部著作不僅回顧了作者數十年的職業歷程，更是對夢想、勇氣與智慧的頌揚。它激勵我們，只要擁有明確的目標和堅定不移的信念，勇於邁步走出，便能開創屬於自己的奇跡。這些智慧的精華，提煉自作者豐富的經歷，對於每位追夢者而言，都是旅途中不可多得的指南。讓我們將這些原則記於心，運用於行動，攜手創造一個屬於我們所有人的燦爛未來。

作者序

時間一晃眼，距離寫《繞著地球做生意》的時間已十幾年了。當年開始動筆時正逢二〇〇七年的金融危機，令我起心動念的，想將我一九九八年至二〇〇八年的國際市場開發經驗做一分享。那年一場突如其來的金融海嘯，相信對許多人而言，都不是太好過，打亂了許多人的人生腳步，我同樣也經歷了人生與職場的重大轉折。我從國際市場衝鋒陷陣的第一線，銜命回到台灣，接下負責公司整體營運的重責大任，出任友訊科技 D-Link 執行長兼總經理。

不可否認的是，從馳騁疆場的市場前線，一下子被拉回到運籌帷幄的後方總部，兩者之間明顯的環境與文化落差，的確需要時間適應。但可惜的是，我們什麼都有，就是沒有「時間」。面對著全球金融風暴鋪天蓋地而來的壓力，讓我與友訊科技 D-Link 全體同事，沒有時間想其他的事情，我知道，這是個最壞的時刻，卻也是最好的時機，我只有一個目標，就是要讓友訊科技 D-Link 趁勢而起，再攀高峰！

生命，總會在出奇不意的時候來個大轉彎。對我而言，這樣的狀況並不陌生，因為，從求學到進入職場工作，我一直都在經歷不同的轉彎，每一次經過彎道時，我都會略略減速，但當進入直線跑道，就又是另一段全速衝刺的開始。然而，在這次生命賽道的轉彎處，我沒有放慢腳步減速，而是選擇墊步、借力、加速、前進。

很多人都知道危機就是轉機，但要轉到那裡去？卻很難說出個所以然。「轉機」，其實就是對事實的認知，看清楚事實的真相，不要一味的沉溺於自悲自憐的痛苦中。很多事情必須回到基本面，清楚的認知當下，不要用過去既有的習慣去認知，而要用當下的狀況去認知，進而發掘機會，應用既有優勢去轉型，真正的「轉機」其實不假外求。

雖然全世界似乎都在經濟泡沫中掙扎求生，但認真想想，太陽依舊東升西落，地球依然運轉，人類依然生存，短期看起來，市場似乎一夕之間消失了，但事實上，市場並沒有消失，只是轉換了型態。

在這一波風暴中，我所看到的機會是，過去找不到的人才，開始有機會為我所用；以前沒有機會策略聯盟的大公司，為了生存，現在也都願意放下身段開始談策略合作。以前不想買你的產品的人，現在因為環境的改變，需求模式的調整，對價格功能比的敏感度提高了，開始被你的產品優勢所吸引，這就是新的商機。

所以，大環境不好，就沒有機會，只能等待接受命運安排嗎？事實上，現在才正是情勢大好的機會點，但這樣的機會屬於頭腦冷靜的人，有能力細心敏感微調本質競爭實力的人，願意大膽去卡位、搶灘、進攻的人。從國際市場最前線的親身實戰，到後方總部運籌帷幄的綜觀全局，對我而言，其中非關心理狀態的調適，而是另一種格局與境界的轉折開闊，讓我對本土化與全球化，有了不同於以往的體認，成為得以讓我墊步、借力、加速、前進的基礎。

想想在那之後這些年來，有很多的數位科技的演進，如數位通訊，物聯網，人工智慧，擴增或虛擬實境，社群平台等，更加增進人與人彼此的溝通，但經驗看來，世界並沒有因此更平，更容易做生意，反而在大國博弈，疫情，地緣政治紛爭，去全球化及供應鏈重組的大環境之下，讓想要開發國際市場的公司，變得益加的複雜及更多變數。

因此也深深感覺在今天錯綜複雜的環境下，廠商在開拓國際市場時有具有詳細的風險意識，評估及預防，方得以履險如夷。有品質的風險管理成為一個必備的成功的關鍵，因此專有一章（富貴不必險中求）來和大家分享。

但縱觀在這複雜的世界局勢中，本書以往所提到的國際市場開發時，所要俱備的心態及視野，與人成功做生意的方式及基本要素，並沒有改變。價值鏈上除了金流、物流、資訊流外，更要貼近市場，把各地不同的歷史，人文，消費習慣等文化流，加入考慮。從把人帶到市場，利用科技轉化成，把市場帶給個人。把從做產品進化成解決方案，更成為一個可以落地的服務。

縱使科技促成了更方便有效的跨國溝通，但是進入每個市場的障礙依然存在，甚至由於斷鏈及地緣政治，有了更多變數。數位溝通工具及社群平台，可以促成收集更多資訊，更好的分析，更快瞭解市場，但也可能因太多太雜的資訊，而增加更多判斷的雜音，更何況語言，還是一個各地溝通上基本重要的障礙。

經過幾年的疫情鎖國，加速了遠程綫上溝通的習慣，在家上班，生活，娛樂，促進了虛擬通路及物流更加的發達。所以在疫情過後，雖然大家衝去逛商場，但綫上綫下的消費習慣已成主流，實體及虛擬通路互相競爭及互補，這更增加了通路管理的複雜度。

雖然前端收集資訊，網路傳輸，資料分析及地域數據中心興起，在各種科技的進步，更多的數位行銷工具，更多物聯網的應用幫助下，更容易和客戶溝通，但競爭也因此更加多元激烈，很多業務或行銷手段，也成了可有可無的花招。好不容易建立的競爭優勢，可能無法維持很久或甚至在新競爭科技及商業模式之下一夕消失。但公司還是可以在不斷的謹守其產品或服務為市場或客戶，帶來何種價值之基本原則下，在價值鏈上有一重要的位置。

同時，由於新的科技應用及商模日新月異，變化快速，客戶也有越來越多的要求及期望。公司為了生存，必須很敏捷分析及了解客戶需求，並提供客戶想要的產品，解決方案甚至服務。以往的著重在什麼都自己研發，生產或開發市場，已經無法跟上現在的市場腳步。公司必須和垂直或水平互補的廠商或夥伴，在產品、人才及資本上，有更緊密的合作或聯盟，去建立穩固的生態體系，並提供當地服務。現在的戰爭，已不是單純公司與公司的競爭，而是價值鏈與價值鏈間的競爭，或更廣義的擴及是生態鏈上的競爭。

隨著生成式人工智慧的愈加成熟，尤其以二〇二三年 OpenAI ChatGPT 大為風行之後，人工智慧（AI）的應用成了顯學，想當然在AI的幫忙下，能在跨國商業開發及經營上對理順價值鏈提供了很大幫助。在AI時代的確有很多工具可以幫助在產品開發，行銷，市場選擇及服務落地方面透過AI幫助更有效率。我在本書各章內小提醒裡也加進了這方面提醒。同時在最後一章附帶了一些較有幫助的AI工具包和大家分享。期待大家在AI的世界裡從事國際市場開發及經營更如魚得水。

另外，在國際市場開發上，不論是新創或傳統公司轉型，找對人及建立專業及有效率的團隊，是另一個成功的基本要素。如何從總部延伸到不同地區及國度，了解公司的使命，階段性任務，在人海茫茫中透過夥伴，社群平台或關係，有系統的招募各種功能的人才，訓練並培養成為一個能打仗及守住陣地的團隊，同時能淘汰或管理不適任的人，已成為致勝關鍵。畢竟人對了，是成功的一半。

很多人或許都將「本土化」（Localization）視為國際市場業務成功經營的關鍵指標，不可否認，過去的我也有同樣的想法。但是，過去幾年讓我體悟到，「全球化」（Globalization）的平台機制，更是真正能夠發揮「本土化」優勢實力的關鍵所在。因為，若只有以本土化為指標，那麼，星羅棋布散落在全球各地的本土化據點，只能各行其是的埋頭苦幹，其中卻可能有重複投資的浪費與互相扞格的策略執行。

我認為，全球化其實是「進階版」的本土化，當公司經營國際市場業務的規模越來越大，價值鏈就會越來越複雜、也越來越長，而此時，除了在當地市場的深耕布局外，再加上透過去除重複、異中求同，更兼顧了整體價值鏈平台效率的提升。帶著全球化精神落實執行，經營國際市場業務的格局與視野，其實，也決定了公司經營的深度與廣度。

選擇在此時出版此書，我認為，這正是最好的時點，在風暴中，更能看出漏洞與機會，希望透過本書的出版，將過去十多年在全球市場最前線所磨練出的實戰心法，與有志於在這波，尤其是在風暴中突圍而出的公司分享共礪。

最後，也最重要的，如何透過系統，將各地團隊及總部做有效的整合及溝通，迅速及高品質的上下傳達資訊，在不同多國種族及文化中，建立高向心力的團隊精神，及一可以持久發展的優良文化，來適應不同發展階段及環境挑戰。

值此世界局勢詭譎多變，區域衝突增溫的大環境下，將這十幾年來創業、當顧問、公司董事以及讀書的心得整理出書。希望此書的出版，讓讀過《繞著地球做生意》的朋友給予寶貴的回饋，也能夠對想要開始拓展海外市場的公司及朋友有所助益。

在最後也要特別感謝好友陳慧玲小姐及梁競勳先生的整理及校正。也感謝AI專家廖耕豐研發長及風險管理大師吳可麒風控長大力跨刀協助使得本書更加多元完整。

縱橫國際

1

當「大將軍」的夢想

我小時候的志願是當「大將軍」，這樣的志願，現在看來荒謬，但時隔近半個世紀，卻真的實現了！

從小看民族偉人或是歷史英雄的傳記，常有站在小溪邊看魚逆流而上的勵志故事，或是打破水缸救出同伴的英勇事跡，再不然，就是有砍斷櫻桃樹坦白承認的誠實美德。以此看來，不分古今中外，凡是成大事、立大業的人，似乎從小就已有跡可尋。

而我，小時候的志願是當「大將軍」，像是衛青、霍去病等揚威西域的英雄！對此，不認識我的人或許會說：「這個人也未免太吹牛、太幼稚了吧？」而熟識的朋友可能不以為意，認為這是標準的「曹式幽默」一笑置之。不過，我必須說，當慢慢長大之後，逐漸認清自己當上大將軍的可能性極低，但我還記得，我常常指著世界地圖上的不同地區、不同國家，驕傲的跟同伴說：「等我長大，我要把這一塊、那一塊全都拿下來，全都歸我管！」

這樣的志願，現在看來荒謬，但時隔近半個世紀，卻真的實現了！

在全球超過一百個國家，從冰天雪地的俄羅斯、熱情爛漫的巴西、神秘古老的印度、旭日東升的大陸、潛力十足的非洲黑色大陸、油元實力驚人的中東伊斯蘭地區、到美國、歐洲、日本等已開發主流市場，都有友訊 D-Link 插旗揚威的身影。友訊 D-Link 的日不落品牌王國版圖，以另一種型式，成就了我兒時的夢想。

回首來時路，孩提時代的我，無法想像當「大將軍」的夢想會如何實現；初入社會的我，沒想過自己有一天會繞著地球跑，站上開拓國際市場的第一線；而一九九七年加入友訊的我，更沒想到，當一切從頭做起、從無到有、打著燈籠也看不見路的新興市場，竟然能成為友訊 D-Link 品牌不可或缺的重要支柱。

所以，當許多人抱著「請教」的心態來詢問我，如何開拓國際市場的經驗時，多半都假設我早就立定志向要投身國際市場業務，但人生中有很多事情都是難以預料的，我的人生也是如此。

認真回想起來，從求學到職場，我每個階段都有極為相似的發展歷程，都是一開始很苦、很難，第一次出手通常不見得會成功，甚至常常都會覺得「唉，這可能沒望了！」但我就是不認命，而且是不信自己會真的「沒望」。有意思的是，在很多時候，我的人生歷程卻常常出現「驀然回首，那人卻在燈火闌珊處」的轉折。

這麼多年下來，我越來越相信，或者可以說，越來越體會，人生原本就充滿了許多不可思議的禪機，整個生命更是一個大機緣的集合體。所謂的「不可思議」，用佛家的說法來解釋，其實就是指無法用言語、有形實質的事物、或是過去的經驗形容描述，更進一步的說，因為時空與人的心念是不間斷持續變動的，當下這一刻的描述形容，在完成之後，卻早已不再是當下了，而是過去的那一個當下，所以佛家會說要「放下執著」，從另一個層面來看，也是同樣的意思。

金剛經說「凡所有相，皆是虛妄」，所以在經營瞬時多變的國際市場，很多時候遭遇的失敗及挑戰，只要認清其時間及空間的本質，就可釋然，其實挫折，只是因為時機未到，體會到凡事要因緣俱足才能成事，心裡就能保持冷靜坦然。雖然很多時候，大家都覺得要有熱情、夢想，有夢最美，但過去幾年創業的經驗，卻讓我更深了解到，很多事情要成事不但要用心、努力，但更重要的是保持務實、盡心、隨緣的心態。有時無夢，反而睡得比較自在。很多時候的成功，可能是機緣湊巧，在經營市場時，切忌把偶然，誤當成了必然。

有一次在孟買和印度團隊晚餐中閒聊，談及交通阻塞及飛機誤點，印度同事分享了當地一個廣為流傳的笑話。有人出差但忘了設鬧鐘，睡過頭了，起來後發現快趕不上飛機，但幸運的馬上就叫到計程車，而正在慶幸時，路上卻發生車禍大塞車，而到機場時發現飛機竟然誤點。正在高興終於坐上了飛機，又不幸的在飛行途中飛機故障，大家要逃生，幸運的他拿到了最後一個降落傘往下跳，但不幸的是他的傘故障無法拉開，幸運是他落到一大稻草堆，但是不幸的是剛好落到草堆裡的大耙子上。

所以凡事要有「無常是常」的認知。應無所住而生其心，有如如不動的修練腳步，才能走的踏實安穩。

讓腦筋轉個彎吧！

在過去多年開拓國際市場的歷程中，對生命態度這樣的理解，對我幫助非常大，因為，就如同大部分人所認知的，國際市場又多、又大、變化又快、風險又高，明擺在眼前的，就已經是清楚可見的一堵高牆，許多人因此卻步、或因此蠻幹，原因無他，就是因為眼中看到的只有那一堵牆而已。先拋開公司本身的產品、技術、資源等外在條件不看，單單是心態，抱著這樣想法去開拓國際市場的公司，不僅僅是「輸在起跑點上」，而且常常是「立判生死」地註定失敗的命運。問題出在哪？其實就在「執著」上！

當然，開拓與經營國際市場絕不是件容易或輕鬆的事，但許多公司眼中的那道牆真的那麼高嗎？那些困難真的存在嗎？又或只是「想當然爾」的存在？

有次，朋友同樣以「高牆」來形容他目前開拓國際市場所遭遇的困境，說著說著就嘆了一口大氣說：「爬也爬不過、撞也撞不開，總不能叫我生出翅膀飛過去吧？」我拍拍他的肩膀說：「你先別失志，這堵牆也許很高，但你有沒有仔細看過，搞不好，在你沒注意的牆邊上就有著一道門呢？」這位朋友抬起頭看看我說：「現在是要玩腦筋急轉彎嗎？」

事實上，我很喜歡玩腦筋急轉彎的遊戲，因為，在思考的過程中，其實就是一種「放下執著」的練習，回顧我過去二十年經營國際業務的歷程，「腦筋急轉彎」的設計邏輯概念，還真的很適合用來解釋我長年經營國際市場業務時的心態、作法，與原則。

光用講的還不夠傳神，不如立刻來個腦筋急轉彎，讓大家練習一下吧！

有一艘船，可以承載五十個人，因為船快要開了，乘客魚貫登船就坐，整艘船差不多快坐滿了，最後，來了一位身懷六甲的孕婦，她也跟著登船了，然後，船就沉了。請問，為什麼？

A君回答：「因為她懷了雙胞胎，整艘船載了超過五十個人，所以，船就沉了。」「錯！」B君回答說：「因為前面的乘客有幾個是超級大噸位，船的承載重量已經到達臨界點，這位孕婦只是壓垮駱駝的最後一根稻草而已啦！」「錯！」最後一個C君忍不住了，他說：「唉呀，與乘客無關啦，那艘船原本船底就破洞進水了啦。」答案揭曉，因為，這艘船是「潛水艇」。

腦筋急轉彎題目的設計特色，就是先創造一個眾人熟悉的情境印象，誘導人想當然爾的回答，而答題者往往只以其原本所熟悉的條件、假設去思考答案，卻忽略了問題本身真正的意涵，所以怎麼樣都想不出答案，於是，就有人會開始怪題目太搞怪、怪答案太無厘頭。但事實上，腦筋急轉彎就是要讓你的「腦筋」鬆一鬆，脫離原本僵化的思考模式，透過檢視題目的邏輯，進而合理推演發掘出答案，而每每答案揭曉，卻也總是能讓人恍然大悟的會心一笑。

而開拓或經營國際市場的過程，其實就像是嘗試著解開一個個「腦筋急轉彎」的謎題，要想揭曉謎底，自由而不僵化的自在心態、具有合理邏輯推演的 Know-how 技巧、再加上懷抱熱情而生的創業家精神，都是缺一不可的重要關鍵，而且是「一個都不能少！」

2

先「自在」才有「自由」

在決鬥的場面中，當對方手持寶劍、舞得劍氣沖天、寒光四射，你會如何因應？是看花了眼？還是嚇慌了心？其實，真正的高手，不是跟著對方的劍招起舞，而是拔出劍，看出對方破綻一劍就撂倒他，但這是需要真正下功夫的修煉。

許多公司之所以開始投入資源拓展國際市場，是因為看到「大好業績」，眼睛裏、腦袋裏，想的都是閃亮亮的「$」符號，想的都是未來功成名就之後的榮耀光環，於是，就這樣義無反顧的一頭栽進去。但一旦真正開始做之後，卻才發現真的是「打著燈籠都找不到路」，有如身處在伸手不見五指的黑暗中，這時，才開始擔心害怕，於是，「捏怕死、放怕飛」的心態出現了，首鼠兩端、綁手綁腳的行為模式開始不斷重複，那種「進無步、退無路」的不自由，常常讓許多公司苦不堪言、身心俱疲、甚至就此打退堂鼓。當然也有些公司天生就有「硬頸」精神，所以，不管三七二十一，就是硬碰硬的拼了，部分運氣好的公司，還真能拼出些苗頭，只可惜不是每個人都有「天公仔子」的好運，硬拼蠻幹的結果，輕則傷筋挫骨、重則生死危殆。就我來看，這是標準的因為「無知」，所以「無懼」。

很多人會問我：「難道你都不害怕？不擔心？不困惑嗎？」事實上，這些都是人性的一部分，我當然也不例外。只不過，在踏入國際市場業務之際，所有人都必須了解，這不是一場說不玩就能立刻收手的遊戲，更不是可以三天打漁、兩天曬網的輕鬆活，而是一天二十四小時、一週七天、一年三百六十五天的耐力戰。瞬息萬變的市場情勢，是一種線性連續的壓力，如果每天繃緊神經、成天怕東怕西、或是唉聲嘆氣、憂頭結面，這日子鐵定過不下去，就算勉強撐住也不長久，畢竟人不是鐵打的，百分之九十九的堅持，就可能敗在百分之一的閃失，而全盤皆輸。

所以，就我來看，經營國際業務不單單是一種挑戰，在每一個親身經歷的片刻，都是一項修煉，而修煉的題目，就是「自在」。

什麼是「自在」？對我而言，自在是願意敞開心胸（Open mind）的自然，是無入而不自得，是放空，是放下執著，是做每一件事都先想好最壞的狀況（Bottom Line）。

從求學開始，一直到職場生涯之後的人生轉折歷程，我所走過的路都不是太輕鬆的路，也常常是從沒想過會走的路，但我覺得，人生最美的事情是，「你永遠不知道明天會如何？」（The beauty of life is you never know what will happen tomorrow），可能是好事，當然也可能是壞事，但也就是如此，讓我有機會在不同的情境中，領略如何自在的面對高度不確定、甚至是混亂不明的情境。

滿手血水也不喊苦，不役於心的自在

回憶當時，在初中畢業之後，原本一心以為自己會跟其他人一樣，循著高中、大學、然後出國的共同路徑，完成我的求學生涯。但因為當時家庭經濟因素的考量，我選擇了與其他同學不一樣的路，沒去唸高中，而是進入明志工專就讀。相較於其他專科學校，明志工專因為台塑集團的背景，再加上清一色只收男生，學風非常嚴謹樸實，相較於其他同學讀完高中之後，還能熱烈期待進入大學的美麗夢想，我卻已提前開始為進入社會實作進行一連串的準備，兩相對照之下，我必須說，年少時候的我，還真的是有點不平衡的。

特別是每個寒暑假，當其他的初中同學在休息、玩樂的同時，我卻是從明志工專一年級起，就開始在台塑集團的關係企業打工實習，有時是在化學氣味難聞的染料廠，有時是在必須大量使用具腐蝕性藥水的電鍍廠，一天工作下來，儘管都有防護裝備，但總是難免傷痕累累、兩隻手都是流著血水的傷口。如果問我苦不苦？現在想起來，好像真的有點苦，但在當時，我還真的挺自得其樂的，想的都是：「哇，我今天又賺了好幾百；哇，我一個月可以賺好幾千元。」之類的事，在工廠工作見到形形色色的人事物，也讓我開了眼界，每天去上班，想的不是：「好累，好苦」，而是「哇，我今天可以開始學推車了；我今天可以做更難一點的工作了」。

如果再問當時的我苦不苦？其實，我根本來不及想到「苦」，因為，我很清楚，這是我選擇的路，這條路的走法就是如此，愁眉苦臉也是一天、唉聲嘆氣也是一天，那為什麼我不笑著過一天呢？那時的我，也許還年輕，並沒有太深的想法，只是想要快樂過日，但這卻是很重要的，因為這就是「寬容自在」，就是很自然的面對生活，融入生活，之所以不以為苦，就是因為我有不被情緒牽著走、有不役於心的自在。

懂得放空不執著

在經營國際市場業務的過程中，我常常會問同事：「你眼裏看到的是沙坑？還是果嶺？」其差異就在於你是不是「寬容自在」的去看一件事，是不是能夠不預設立場、不被先入為主的假設左右。

再從另一個角度來看「自在」，我認為必須先「放空」，而且必須「放下執著」，才能不著於心，但見實相。

對於放空、放下執著，讓我來講個故事給大家聽。有次，我與同事深夜開著車奔馳在莫斯科市郊的高速公路上，經過一整天拜訪通路合作夥伴的行程，我們二人都著實累了，一心只想要快點回到莫斯科的飯店好好休息。公路旁的速限指示牌上清楚寫著六十公里，雖然路上車子不多，但我們還是不敢囂張超速，乖乖的按照速限行進，但其他人可就不是這麼想了，只見一台又一台的車子加速超越我們，狠狠地把我們甩在後面。

開到一半，路邊突然出現一台警車，我跟同事說：「哈，剛剛那些超速的傢伙完蛋了，一定都會被攔下來開罰單。」但話剛說著，只見那台警車卻朝著我們而來，警察搖下車窗作出手勢要我們靠邊停車，我心想：「是叫我們嗎？」但看看前後左右，路上還真只有我們一輛車，所以，我們也只能乖乖靠邊停下來。兩個俄羅斯警察荷槍實彈的走過來，叫我們兩個人通通下車、拿出身份證明文件，查了一會，連行李箱、椅子底座都被翻查一遍，確定一無所獲之後，才揮揮手示意我們可以走了。

但這真的太詭異了，我們倆明明奉公守法，為何被攔下來盤查，同事忍不住問警察：「請問，我們沒有超速，也沒有違規，為什麼把我們攔下來？」其中一位警察酷酷的回答說：「就是因為大家都超速，而你們沒超速才奇怪，你們是不是做了什麼犯法的事怕被抓，所以不敢超速？」警察先生的回答，讓我們當場傻眼。

開車違規超速會被開單，這應該是舉世共同的經驗，但誰料得到，開得慢也會被攔下來呢？但如果有了開得慢被攔下盤查的經驗，是不是就代表下次就可以飛車超速而不會被攔檢呢？

其實，在經營國際市場的過程中，公司時時刻刻要面對的奇人異事實在太多了，說穿了也不足為奇，但這故事凸顯了一個重點，就是「假設」的迷思，而這也是面對五光十色的國際市場時，隨時可能遭遇誤墜的陷阱。

因為，很多東西，你看好像是這樣，但事實與表相是有差距的，特別是在面對全然陌生、看似迷霧重重的新市場時，許多人都會因為假設、先入為主的迷思，而將自己陷於困境之中。

一面包容，一面懷疑

我必須很不客氣的說，很多人的問題就在於：「因為如何如何，所以應該如何如何」，因為，開拓國際業務的過程中，這些「因為、所以」都可能是讓你陷入混亂的暗樁陷阱，其在於，這些都是「假設」，與真實世界的距離之遙遠，可能超乎你的想像。

另外，因為自大、自傲而產生的偏見、岐視、甚至是誤解，其實是無所不在的。人都有分別心，會把所見所聞的事物分別歸類，甚至進一步分成好的、不好的、喜歡的、不喜歡的。所以，或許可以說，歧視偏見是人的天性。但是歧視，就會讓你忽視，而因為忽視，就會不了解，因為不了解，就會形成恐懼而退縮，甚至是誤判。

所以，我常常在與同事分享經驗時，會說：「要一面包容，一面懷疑」，許多新進同事乍聽之下，都會覺得我是不是腦子不清楚，或是隨口胡謅一通，因為，既然要包容，又要怎麼懷疑呢？這不是自相矛盾嗎？

但事實上，在每一個不同的市場中，永遠都有你從來沒有經歷過的混亂或差異，所以，必須靠包容的心破除先入為主的迷思，才能真正了解對方的文化、生活背景、以及造成雙方差異的來源。但要如何釐清偏見歧視，就要靠一顆懷疑的心，隨時記得問「為什麼」，去問一些不理解、或不知道的問題。

與生俱來的分別心而形成的歧視，或許是人類天性，但卻不是絕對無法克服的，而行為的重點就在要一邊包容、一邊懷疑。心存懷疑，但要實事求是。

包容接受人性的差異，是破除許多先入為主迷思的重點，但包容不代表什麼都不用管、什麼都不用問，對方說什麼就是什麼，因為，很多事情不問清楚是不行的，「打破沙鍋問到底」是必要的，永遠要記得問「為什麼？」，否則，就不能怪對方把你當肥羊宰，因為，是你自己放棄搞清楚狀況的機會。所以，不要假設、想當然爾、先入為主，而是要去看清楚問題的本質，一定要問問題，而且問對問題，永遠都要記得：「沒問題，就會出大問題」。

換個講法來解釋，如果有一顆自在的心，在面對變局或逆境時，所展現出來的就不是慌亂、憤怒、或是自怨自憐的情緒，而是雲淡風輕、無入而不自得的幽默感。我常常跟同事說：「你知道我什麼時候最快樂嗎？不是突如其來的拿到大訂單，也不是意外打敗最強的對手，而是完全沒有消息，因為『沒消息就是好消息』，一切狀況都沒有意外，就是平安，就是福氣，也是我最快樂的事！」有這樣的想法，不是消極的阿Q心態，而是因為我清楚的知道，患得患失、急功近利的心態，會讓我失去自在的心境，短線或許會有驚喜，但就長期來看，卻可能讓我因為妄念執著的期待，難以自在輕鬆的面對每一次的挑戰。

很多人都以為我很擅長「苦中作樂」，因為在很多時候，明明已經是苦到不能再苦了，或者是市場已經爛到不能再爛了，當團隊中所有人的士氣都已經滑落到谷底，只有我還能樂天的開起玩笑來。

這是「苦中作樂」嗎？並不盡然。我很清楚的是，我之所以能夠帶著幽默感看待每一次的變局，其實是因為我「沒在怕」，是因為「無懼」，請注意，不是「因為無知，所以無懼」，相反的，而是「因為有知，所以無懼」。

我之所以覺得自在，是因為我在做每一件事、面對每一次變故時，我都已經把最壞的狀況「想起來放」，而且不只是「想」，而是扳過手指頭，細細的計算過自己能夠承受多少風險與代價，而這就是我給自己的「底限」。

憑良心說，有時在外面跑得又苦又累，回到家還是會忍不住向太太抱怨，這時，我太太就會用平靜不帶任何情緒的聲調對我說：「做得這麼累？那就不要做了嘛！回家來，又不會餓死！」但每次我聽到這句話，就像是立刻吃了大補丸一樣，所有的沮喪情緒一掃而空，整理好心情重新出發。原因無他，就是因為我太太給了我「底限」的支持，就算情況再壞又如何？頂多就是回家而已嘛！

如如不動，方見自在

從底限開始做起，反正最差的狀況就是這樣了，只要努力過後能夠比現在更好一點，每多一分、多一寸，就都是「多」出來的，那都是賺的，在這樣的情況下，我的自在，就不是強顏歡笑的苦中作樂，而是放空不執著後，真正敞開心胸、無入而不自得的自在。

「底線」在經營國際市場實務中，包括選擇進入這個市場所能負擔、承受的投資與風險，包括願意對既有合作夥伴所能夠提供的支援與空間，更包括在市場出現變化、合作關係改變時的備援方案。

你要有最大的懷疑，才有最大的信任，因為那代表你已經把最差的情況都想好了，才敢去信任，才不會每天怕東怕西。就像我先前所提到的，經營國際市場是一天二十四小時、一年三百六十五天的連續性壓力，其間的辛苦的確很難計算。所以，對於所有選擇投入國際市場的公司而言，每進入一個市場，都是要先想好底線，就是敞開心胸，就是要放空，要把要不要做這個市場，能不能承擔風險，這些思維變成生活的自然。

佛家說：如如不動，方見自在。在這個變化快速的世界裏，如果沒有一顆自在的心，就無法應付紛沓而來的挑戰，金融風暴是如此、進入每一個市場遭遇的困難也是如此。我很喜歡一個佛經中的故事，每每在我遭遇危機或陷入迷思時，我都會想到這個故事。有弟子問佛祖：「我的心到底在哪裡？」只見佛祖微笑的對弟子說：「過去心不可得，現在心不可得，未來心不可得。」這提醒了我，眼前的困難障礙，我是用怎樣的心在對應，如果只是執著於眼前的表相，被外境所惑，忘了看清楚事物本質，那麼，就會自陷於進退不得的泥沼中，所以，要放下、要不惑，更要學習自在不動的心。

前進國際市場瞎子摸象、綁手又綁腳嗎？請記得，先「自在」才有「自由」！

3

魔鬼都在細節裡

過去多年每天站在國際市場第一線的經驗告訴我，那些每天遇到的問題、狀況、因應的對策、處理的方式，是經驗、也是手感，而集合而言，這些都是「Know-how」。

過去幾年，因為包括巴西、中南美、俄羅斯、印度、中東、甚至非洲的新興市場成長動能備受外界矚目，過去十幾年，不論是金磚四國、或是充滿商機的黑色鑽石大陸，都有我與友訊 D-Link 團隊一步一腳印所踏下的深刻足跡。

也因為如此，當這些新興市場開始受到外界矚目時，來自各界好奇的詢問或採訪邀約不斷，大同小異的問題都是：「友訊 D-Link 是如何在新興市場闖出一片天？」數次訪問之後，就有同事忍不住提醒我：「你這樣會不會講得太多，把我們的撇步都講完了，不是白白便宜了別人，搞不好還幫助了競爭對手。」當時，友訊 D-Link 創辦人高次軒先生正好聽到這段對話，只見高先生一派悠哉的走過來，笑笑的說：「唉，沒有那麼容易啦，真正的 Know-how 是不怕人家學的！因為，光是這樣聽，也是學不會的啦！」

高先生說的一點都沒錯，因為在經營國際市場的過程中，的確有太多「綿綿角角」的細節需要頭尾兼顧，光靠斷簡殘篇式的經驗分享訊息，不單單會有掛一漏萬的風險，更重要的是，所謂「魔鬼都在細節裏」，那些藏在細節裏的魔鬼，常常就是讓許多人栽了大跟頭的原因。

實務上，經營國際市場的細節多如牛毛，許多人常常會顧此失彼，又或者是見樹不見林，但過去多年每天站在國際市場第一線的經驗告訴我，那些每天遇到的問題、狀況、因應的對策、處理的方式，是經驗、也是手感，集合而言，這些都是「Know-how」。

經營國際市場的過程中，不論是怎樣的市場、國家、產品線，萬法不離其宗的關鍵重點，就在於價值鏈（Value Chain）。每一家經營國際市場的公司，都應該要能夠清楚掌握自身擁有的價值鏈，從價值鏈的運作、價值鏈環節的變化、價值的傳遞，這些過程所衍生出來的經驗累積，其實就是手感，也就是所謂的 Know-how。換個角度來看，價值鏈不單單是管理國際市場業務的工具，更是讓公司找到關鍵性細節 Know-how 的放大鏡、顯微鏡、甚至是照妖鏡。

我對價值鏈認識的啟蒙，來自求學時期在明志工專工讀的台塑集團經驗，退伍後進入台化總管理處工作，更讓我見識到大企業價值鏈體系的運作流程；而後在外商公司的工作經驗，讓我進一步確立、熟稔價值鏈的運作思維模式，特別是我第一份市場業務工作，在ＩＢＭ一路蹲馬步苦練而得的基本功。

以無用之用為大用

那時，IBM在台灣都還是以「大型客戶」的方式銷售，並沒有所謂的經銷通路體系，而剛進入IBM的我，跟著當時的主管從無到有，為IBM在台灣建立起經銷通路體系，在這樣的過程中，我學到很多東西，特別是親手實做之後所累積獲得的手感 Know-how，以及價值鏈順暢運作之後所創造的可觀效益。對我而言，當年在IBM時期練的基本功，就在於價值鏈運作的細節與手感，而這一切就成為日後我站上國際市場第一線時，得以自在應用的 Know-how 基礎。

Know-how 該怎麼用？絕不是臨陣套招即可速成。我很喜歡用武俠小說笑傲江湖中的獨孤九劍做比喻，Know-how 是以無用之用為大用，仔細觀察對方的招式，進而找到致命關鍵的破綻，攻其必救之處，攻擊之法並無一定，完全視使劍之人的心意而定。

真正的 Know-how，很難用三言兩語就速成上手，但就如我先前所提到的，價值鏈是經營國際市場萬法不離其宗的根本，所有的 Know-how 都是由價值鏈的變化衍生而成，所謂「師父領進門，修行在個人」，我雖不敢妄自托大的好為人師，但以過去多年的經驗，我認為從掌控價值鏈著手，將會是建立經營國際市場 Know-how 的入門。

價值鏈存在於公司內部、外部，或是供應商、通路商、終端消費者、甚至是當地政府法規等等與國際市場業務價值傳遞相關的環節中，或許我可以說，所有公司在經營國際市場時，所必須管理控制的價值鏈，可能是以不同的面貌呈現在眼前，當然很難用萬年不變的同一套方法。但我認為，要想從價值鏈中挖到 Know-how 寶藏，首要之務，就是要看清楚你的價值鏈。

「看清楚價值鏈？怎麼看啊？」許多人其實並不是不知道價值鏈的重要性，但要命的是，就是有人從頭到尾都沒搞清楚自己的價值鏈長成什麼樣子，其問題就出在少了傾聽的耐心、近觀的關心、授權的真心，而這些，都是 Know-how。

之所以要傾聽，就是要了解價值鏈的運作模式，懂得傾聽，是了解的第一步。「傾聽」不只是「聽」而已，而是一種心態與文化，因為真正有價值的「傾聽」會出現在對客戶的尊重、對夥伴的認同、以及對市場的謙卑上，以這樣具有耐心的心態傾聽來自價值鏈環節，才能真正了解並且掌握價值鏈運作的流程。

與傾聽一樣，「近觀」是另一個掌握價值鏈運作的重點，近觀的最重要意涵在於「關心」，但要注意的是，關心不只是溫情的噓寒問暖或是鄉愿的只問付出不求回報，從另一個角度來看，近觀的關心，是一種管理與控制。近觀的重點在於拉近你與價值鏈的距離，用心、且是將心比心的去關心了解價值鏈持續變化的動態。

而授權是另一個不可忽視的重要 Know-how，若沒有授權，就不可能真正落實尊重當地市場的聲音，就失去了傾聽、資訊交流的意義，而價值鏈也可能從市場第一線的環節開始就出現問題。就如先前所提到的傾聽市場需求的重要性，要先傾聽才能了解，了解之後才能真正信任，而有了信任當基礎，自然就能夠放心授權。

授權不是嘴巴上說說而已的公關說法，而應該是真心為之的舉動。我常常與同事分享一個故事，當年我剛進入友訊任職，到新加坡友訊國際總部到任兩個星期後，心想，總是該打個電話回去給老闆報告一下工作進度，否則，老闆可能會以為我還在打混、或是擔心我惹出什麼麻煩，於是，我撥了電話回台灣給友訊創辦人高次軒先生。沒想到，高先生接到我的電話立刻緊張的問：「發生什麼事了？」我趕緊說：「沒事、沒事，一切都很好，我只是打個電話回來報告一下工作進度，讓您了解狀況而已。」但我都還沒開始報告，高先生就打斷我的話說：「我還以為發生了什麼事要我幫忙，嚇我一跳。以後，沒事不用打電話回來報告，我把友訊國際交給你，一切就你做主，你決定，你負責。」

也許有人會以為，高先生只是跟某些老闆一樣嘴上說「授權」，心裏卻完全不是這樣想，但事實證明，高先生的授權不但徹底，而且百分之百的真心。因為，就在這通電話之後沒多久，當時我們準備要開始在巴西市場大舉擴充，某家通路商要求我們提供三百萬美元的信用週轉額度，說實在話，三百萬美元絕不是一個小數目吧，我心想：「這應該算大事吧？總該打電話回去請示一下老闆。」但高先生聽完我的報告，只簡短的說：「你人在前線，你最了解狀況，我不會比你更清楚，所以，不用問我，你說行就行！」從高先生的身上，讓我看到授權的「真心」。

摸著石子過河

若就實務來看，怎麼樣才算看清楚價值鏈？舉個最簡單的例子來說，許多公司都會講得很大聲說：「要給客戶最好的！要讓客戶感受到最高的價值！」但是，什麼是最好的？什麼價值最高？甚至是，客戶究竟要什麼？許多公司可能語焉不詳，講得不清不楚。但事實上，要讓終端用戶感受到好的價值，就必須先釐清公司的價值是什麼？產品定位為何？適合怎樣的通路？這就是價值鏈，也就是價值鏈上每個環節的重點，是可以透過傾聽、近觀、授權等 Know-how 了解掌握的價值鏈真貌。

我必須坦白的說，這是最基本的起步，對許多公司而言，如果連這樣最基本的事物都搞不清楚，那就真的沒人能幫得了你了。就我過去看過的例子而言，許多人往往都以為只要如何如何，就一切都沒問題，最常見的例子就是：「只要選到好通路，就一切都沒問題」，但真的是如此嗎？

做生意就好比過河，要過河的人是你，通路只是你所選擇的船，船不會自動定位方向、決定速度，而是駕船的人必須有能力掌控一切，包括河水的深淺、水流的快慢、風向的強弱、又或者是不是有大石頭、是不是有漩渦等等。所以，我很認同「摸著石子過河」這句話，特別是在面對變化快速的國際市場，摸著石頭過河是必要的，而摸到的每一塊石頭、踏出的每一步，都代表你對價值鏈的了解與掌握。

許多公司在經營國際市場時所遭遇的困難，常常就是因為價值鏈不通、價值鏈的環節出了問題、甚或是價值鏈無法快速順利的傳遞價值到該到達的目的地。所以，顯而易見的是，如果能夠理順價值鏈，許多問題就能迎刃而解，理順價值鏈，要先戡破價值鏈運作過程中的許多迷思，如何「戡破」？就是Know-how！

價值鏈是不斷變動的，時間、空間、人心的變化，當價值鏈在逐漸變化，而沒有跟著調整，就會讓原本「對」的人事時地物，變成「錯」的，甚至成為價值鏈運作的絆腳石。但哪裏才是價值傳遞不通的地方呢？簡單的講，你看不順眼的地方，往往就是價值鏈問題所在。

當價值鏈持續的流動，不斷的變化消長，因此，需要隨時警覺檢視，心中清楚的「底線」，是足以應付、制衡經營國際市場過程中，隨時可能出現的難纏混亂狀況的必要能力。

在經營管理價值鏈的過程中，勢必會面對經常性出現的衝突，而要想理順價值鏈，解決這些衝突，是修養、是智慧、更是經驗。「和氣生財」、「以和為貴」，大概是很多人做生意的座右銘，所以求神拜佛，希望不要出現矛盾衝突的場面，但與合作對象發生衝突，真有那麼糟嗎？面對衝突，第一件要學會的事，就是不要害怕衝突。

價值決定一切

因為，引發衝突的矛盾點往往就是實際存在的問題，而透過衝突的引爆，可以讓我們看清本質實相。每一次的衝突都是機會，都是讓雙方能夠將價值鏈理得更順、合作夥伴關係綁得更緊的機會，所以，「醜話」一定要說在前面！

俗話說「先小人後君子」，但我常常對同事說：「其實很難分出誰是君子，誰又是小人？誰是好人，誰又是壞人？」好人與壞人，只有一線之隔，差別就在於價值。當對方知道你的價值，知道你是有備而來的時候，他會重視你所帶來的價值，他就是好人；但當你的價值不見了，或者搞不清楚狀況而魯莽輕忽，那就像是直接把錢放在桌上任人取用一樣，原本不是壞人的人，都可能因此變成你眼中的壞人。當雙方的利益與價值具有一致性的期望與認知時，這就是一段「好人對好人」的合作交易關係；但當雙方的利益與價值出現不對等的落差，恐怕就會彼此指著對方說「你是壞人」了。

許多公司也常常為「選擇」而苦，選產品、選市場、選通路、選人才，樣樣都難，樣樣都苦。但就我看來，萬法不離其宗，「價值」決定一切，不論是產品、市場、通路、人才其實都沒有絕對的「好壞」之分，只有「適合」與否的問題，我常常講的一句話就是：「不論是黑貓、白貓，只要會抓老鼠的就是好貓！」

但要注意的是，從白天到黑夜、從黑夜到白天，天色的變換不是一眼瞬間的事，而是要經過黃昏、黎明的過渡轉換；好人與壞人也是一樣，就像在黑與白之間，也同樣有灰色地帶，好人會變成壞人、壞人也會變成好人，對於其間灰色地帶的轉折變換，永遠要抱持一顆警醒的心，要永遠記得：「價值」決定一切。

而從另一個角度來看價值鏈，是我在ＩＢＭ時期學到的另一件事。當時我在ＩＢＭ的主管，最喜歡掛在嘴邊的一句話，就是「屢敗屢戰」，就是一次把自己打到最糟的狀況，學會在最險惡、最困難的情況下為自己找到定位，找到反敗為勝的著力點，要學會看「勢」，在「形勢比人強」的情況下順勢、造勢，但這可不是嘴巴上說說就行的，而是需要扎實的基本功支撐，如果底子打得好，才能往上走，也才能親手造勢、成勢，而這就會是競爭對手想進也進不來的進入障礙。

許多公司常常會以「形勢比人強」為藉口，作為自己甘心認輸的理由，但我卻始終相信「勢」在人為，如果既有的形勢不利於自身，那就創造一個有利的局勢吧！讓自己處於有利的形勢位置上，然後順勢而為。舉例而言，在景氣不好時，提供通路商更多的支援、在當地市場進行更多的投資，看起來，似乎是與當前形勢對抗的不智之舉，但其實，從另一個角度來看，卻是默默的在為公司下一波成長，營造一個更有利的情勢，而這樣的「勢」，將會是其他對手學不來、也搶不走的。

綜合以上所說的，經營國際市場有太多細節需要兼顧，那些藏在細節裏的魔鬼、每一個小問題，都可能是讓人滅頂葬身的瘋狗浪，而價值鏈就像是我們在茫茫大海中可以分辨方向的指南針、救生板，從中延伸獲得的 Know-how，則有如當年達摩唯憑渡江的那根蘆葦。

在經營國際市場的過程中，每一天都在跟那些藏在細節裏的魔鬼打交道，而 Know-how，就是讓你獲得救贖的天使之翼！

有很多公司的老板，是從產品及技術起家，本質上就是非常重視細節，不但在產品研發，外觀包裝上也很注重細節，在做事上也必是凡事躬親。有些老板，不但看緊生產流程，連辦公室細項、廁所打掃，都管的鉅細靡遺。但很多時候，往往抓小漏大，產品做出來，時勢已變，沒有預測到新的對手，或是在沒看到未來趨勢。產品專注細節，但上市太慢或太貴，另外也可能選到不適合的通路，或浪費了很多費用在行銷上。產品顧到很多細節，但也可能到了不對的市場。所以在管理上，重視細節的基本，是要掌握大局，當然，不能只有大局而不重細節，但在這數位發達的時代，市場需求瞬息萬變，競爭從上下四面八方而來，速度，是成長及生存的要件。當然基本上是要重細節，把產品做紮實，免得豬在風口時，就被吹散了。但有時，當你產品做好了，出去時才發現，敵人早已以逸待勞的準備好好打擊你。所以要掌握時機及格局，避免在產品開發，生產或銷售，因為只專注各細節，而錯過了大商機。這也常常成為研發，生產及業務衝突，互相怪罪推責的主因。

技術與 Knowhow，細節與格局這兩者，在管理心態及專注，特性及資源分配上，往往是兩難。俗語說，要物廉價美、俗又大碗，實在是一個企業家持續的挑戰。所以是，瞄準後再射箭或還是把箭射出後再瞄準，已是在事業經營或瞬息多變的國際市場開發上，一個重要考量及要慎重考慮的要素。

4

不服輸的創業家精神

說實話，我是一個天生樂觀的人，許多人看我每天笑嘻嘻的過日子，都會忍不住問我：「你真的很享受這些事嗎？去到那麼遠的地方、舉目無親、開荒闢野，真的都不苦嗎？」每次聽到這樣的問題，我都忍不住大笑、然後回答：「苦啊！怎麼不苦，但就是這麼『苦』，才有趣啊！」

從我的求學生涯開始，一路到我進入職場，認真想想，好像沒有一個過程，是在別人眼中不「苦」的。每一次，幾乎是從無到有、從頭做起，說實在話，我不是天縱英明，也不是傻到不知道自己身處困境，但對我而言，不論是一片荒蕪、百廢待舉、抑或是勞心勞力的辛苦，我卻都自得其樂。因為，把那些很苦的事變成有趣的事，對我而言，是很棒的經驗，也是驅動我在那些打著燈籠也看不見路的市場中，一步步前進的動力，而這就是支持我走到今天的「熱情」！

當年友訊著手準備投入中南美、印度、中東、俄羅斯、非洲等多個新興市場時，聽在其他人耳朵裏就像是天方夜譚般的匪夷所思，因為，不要說去那裏做生意了，很多國家根本是許多人一輩子都不會有機會去的地方。那時，友訊在新興國家市場的營收大約僅八百萬美元，而在二〇一七年已達到五．五億美元，很多人都很好奇，我與友訊團隊是如何一步步走到今天的規模。

沒人管，放膽做？

這其中當然有很多的故事、很多的因素，但很重要的一點，來自於友訊故董事長高次軒先生的支持，給了一個「沒人管」、「放膽做」的環境，而且是可以開創新局的機會，雖然當時在別人眼中，這絕對不是一個好差事，但我卻每天都很自得其樂的「吃苦」。

或許有人會以為我在說反話，勉強把吃苦當成吃補，而且是自得其樂的吃苦，這未免也太牽強、太矯情了吧？但說實話，當時的我還真的沒把「苦」當苦，每天只想著：「嗯，這個市場很有趣，搞不好我們可以玩出不一樣的局面；喔，這個通路商有點難搞，沒關係，搞定他我們就妥當了」之類的事，每天都有新的難題、新的挑戰，但就像解開一個又一個的腦筋急轉彎謎題一樣，每天的生活都很興奮、也都充滿了熱情。

這樣的樂在其中、不服輸，吃苦像吃補的精神，是十幾年來一直不斷養成的。不管是去工廠實習、下部隊、去申請學校、去美國求學、回國找工作、剛進ＩＢＭ時的受訓、甚至找結婚對象，每次開始都要受盡挫折，但當在最絕望的時候，自我鼓勵、再接再勵，就忽然柳暗花明，豁然開朗。

記得年輕時去主題樂園坐海盜船時，每次到搖到最高點要往下盪時，就眼睛向上看，身體自然往後躺怕掉下去，這經歷和坐雲霄飛車一樣。但後來領悟到，要往下時身體及眼睛跟著往下，那種迎上去的感覺，完全把抗拒及懼怕化成為挑戰及歡樂。這種順勢，乘勢，不抗拒的領悟，對於後來的經營國際市場的心態，有很大的幫助。

而這樣的熱情正是來自於，所謂的所有權（Ownership）、或是創業家精神（Entrepreneurship），簡單的講，在經營國際市場的過程中，我所抱持的心態就是：「這就是我的事！這就是我的地盤！所以，我一定要達成目標。」

這樣的說法聽起來好像有點匪夷所思，畢竟我們都是領薪水工作的上班族，並不是真正的創業，但事實上，在我們經營國際市場的過程中，所有權與創業家精神卻是缺一不可的成功要素，試想，當我們進入某一個市場，直接在第一線遭遇挑戰或面對變化，如果還是唯唯諾諾、瞻前顧後、甚或是一個口令一個動作，怎麼可能來得及應付瞬息萬變的情勢？但對於擁有所有權與創業家精神的人而言，對於價值鏈上的每一個環節、每一項價值，都有責任感、也都有歸屬感，都認為這是自己一生的事，所以，怎麼可能會不感到興趣、又怎麼可能會眼睜睜的讓機會錯過呢？

因為我自己就是這樣性格的人，所以，在我尋找團隊人才時，具有創業家精神的熱情，是我很重視的特點，因為與這樣的好手、高手一起工作，是一件非常有趣的事，特別是，如果整個團隊都因為具有特定的所有權與創業家精神，而有高度共識，那麼，整個團隊的氣氛將會是充滿熱情的、而且是積極正向、讓人充滿衝勁的。

在經營國際市場的過程中，從公司本身團隊、到與通路商、或其他市場合作夥伴的互動，都必須要與許多不同語言、文化、宗教、社會背景的人往來、相處、甚至合作，而這在許多人眼中，正是經營國際市場過程中很大的進入障礙。不過，這件事好像從來沒對我造成太大的困擾。

常常有同事問我：「我看你不論跟印度人、埃及人、巴西人、還是其他國家的人相處都很輕鬆，好像完全沒有障礙似的，你到底是怎麼搞定他們的？」說實在話，我還真的沒想過要怎麼「搞定」不同國家的人，因為，在我眼中，所有的人都是一樣的，我們都住在同一個地球上，都是平等的，也都是可以溝通、可以相處的，因為，眾生都是平等的。

眾生平等，讓「價值」說話！

或許，這與我從青少年時代就開始在工廠工讀，很早就開始與社會上不同階層的人接觸有關，就此養成了「眾生平等」的價值觀。簡單的講，在我的觀念中，我從不認為人有地位高低、上下之分，只是因為剛好我們各自身處在不同的時空、不同的地點，做不同的事、在不同的位子而已，沒有什麼地位的差別，也沒有什麼特別了不起。

我對一般人的態度，和對待那些所謂「有錢有勢」的人的態度是一樣的，說白了，就是「無欲則剛」、「人到無求品自高」。在做生意的過程中，不管你的公司有多大，我的公司有多小，我跟你一樣都是平等的，即使我今天登門拜訪是想跟你做生意，但如果我無法提供你所需要的價值，我根本就沒有資格站在這裏跟你說話，更不要說還能進一步合作、或是做成生意。

這樣的想法，與我早期在ＩＢＭ所受的訓練有關，我們當時所受的訓練，不是要去「賣」東西，而是要去「幫」客人，是因為客人需要我們產品的價值，而不是我們硬把產品賣出去。這樣的價值觀讓我在從事業務工作時，擁有更揮灑自如的餘裕，也讓我能夠在面對變化快速的國際市場情勢中，能夠更加自然、自在的因應面對。

從另一個角度來看，能夠很自在的與不同背景的人往來合作，這是價值觀、是個性、也是一種能力，但對我而言，除了與人相處合作的「能力」以外，過去多年在繞著地球跑的過程中，能夠認識不同國家、種族、文化的人，進而成為朋友，這絕對是非常珍貴的經驗，透過與這些朋友的交往，不但讓我的人脈更加廣闊，也開闊了我的眼界、豐富了我的生命。

由於這「眾生平等」的觀念，使得我排除了很多書上或朋友給予的，要如何預防不同人種，例如中東人吹牛是要騙錢、印度人是要貪小便宜、俄羅斯人很危險、巴西人沒一句話是真的等等，善意但偏頗的建議。我發覺要開發這到處是危機、陷阱的國際市場，除了要做足功課，步步為營外，最重要的是「以誠待人」。凡事設身處地為對方著想，秉承傳統一貫的殷實商人的態度，也就是說，不管是在推銷產品、服務客戶、管理通路或甚至在衝突談判時，一直謹守這個原則，讓不管是客戶、通路、夥伴或員工，都感受到我們的誠意及做事的真心。俗話說，德不孤必有鄰，很多的時候讓一步海濶天空，吃點眼前小虧，常常換來長期的承諾及支持。

也由於此，所以在國際市場上，於公於私到處有朋友。其實這些年來，我已離開友訊，且和這些國際朋友已無利害關係，但大家每次來台灣時，總是第一時間來看我，如果有機會至他們所在的都市，百忙之中也都會撥冗熱情接待。甚至最近到英國劍橋女兒家度假，友訊德國總經理還特別從法蘭克福，一早飛來一起吃了一頓非常快樂的午餐再回去。所以武俠小說常提到，天下武功唯快不破，我想，說的是國際市場開發經營，唯誠則萬利。

所以，當我在與比較年輕的同事聊天時，常常會鼓勵他們要多出去看看，到當地市場與公司自己的團隊、或是當地合作夥伴、甚或是終端用戶多多接觸，我始終相信「見面三分情」這句話，在人與人之間，有許多情感的互動，是建立在「見面三分情」的基礎上的。因此，儘管現在通訊科技的進步，有許多先進的視訊會議系統，但就某些層面而言，真正面對面的溝通往來、握手寒喧、拍肩擁抱、或是把酒言歡所可能產生的緊密情感連結，都還是科技應用無法取代或改變的。

當有人問我：「對於現在的年輕人，若要朝國際化發展，必須要注意那些重點？」事實上，我非常鼓勵現在年輕的一代，多出去看看這個世界、多去歷練不一樣的環境，去面對你過去可能從沒想過的挑戰，因為透過這些親身的經歷，你才會真正得到、放空、包容、接受。很多年輕人也會問我：

「到底要怎麼樣培養拓展國際市場業務的能力？」我的回答也很簡單，學怎麼做國際市場，其實就是學做人，也就是我之前不斷提到的，就是要有無入而不自得的自在、將心比心的包容、更開放的胸襟與眼光。

我認為，人生在不同的歷程會有不同階段性任務，也會有幾項重要的關鍵要素，會決定你的人生會怎樣發展，包括了知識、經驗、關係、財富。知識，是最基本、最底層的要素，大部分人在二十歲以前會將所有的資源拿去換取學習知識；而經驗，則是由知識與工作實務組合而成；至於關係，這是所謂的社會資源，是你在經驗中有效應用創造效益的人脈網絡資源；最後才是財富。所以，對年輕的一輩而言，如果真的有心投入拓展國際市場業務的工作，先不要想能賺多少錢，而是應該要衡量能夠因此為自己創造多少的經驗或關係，因為，對年輕人而言，缺乏的不是機會，也不是時間，是專注與奮鬥的熱情。

說實在話，雖然我從小立志要當大將軍，但我從沒想過自己要當英雄，一直到今天，我也不認為自己有多成功、有多厲害，我只知道一件事，就是把事情做好，這是專注的恆心、是不服輸的奮鬥精神、更是能比氣長的熱情，而過去一路歷練累積的基本功，就像是一塊塊的基石，讓我一步步站得更高、看得更遠。

回顧過去四分之一世紀的工作歷程，雖然經常面對的是「打著燈籠也看不見路」的未來，但幸運的是，在我心中那把驅動我持續前進的熱情火燄，始終未曾熄滅！

5

AI實現國界零阻礙

千金難買早知道，對在從事國際市場開發及經營的朋友，對這句話應有很深的感觸。無不希望有神明或先知早點提醒就不會走了那麼多的冤枉路。

有位朋友長年在上海做內地生意頗有小成，但近兩年由於市場低迷加上政府規定又多，所以才始動念要開拓國際市場。前些日子回來還特別要我陪他拜拜求籤，祈求神明指點迷津：該不該往外擴張，去那裡，找什麼通路或設點等等。可惜神明籤詩對這些無邊界的開放性問題，通常籤文都是模稜兩可。其實神明每天聽了那麼多祈求，也希望有大數據AI幫忙，讓廟裡解籤的說明更精準。

一年多來AI人工智慧已被渲染的像無所不能。是實上企業運用AI（或BI）已經很多年了。近來由於網路傳輸速度大幅提升，雲端及邊緣運算演算速度提升及演算法成熟再次把AI形容的好像無所不能。

簡單說，人工智慧就是讓系統或電腦設備，能模擬人類思考模式、邏輯與行為的能力，且能自行透過數據分析的過程，持續校正、進化。可以說AI人工智慧就是讓電腦盡量像人類一樣思考、執行策略的科技。

既然人類會思考，那又為什麼需要人工智慧？在大數據的時代，人類進一步解讀、分析資料的能力，已無能因應龐大的資料量─這時，就設想請人工智慧代勞。人工智慧經過感知、學習、推理與校正等階段，深入大量數據、執行複雜且繁瑣的工作，協助人類突破限制，跨出過去的研究與應用疆界。

自動化作業，減少人為錯誤

在面對複雜多變的國際市場，很多公司由於資訊不足，面對要跨國到人生地不熟的地方，在無知、無明的情況下就成了有想要但不敢踏出去，面臨有希望沒做法的窘境。跨境的價值鏈在金流、物流、資訊流甚至服務流的挑戰相對的要艱巨。我這位朋友就顯得相當徬徨。正好有一企業協會在舉辦AI座談會，我就邀請這位朋友一起參與。

座談會開始有位做健康飲品的公司就分享了他們在開拓印尼市場成功經驗。他們透過市場上的銷售數據，消費者評論，社交媒體趨勢等，利用機器學習建立預測，這個模型能分析歷史數據，識別出哪些因素最能影響消費者的購買行為。預測哪些類型的健康飲品可能在未來幾個月或幾年內受歡迎，哪些成分或口味可能會流行。實際應用：如果AI模型預測，含有特定超級食品成分的飲品將成為新趨勢。基於這個預測，公司開始研發含有這種成分的新產品。同時，公司也根據預測調整其營銷策略，強調新產品的特色成分，並透過社交媒體和網路廣告來吸引潛在客戶。通過預測市場趨勢，公司能夠快速響應市場變化，推出符合消費者期望的產品。AI的應用幫助公司減少了盲目研發的風險，更進一步了解印尼大眾的飲料偏好。藉此提高了市場競爭力和盈利能力。透過這個案例，可以瞭解AI在趨勢預測方面的應用不僅可以提供市場洞察，還能幫助他們做出更明智的業務決策。重要的是要在遙遠陌生的市場中藉著AI的搜尋及語意的辨識能力，收集相關且充分的數據，並選擇合適的機器學習模型來分析這些數據。這樣，AI就可以成為一個強大的工具，幫助企業預測市場變化，從而更好地定位產品和策略。同時他們也利用AI找出可能適合的通路及當地的競爭對手。AI還幫他們製作了適合當地文化及習慣的行銷活動文案及網站，透過數位通訊傳播到達終端客戶。這位老闆分享完後，另一位他從香港移民來台北的陳先生，接著報告他如何利用AI把他的香港蒸飯和餛飩套餐，推向國際市場。

為了實現這個夢想，陳先生首先要了解目標市場的消費者需求。他決定利用AI技術來進行市場調查，了解哪些市場有需求。

AI技術可以從社交媒體、線上評論和餐飲趨勢報告中收集數據，提供精準的市場洞察。陳先生利用AI技術分析了幾個可能目標國家的消費者偏好、飲食習慣和文化差異。

分析結果顯示，紐澳地區的消費者對健康飲食和新鮮食材的需求日益增長。他們也對亞洲美食充滿興趣。

根據AI分析結果，陳先生決定將菜單略作調整，以符合當地口味。他還設定了合理的價格策略和促銷活動，以吸引目標市場的消費者。

有了對目標市場的深入了解，陳先生接下來要做的就是建立品牌形象並進行精準的行銷。他利用AI工具來分析目標受眾的興趣，偏好和媒體使用習慣和消費行為。根據AI分析結果，陳先生決定將品牌定位為「健康美味的亞洲美食」。他還利用社交媒體廣告、影響者合作和數字行銷活動，在目標市場進行了精準的線上行銷。

通過這些努力，他把蒸飯小吃成功的在紐澳地區樹立了獨特的品牌形象。除了做好市場分析和品牌行銷之外，陳先生還注意產品創新和差異化。

他利用AI技術來分析消費者反饋，指導創新和改進產品。AI可以幫助他了解消費者對產品的喜好和痛點。

根據AI分析結果，陳先生推出了一系列結合當地口味的特色蒸飯，如結合當地食材和風味的融合式創新菜品。這些菜品受到消費者熱烈歡迎。

蒸飯小吃家在國際市場的成功，也離不開系統化營運和管理。陳先生利用AI技術來優化供應鏈，除了透過AI找到當地幾家潛在的合作夥伴，也透過AI把食材供應鏈優化並提高品質控制通過AI預測需求和庫存管理，蒸飯小吃家有效地控制成本，提高了運營效率。

在國際市場開展業務，遵循當地法規和文化是必不可少的。陳先生利用AI工具來確保符合目標市場的食品安全法規和勞動法。AI可以幫助企業避免法律風險。此外，陳先生還注意尊重當地文化和習俗，贏得了當地社區的支持。

憑藉對市場需求的深入了解、精準的品牌定位和行銷、創新的產品開發、系統化的營運管理以及對法規和文化的尊重，蒸飯小吃家成功進入國際市場，成為一個受歡迎的亞洲美食品牌。

蒸飯小吃家的成功案例表明，AI技術可以幫助企業在國際市場取得成功。AI可以幫助企業了解市場需求、建立品牌形象、進行精準行銷、創新產品、優化營運管理，以及遵循法規和文化。

另外一家新興的時尚品牌，專注於年輕、時尚的消費者群體。該品牌希望通過社交媒體平台吸引更多的關注和互動，但由於資源有限，無法聘請大量的內容創作者或營銷專家。他們AI幫忙品牌團隊準備了一系列產品情境圖片，這些圖片展示了不同款式的服裝和配件。利用AI內容生成工具，品牌團隊輸入這些圖片和一些基本的產品信息。也可以生成與圖片相匹配的吸引人的文案，還能根據不同的目標受眾（如時尚愛好者、大學生、職場新人等）來調整語氣和風格。AI工具還可以針對不同的受眾群生成相應的呼籲行動（CTA），比如對於學生群體可能強調時尚與實惠的結合，而對於職場新人則強調專業與時尚的融合。內容發布與反饋分析：生成的圖文內容隨後在不同的社交媒體平台上發布。AI工具還可以追蹤這些內容的表現，如點擊率、轉化率和用戶互動情況。這種方法大大節省了時間和人力成本，同時保持了內容的多樣性和創新性。

由於內容是針對特定受眾群定製的，因此吸引了更多目標客戶的關注。通過分析用戶反饋，品牌能夠進一步調整其營銷策略和產品推廣。他們利用AI在營銷內容生成方面的應用，提升內容的相關性和吸引力，還能大大提高工作效率。關鍵在於選擇合適的AI工具，並根據品牌特性和目標受眾的需求進行細緻的定製。這樣，即便是資源有限的個人創業者或中小企業也能有效地進行市場推廣和品牌建設。AI應用於輔助銷售機器人能夠提供一種創新的方式來增強客戶互動和提升產品銷售。關鍵在於理解目標客戶的需求和興趣，並設計能夠滿足這些需求的智能互動機器人。這樣的策略不僅適用於書籍銷售，也可以應用於各種產品和服務領域，幫助個人創業者和企業提升市場競爭力。

朋友聽了這些例子後信心大增。認為有了AI真是如虎添翼，跨躍國際價值鏈的鴻溝，像老鷹般在天空翱翔。看到遠方的目標，精準的俯衝抓到獵物。如能精準預測市場需求，那就可以備貨，供貨，繼而減少通路因為要囤貨而要求放帳，資金也可更靈活運用。總之有了AI的幫助，企業更能抓住商機，進而節省了開發國際市場最重要的資源：時間。

AI不是萬能

但我還是適時的提醒這位朋友，AI只是輔助的工具，經營國際市場，在可能突發的天災，區域戰爭，海盜猖獗，甚至像上次貨輪卡在蘇奕士運河，都可能嚴重影響原物料或貨品運達時間，倉儲成本，繼而從物流影響到金流。更何況在這不平靜的時候，物價或貨幣突如其來的變動，也不是AI可以完全預測到的。另外公司要把AI當做公司的一員，它需要餵給對的資料，要能有耐心的培訓，要隨時考核調整，善用其專長，公司要有管理AI的組織及機制，同時也借著AI產生的資訊來調整組織，訓練團隊使其更有彈性，適應市場新變局及更有競爭力。

很多公司都開始紛紛設立戰情室，應用AI來即時分析公司的業務與作業流程，打通任督二脈的阻塞，卻往往陷入一個最基本的問題，AI是模擬人為的作為。要是公司管理層的認知與管理哲學有誤，AI也不可能因此產生出對的結果。例如：公司內產品經理認為產品的規格應當如此，而市場或是競爭者卻不相同。身為高層的主管若缺乏相對的專業知識時，這家公司會有AI的存在嗎？引進外在的AI，是為了證明公司內產品經理的錯誤嗎？而最終又淪為，誰來證實對錯。

所以到頭來要客戶的買單，基本面還是要產品及服務性價比好。AI雖也可在資訊流上幫助更順暢及有效率的溝通，但終究是成事在人，再好的工具，但如沒有高素質的組織及人員，沒有好的願景及目標，不知產品定位及客戶需求，而是公司及通路充滿內鬥，搞政治，各行其事，以致於令不出門，那再有最精準的資訊也是徒然。AI可以幫忙快速產生文案，快速分析市場機會及風險，選擇及管理通路，但如沒有對的策略判斷及執行，只會走往錯的方向更快更離譜。所以在這資訊透明，客戶至上的時代，未來的世界AI不是萬能，但不會有效的運用AI可是寸步難行，萬萬不能。

經營視野

6

打通任督二脈的價值鏈

所謂價值鏈，就像是武俠小說中打通任督二脈就能練成絕世神功一樣，國際業務經營的任督二脈，就是要理順價值鏈。

價值鏈是四十年前管理大師 Michael Porter 提出的競爭策略，就是公司透過來料儲運，加工生產，出貨物流，市場行銷及通路到售後服務層層加值再加上其間公司的管理，人資，研發及採購不同部門加以輔佐而帶給客戶的價值傳遞流程。最重要的是終端客戶要感受到產品或服務的價值而願意付錢使公司增加收入及利潤。如果因為產品規格不符，品質有瑕疵，交貨不及時，價值鏈上協調不佳或在行銷及通路上讓客戶感受不到價值，那公司所做的努力就是沒有價值。

想當年友訊成立初期，以台灣為基地，進軍美國，在消費市場打出一片天，靠的就是以美國消費者需求為主，美國及台灣軟硬結合，加上工廠製造及交貨優良品質，就殺出一片天。只要產銷配合好，產品有特色，那就攻無克。記得剛進友訊時，秉著以往在ＩＢＭ的訓練，總覺得通路，業務，生產每天為了交期，品質吵的不可開交，外面通路也不配合，怨聲連連，價值鏈完全處於不順的狀態。我這種ＩＢＭ訓練出來一板一眼的就感到相當憂心，但我的上司總是輕鬆的說：不要擔心，公司都是比爛的，我們沒那麼爛就好了。

但這段美好的日子在一家中國消費者網路產品公司利用中國市場的崛起，以幾乎不可能的低價取得競爭優勢，在量變引起質變下，攻城掠地，造成我們不小的威脅。而在美國的另一網路公司則以集中客服在美國，不設分公司來縮短價值鏈，加上其在立陶宛高超的研發團隊，以優異產品切入正要高成長的專業消費市場。所以友訊日子就沒有那麼好過了。

後來漸漸隨著業務成長擴及歐洲市場，接著更在金磚四國過關斬將。由於各地有不同的在地需求，產品規格需求趨於多樣化，案子愈開愈多，加上從原本的各地分公司和總代理商為了配合各地客層及購買習性，就增加了綫上，電訊及系統集成商等等各樣通路，使得價值鏈變的非常龐大複雜。而更在後來為了專注經營品牌，把製造工廠分割出去改由從不同廠商進貨，價值鏈上重點由研發，生產轉到了產品經理，進一步使得價值鏈的管理更富有挑戰。

過去三十年，有許多台灣人或台灣公司在全世界各地到處做生意，而這樣的模式，也的確讓許多台灣公司做到不少生意。但就如同《世界是平的》書中所提到的，過去要繞著地球跑才能做到的生意，現在因為資訊科技的發達演進，想要買產品的客人可以透過網路搜尋想買的貨品資訊，有產品要賣的人，也可以透過網站展示行銷商品，網路平台應用的發達，讓買賣雙方都能夠突破過去資訊不對稱、不透明的瓶頸，讓供需雙方的交易行為能夠透過對稱的資訊流而順利進行。以資訊流的角度來看，世界真的比以前平多了。

由於如此，很多人認為只要產品夠好，架一個網站、提供完整資訊及交易平台，客人就會自己找上門，就像以前在台灣熱烈播出的雅虎奇摩關鍵字CF廣告一樣，廣告片中的老闆閒閒地坐在空蕩蕩的店裡，但在網路世界中，客人卻已是蜂擁而至，這絕對是所有廠商的夢想，突破所有環節一步到位。

只不過在實際國際化業務流程中，除了買賣方的資訊交流與交易互動外，還有一大塊繁瑣卻關鍵的流程是處於「不平」的狀況，那就是在很多交易中，需要中間商的協助以打通通路，並支援銷售、物流與金流的作業。資訊科技或網路應用的發達固然可以精簡許多作業流程，卻無法取代倉儲、物流、配送的作業程序；而付款與收款之間的技術性金流作業，當然可以透過金融機構的網路平台來進行，但放帳呢？這是資訊科技再發達也無能為力之處。

國際貿易不等於國際業務

因為以外銷為主的產業型態，再加上台灣人遍布全球市場的貿易商業足跡，讓很多人會認為台灣企業非常擅長於國際市場業務開發，具有深厚經營國際市場的經驗。但事實上，國際市場業務與國際貿易是兩件事，若要談國際貿易，台灣從來就不缺乏這樣的人，因為全世界到處都有台灣人在做貿易，國際貿易活動的能量非常旺盛。但國際貿易只是國際市場業務開發中的一環，很遺憾的是，一直到今天，台灣的產業界或台灣社會大部分人，都還是以這樣的角度思考國際化這件事，最顯而易見的例子，就是許多談論國際化的媒體報導，都把焦點放在那些拎著行李在全世界到處飛來飛去的人，關心的是他的護照上有幾個國家的簽證、累積多少的飛行哩程、一年可以繞地球幾圈之類的話題；但看在經歷國際市場業務實戰的人眼中，媒體報導的焦點都只是非常原始的業務員技巧而已。過去，台灣之所以能夠透過貿易做生意賺錢，其實多半是因為資訊流的瓶頸限制，但隨著資訊逐漸轉趨對稱、透明，純貿易、或類貿易型態的國際市場業務將會因為產品的日益大眾化、資訊流的平坦順暢、商業競爭的全球化等因素，使單純的貿易行為能力已不足以開發國際市場。

理順價值鏈是第一要務

對一個每天站在國際市場第一線的人而言，過去三十年的經驗，讓我深切體會到，所謂的價值鏈，就像是武俠小說中打通任督二脈就能練成絕世神功一樣，經營國際業務的任督二脈，就是要理順價值鏈。

有些人也許認為都什麼時代了，到處都是平台，直銷，還談什麼價值鏈。但對我而言，不管其如何演變或縮短，「價值鏈」就是一個把價值傳遞給終端用戶的完整商業流程。以往大部分廠商只要在公司內部做好產品研發、採購備料、生產，確保提供好功能、好品質、好價格的產品，在公司外部做好整合上游零件供應商、找到下游品牌商或代理通路商，就算是打通了價值鏈；但在今日，隨著商業環境、資訊科技、市場型態的改變，整個價值鏈及通路也變得更多元、更複雜，若無全盤考量的宏觀眼光以管理支援整體價值鏈，就算只做內銷市場也會困難重重，更遑論不同語言、文化、商業習慣的國際市場。

在整個價值鏈中，唯一可能不變的就是源頭的產品製造／提供者、與尾端的終端消費者，但在此二者之間的代理、經銷等等通路型態，已出現更多元化的轉變，例如電子商務的出現，就可能弱化甚至取代代理商或經銷商的角色。又或者，在特殊應用市場中，代理商可能對應的不再是一般的經銷商，而是會要求提供更高附加價值與服務的系統整合商（SI）或特定企業機關客戶。在電信業市場中，代理商與系統整合商的角色可能會合而為一，甚至可能被提供產品的品牌廠商所取代，而電信業者則是可能扮演部分代理商、部分經銷商的角色，因為大部分電信業者雖然不想自己經手庫存配送，卻仍希望掌握與終端消費者直接交易的窗口。

事實上，管理國際市場業務其實就是管理價值鏈，只要把價值鏈中的環節理順了，去掉不必要或重複的環節、補強價值鏈上的不足，拓展國際市場的計畫就能順利進行。當然，不同的公司會在管理價值鏈上發現許多問題，像是要專注於代工業務，還是發展自有品牌？是要透過代理商，還是要自己找人經營當地市場？要找怎樣的人才最適合？要設立怎樣規模的銷售或支援據點？要選擇或建立何種性質的通路體系？該不該放帳？要不要自己揹存貨？這些問題其實就是價值鏈中的環節，如同外界最喜歡引述鴻海董事長郭台銘的名言：「魔鬼都藏在細節裡。」每一個細節都是重點、都必須要善待它、理順它。唯有了解每個環節，才能知道它對於我們生意存在的重要性，進而決定我們在該環節所應扮演的角色。

世界不是那麼平

這幾年，由於戰爭及地緣政治影響，導致以往的全球產品製造分工，由於考慮到因地域衝突，缺工缺料而斷鏈的影響，各國都要建立屬於自己的供應鏈，從而也影響到產品及服務到終端客戶的價值鏈。雖然很多公司開始導入智慧製造系統，以促進和上游零件、原材料供應及產能的穩定，但除了確保供應鏈外與通路夥伴，甚至客戶間也要有緊密的產品需求預測及配送配合，來確保價值鏈的品質。

這在國際市場的經營上，加入考慮產品運送途中的風險增高，各地區進出口工人不穩或缺乏的情況，國家法規鼓勵當地製造或限制進口的改變，資金的流通方便、安全及限制等等日益增高的變數，同時從客戶的角度看，收到了主要產品，但配套零件或服務未到而不能也不會裝機或使用，那都不算完成整個價值鏈。廠商除了加強供應鏈管理外，在價值鏈上，也要和配合度好的通路及當地物流，產品維修，金融服務等商家緊密合作。

甚至加上，在終端客戶對多樣化及整合性的產品及服務的需求，成為主流趨勢下，廠商在因應競爭上，已不能再像以往只確保產品供應鏈順暢就可以了，而是更要確保到客戶之間的價值鏈順暢。而AI的應用更加深了客戶的要求。所以未來的競爭，已不是只有廠商和廠商產品價格、功能之間的競爭，而是誰擁有順暢的價值鏈，誰就有競爭優勢。是我的價值鏈和競爭對手間的價值鏈的競爭。

除此之外，在物聯網，數位及AI時代，廠商要能在當地結合不同產品及服務的整合商，畢竟客戶要的已不只是產品或解決方案，而更重要是能有高品質使用才付費的落地服務，來幫助其增加收入，利潤及效率。所以在AI時代價值鏈競爭更進化成針對不同客戶需求的整合整體服務成為一個價值環，誰整合的好誰就有競爭優勢，是價值環間的競爭。廠商進一步更要加強和互補廠商結盟，形成生態鏈，以進一步更擴及整個生態系的競爭。

1. 在全球化的浪潮下，世界也許變得比以前平了，但在現實世界裡，我們還是可以看到不同區域、文化、經濟、政治，甚至是宗教等因素形成的差異，所以，世界其實還不是那麼的平，國際市場業務開拓仍然充滿了挑戰。
2. 面對廣大、陌生、不確定性極高的國際市場業務，每家公司、每位負責國際市場業務的操盤手，都應該要對自身的價值鏈有全盤了解，深入且細緻的碰觸每個環節，一步步理順盤根錯節的價值鏈，這正是發展國際市場業務的根本。
3. 語言溝通在全球商業中的重要性。AI技術能克服跨國語言障礙，尤其是在處理價值鏈中的語言與認知界定問題時至關重要。
4. AI透過即時、準確的機器翻譯和自然語言處理，優化跨語言溝通，幫助團隊跨越語言和文化差異。此技術不僅提升工作效率，也助於建立更緊密的團隊協作。

7

know-how 都在細節裡

佛曰：不可說。「不可說」不代表「不能說」，而是如同金剛經中所記載的，沒有一定的法，也沒有一定可得證無上正等正覺的法門，真正的法門是隨心念轉和證悟深淺不同，存在每個修行人心中。

觀察台灣廠商在投身國際市場業務的過程，許多長期以「腳踏實地、研發創新」為導向的公司，無不卯足全力投入資源進行技術與產品的開發，希望以具殺手級威力的新產品、好產品來征服國際市場，這是一種技術導向的國際化思維。

用領先的技術、優質的產品打開國際市場大門的想法並沒有錯，就像是上山學劍的少年，在華山習得一身本領之後，想要下山闖蕩江湖揚名立萬一樣。

技術的發展是不斷前進的，過去累積的基礎，當然有助於進入新世代技術的開發，不過，一個產業經過三十年的發展，除了看得到、摸得到的技術以外，其實還有更多成就這個產業的條件，而這些條件，或許我們可稱它為「Know-how」。

而在個人三十年的國際市場業務經驗中，每天在市場第一線看到的問題、遇到的狀況、因應的對策、處理的方式，其實都是「Know-how」，對我而言，這些 Know-how 代表的意義，也是一種可在江湖上揚名立萬的本領，就像是風清揚傳授給令狐沖的獨孤九劍，是以無用之用為大用為原則，仔細觀察對方招式，迅速找到破綻，攻其必救之處，攻擊之法並無一定，完全視使獨孤九劍者的心意而定。

技術夠好、產品夠優，就能搞定一切？

當華山劍法對上獨孤九劍，當技術遇上 Know-how，在台灣科技業公司大步前進國際市場開拓業務之際，在技術與 Know-how 之間，或許不只是要取得平衡，而是要有更全面性的心態與眼光。

台灣科技業最喜歡強調的事情就是：「我們的技術很好」，技術好不好，當然可以藉由產品的效能測試、透過量化的標準證明，又或者是，因為技術很好，所以產品良率非常高，可以創造高度生產效率、有效降低生產成本。而這些都是看得到、摸得到、讀得到的東西。

投資產品技術研發絕對是一件好事，但是好產品、好技術就一定能賣錢嗎？當然，技術夠好的產品，的確可以有比較強的競爭力，但不可否認的是，在我們看到許多好產品賣得嚇嚇叫的同時，也有許多我們不知道的好技術、好產品，淹沒在滾滾市場洪流中。

在業界有個半開玩笑的說法，如果遇上一家公司的老闆是教授、是博士，就得小心再小心，因為大部分的教授很懂技術，但通常都不懂怎麼做生意。雖然我個人並不是太喜歡這樣的比喻，但也不得不承認的確有這樣的情況存在。

或許，我可以這麼去定義「技術」：技術是可實驗、可模組化、可累積、可學習的；技術也是可追蹤、可重複、可傳遞的。

事實上，台灣科技業在過去三十年的發展歷程中，在多項高科技產品技術領域的實力累積，的確是有目共睹的，台灣在許多項產品出貨量上，都已是全球第一，這代表除了台灣，沒有別的地方的廠商能做得比台灣更好。

如果靠產品技術研發創新，就能完成台灣科技界馳騁國際市場的夢想，或許就不會有那麼多台灣科技業者在國際市場業務開拓中撞牆碰壁、甚至是泥足深陷。

相較於十年、二十年前，今天台灣科技業發展國際市場業務時，已經有許多「知識」上的突破演進，而這些所謂的「知識」，很多是來自於同業失敗經驗的借鏡、成功案例模式的研究學習、企管行銷大師理論學說的傳頌，這讓台灣科技業開始了解到在國際市場業務過程中的「技術」，像是要本土化（Localize）、要建立通路體系、要找到好的經銷商、要控管放帳風險等等。

這樣的演進，對台灣高科技業跨入國際市場絕對是件好事，而且是一種進步。但就像是上山學劍的少年，把師父傳授的劍譜心法背練的滾瓜爛熟，於是，揹著劍拜別師門下山準備揚名立萬，但一出劍才發現：糟了！怎麼對手的招式都不按劍式出招啊？

什麼是 Know-how？

台灣高科技業者過去最重要的中心思想就是「技術」，從產品、生產、銷售都是以技術為導向，這裡指的「技術」倒不是全指特定的產品技術，而是一種思考模式，指的是用「技術性」思惟去解決所有問題。

Know-how 是什麼？Know-how 是一種經驗，也許是一種動態、多變、互動性極高的元素，也可以是一種心態、藝術、或是一種視野角度；Know-how 或許可以被引用，但很難被複製，也許可以用話語說明，但卻不見得能被準確完整的解讀；Know-how 是要身歷其境、親身體驗的。

在發展國際市場業務的過程中，其實就藏有許多「綿綿角角」的細節，而這些綿綿角角就是 Know-how。舉例而言，巴西是一個市場嗎？蘇俄是一個市場嗎？中東是一個市場嗎？其實都不是，每一個單一國家，都會因為價值鏈的不同架構而分割成很多的不同市場，而每個不同區域、不同市場的文化差異，必須要去觀察、去傾聽、去問問題。因為如果不這麼做，你就會經常被騙，而且人家還不是故意騙你，而是因為你不了解當地文化。

禪宗達摩祖師說「不立文字，教外別傳，直指人心，見性成佛」，就是說凡事在事件發生後，要有一顆開放的心，要用心去體驗、思考，品嚐各地不同的習慣、風俗、文化及做生意的方式。

如此一來，就可累積不同的Knowhow。如果沒有一顆開放，謙卑及如如不動的心，縱使到過無數的地方及國家，也無法細心的去感受環境的不同及重點，進而經驗及體驗不斷累積成寶貴的Knowhow。

在發展國際市場業務的過程中，廠商可能會遭遇很多不同情境，很多東西你看好像是這樣，但事實與表相是有差距的。

比如，很多人都覺得俄國好像很亂、很多資訊不透明、放帳很危險等，但事實上，我在俄羅斯做生意以來，還沒有被倒過帳，反而是在一般人認為先進文明的澳洲市場，曾經被倒過一筆不小的數目。

但是對於一般廠商而言，因為人生地不熟，當然會擔心害怕，但若能了解狀況，自然能夠較客觀、理性的去判斷情勢，進而找到解決問題的方法。而要能了解狀況，要客觀、理性去判斷情勢，這些都不是單純的國際行銷技巧，而是需要時間累積、親身體驗的Know-how。

在禪宗裡說的「見山是山，見山不是山，見山又是山」，就是在強調體驗的重要。遠遠看到是青翠和緩的山，近看才知是如此的險峭。到了山中在一片樹海或濃霧中，感受更是不同。等到下了山，體驗到了山中的各種曲折山路及在山頂眺望的美景，那感受及看到的山，已是真實屬於自己經驗的山。而且往往山路越難、跌倒越多、甚至迷路，那種體驗愈是深刻。所以在國際市場開發上的心態，就好像在爬山，成功的經驗當然值得欣喜、分享，但很多時候失敗的體驗更能刻骨銘心，成為寶貴的know how。

面對不同市場可能隱含的文化差異問題，你會不會問為什麼？就成為一件很重要的事。在發展國際市場業務的過程中，就是要抱持懷疑的心，同時也要抱著包容的心，但這是很困難的，因為要一邊包容，一邊懷疑，像是在印度、俄羅斯、拉丁美洲，各個地方都有不同的狀況，你如果無法一邊懷疑、一邊包容，你就會很沮喪，覺得一天到晚被騙，但事實上，這些人也許不是真的要騙你，是因為你沒有做好基本的工作去問「Why」。

AI 私房心法

1. 很多時候，國際化業務會遇到的問題，其實都是一些細節，舉例來看，當經銷通路商告訴你今年可以做八百萬美元的業績，你的反應是什麼？是歡天喜地的回去報告老闆，還是會進一步去問產品的組合、要透過哪些通路去賣等等。大部分人一聽到八百萬美元的目標就樂昏了，根本就忘記要問更細節的問題，最後當然就會很容易受傷。

2. 技術創新絕對是一件重要的事，當然要繼續做，但請注意，台灣科技業者的下一步，不只要有產品技術、也不只要有決心，更重要的是要「用心」，只要真的用心，必然可以留心注意到價值鏈中的綿綿角角，你的 Know-how 基礎也會因此更穩固。

3. 價值鏈涉及行業內各專家及其專門知識。利用人工智能，我們可以「盤點」與分析這些環節，確定它們的主要和次要特徵。這有助於創建一個藍圖，展示行業內不同角色如何協作並共同推動價值創造。這不僅揭示每個環節的獨特貢獻，還能找出提升效率和效益的機會。

8

誰才是真正的客戶？

每家公司都認為自己很清楚客戶是誰，而且知道客戶的需求，但事實上，真是如此嗎？

有一位海外市場負責人非常認真負責拓展當地市場，對於總公司提出的產品、行銷策略，更是全力以赴的配合。

但問題就出在「全力以赴」這四個字，因為當時總公司推出的新產品是新技術的高階產品，但對於這個市場而言，當地市場的資訊通訊基礎建設都還在剛起步階段，主要市場需求都集中在中低階入門機種，當地消費者根本用不上此類高階產品。

但這位負責人在得到代理商拍胸脯保証銷貨後，為了配合總公司的全球新產品發展策略，就進了許多高階產品，把這些產品放到通路體系去，但因為通路商根本就不知道該如何銷售這些產品，市場也根本沒有這樣的需求，結果當然可想而知。

這批在別的市場賣得嚇嚇叫的高階產品，在此一市場卻變成布滿灰塵的存貨，直到總公司發現此一分公司的財務出現嚴重缺口，調查之後才發現，原來問題出在這一大批高階新產品上。

之所以會付出如此慘痛的代價，其實就是因為總公司錯把分公司當成終端客戶，而此一市場負責人錯把通路當成終端客戶，搞不清楚當地市場真正的需求以及「誰才是真正的客戶？」

沒有通路卻先做廣告？

如果將國際市場業務的價值鏈，比喻為盤根錯節的水道分布系統，負責管理的人員要如何判斷系統是否正常運作？又如何知道系統中是哪一個環節出了問題？若從管理水利建設的角度來看，只要出現淹水、缺水、停水等狀況，管理人員立刻可知道一定是某一段水道出現堵塞或是故障，才會造成不正常的水流狀況。

在國際市場的價值鏈中，當然包含了許多環節，公司必須要確定價值鏈中的每一個環節，都具有正常運作的功能，而不只是空有其名，卻故障無法使用。

你一定有這樣的經驗，在廣告上看到了有趣的新產品，很想買來嚐鮮，但讓人無力的是，廣告把新產品的好處講得天花亂墜，但就是忘記告訴消費者該到哪裡去買，這是許多廠商在經營國際市場業務時，犯下的基本錯誤。

一九九七年，當時我負責的業務剛開始進入東南亞市場，新加坡當地負責人一口氣做了很多行銷廣告，產品知名度是打開了，但業績卻原地踏步，我們怎麼想都覺得奇怪，後來才發現原來是因為通路體系根本還沒建立完成，沒有通路，就算有人想買產品，也沒有管道。

之所以出現這樣的狀況，就是因為對價值鏈並沒有通盤的掌握，甚至可以說，對其自身所處的價值鏈有哪些環節都沒搞清楚，才會出現沒有通路、卻拼命做廣告、搞行銷的糗事。

要檢視公司自身的價值鏈是否出現問題，或許可以從「誰是你真正的客戶？」開始。對一家專業代工製造生產廠商而言，很多人會認為品牌廠商就是客戶，而對品牌廠商而言，客戶指的就是直接下單採購品牌產品的代理、經銷通路商，事實上，不論是品牌廠之於代工廠、或代理經銷商之於品牌廠，都不是公司真正應該關心的客戶，因為產品到了這些人手裡，都只是暫時停留，真正使用產品，有權決定並出錢採購，並且是整個商業流程最後一站的終端用戶，才是公司真正的客戶。

前幾年，在台灣常常聽到很多廠商因為在海外市場堆積了太多存貨，導致公司財務發生嚴重問題，之所以會出現這樣的問題，除了人謀不臧外，更因為許多公司錯把馮京當馬涼，把通路商當成客戶看待，以為只要把貨賣給通路商，就算是賣出去了。

在我負責的區域市場中，有一個市場負責人業績表現突然非常突出，當時公司認為這是因為經過長久蹲馬步，這個市場終於打開了，價值鏈終於被理順了，讓這個市場業績出現突飛猛進的成長，公司上下都非常興奮；但到了年終，卻突然從當地市場傳回存貨水準暴增三倍的消息，公司才發現，原來這個市場負責人為了求表現，不擇手段的猛往通路塞貨，不管終端銷售狀況，直到年底通路商清理庫存，才讓這個問題一下子爆發開來。

產品賣給誰？賣到哪裡去？

在實務上經常可以看到的狀況是，鼓勵代理經銷商多多買貨，買越多折扣越大，但價格只是吸引通路商增加採購的誘因，最重要的關鍵仍在於通路商是否具有把產品銷售到終端用戶市場的能力，如果沒有，那麼這些以折扣促銷的產品，到最後也就成為積塞在盤根錯節通路體系中的存貨。

所以重點在於，公司是否真的了解 Sell to 與 Sell through（註）的分別，這無關乎惡意塞貨與否的道德或法律問題，而在於是不是真的了解在價值鏈中的水流最後流向何處，在面對價值鏈的時候，究竟是往前看、還是往後看？

在 Sell to 的思考模式下，公司關心的就是如何把產品賣出去，而不管產品到底賣到哪裡去。所以，對代工公司而言，品牌公司也是他們的通路，對品牌公司，經銷商是他們的通路，再往下推的通路可能就是系統整合商、零售商等。大家都想把產品往下游推，談的重點都是出貨量、交期、價格等等，都是把下游通路當作交易重心，是從 Sell to 的觀念出發，認為賣完出貨就沒事了。

事實上，這種 Sell to 的模式無法真正了解市場及最終客戶的需求，要改進產品、掌握出貨都有一定的困難，更不用說開發或主導複雜多變的國際市場。

但在 Sell through 的模式中，公司在意的是產品是否真的經由通路體系，銷售到終端用戶的手中，重視的是對市場的了解，以及如何增加市場的需求，能在價值鏈中往前看的公司，就會想盡辦法看到市場最前線的終端用戶需求，會花很多時間蒐集資料，甚至是飛到當地，直接與通路客戶一起到市場最前線了解終端客戶需求。

比起消費性產品的決策者，企業市場可是複雜了很多。

有一次在印度德里的業務，很興奮的請我，一定要飛到印度拜訪一家大型電線電纜公司且準備簽約。他認為，資訊專員已同意我們建議的物聯網倉儲管理方案，但當我們和他上司資訊中心主任談完後，發現要現場主任及使用工人測過同意可行，才可以往上送給財務部做投資評估。

於是我們就回到孟買工廠，並花幾天等停工時把產品裝上測試，過了一週，幸運過關，但發現這方案還要財務長同意。所以又花了一週，做了效益評估報告，很興奮的飛回德里，在他房外等了半天，財務長很客氣的見了我們，也贊同我們的分析，但告知案子太大所以要到營運長。

和營運長一番討論後，他建議還要等在孟買的外面顧問也是董事長的朋友評估後才可，同時也要和孟買的維修部門把售後服務條款談好。案子又回到了孟買，距離當初說要簽約已過了兩個月。

最後終於大家都同意了就採購，想不到採購殺出來說，要貨比三家，如果是單一廠商就必須進入議價流程，最後再送到執行長批准。如此前後折騰了近半年。

這是在做企業市場很標準的挑戰，如到了政府標案那就更為複雜。其實很多中小企業，也是會經過或多或少的過程。如果沒有當地業務或通路夥伴不斷的跟催，幾乎不可行。何況很多時候，由於前方關係不到位、菜鳥業務被呼攏、搞不清客戶決策流程及權利、或客戶公司內部門間角力，常常被耍得團團轉，曠日廢時，如果再有強勁的競爭對手，那更是難上加難。所以在企業市場裡有使用者，建議者，評估者及執行者等諸多層級，每個環節都參與了部分決定，所以要到最後的決策者，順利拿到案子，沒有落地或強有力的當地支援，是很有挑戰的。

註：Sell to, sell through：

Sell to 指的是將產品往下售給經銷商後就不關己事的業務心態，而 sell through 則是很清楚知道，經銷商其實只是整個業務過程中的一個環節而非終點，品牌企業應該要更關注接續的業務流程，是否能夠順利的到終端消費者手中，以及消費者購買使用後的反應。

AI私房心法

1. 要如何管理價值鏈，其實就是做好一件事—找到自身在價值鏈中的漏洞，然後修補破洞，讓價值鏈在傳遞商業價值的過程，不至於因為漏洞，而出現此路不通，或者是壅塞難行的狀況。

2. 要找出價值鏈的漏洞，第一要務就是要了解你身處的價值鏈，具體而微的掌握每一個環節。就如同先前所提到的，你知道你的客戶是誰嗎？你知道通路商把產品賣到哪裡去嗎？你產品的價值鏈是否過長？有沒有不必要的環節？如何在既有環節上加值？你知道，那些聽起來合理的理由，也許根本就是有問題的。

3. 隨著全球社群媒體的高流量互動，客戶可能會隨時出現在我們身旁。因此，透過AI技術可以協助企業拓展其既有的認知框架。AI可以分析不同區域消費者的特徵、習慣、購買因素以及文化習俗，從而洞察出新的客戶需求。這樣的洞察不僅有助於理解消費者，還能創造新的商品銷售機會，滿足新顧客的需求。

9

後方怎麼管前方？

很多公司以為自己該做的都做了，但卻忘記了去傾聽市場、了解市場，進而能夠信任、授權前方去拼市場、衝市場。

前不久，有個朋友到新加坡來找我，談到他們公司的海外布局，這位朋友忍不住問我：「每次打電話到海外分公司問問最近好不好，負責的人總是說：『經濟不好，市場最近很靜啊！我們產品與價格競爭力又不夠強，生意真的不好做，你們在台灣總公司是不懂的，不過，沒關係，請相信我，再多一點耐心，過一陣子業績一定會好起來』，這樣一句話就把我們全都堵了回去；如果是這樣，我們總公司到底是該管還是不該管？該換主管還是不換主管？到底要怎麼說，他才會懂我們要什麼？」

「後方管前方，越管越慌張！」這句話，也許會讓許多人心頭一驚，暗自尋思：「慘，我們會不會管太多？是不是我們耐心不夠？或許應該學著放手才對的吧！」

或許會有公司害怕管太多，而讓前方業務人員綁手綁腳，無法把生意做好，後方總部過多的管理控制，反而成為前方市場開拓持續前進的絆馬索。但是，「放手」就是對的嗎？放手，代表的是放任、還是真正的授權？或許是另一個更值得思考的問題。

「授權」不是就此放手不管

很多公司在開發國際市場時，好不容易找到一個很適合公司業務的人或很不錯的經銷商，以為把一切交給他就沒問題了，剛開始一切似乎都很好，但三個月、半年過後，卻覺得越來越不對勁，因為要信任、要授權，所以老闆或總部主管多半會提醒自己要有耐心，要給前方打仗的將軍更多時間；但日復一日、月復一月、甚至是年復一年，狀況卻始終沒有改善，反而讓雙方陷入另一個僵局。

類似這樣的狀況，其實很多是因為公司在管理海外市場或業務團隊時，因為對當地市場狀況所知有限，儘管對業績表現不甚滿意，甚至非常失望，但卻因為擔心貿然換人或插手，會得罪當地主管或通路夥伴，因此「投鼠忌器」，不敢有太大的動作，深怕一個不小心會把事情越搞越糟，而時間一拉長，很多公司就乾脆抱持「鴕鳥心態」，越來越不想去碰觸這個棘手的問題，也不知道該如何去解決這樣的問題。

與上述狀況相反的另一個極端狀況，則是有些公司自詡「高度效率」的營運管理模式，一看到海外市場的業績未能達到設定的預期目標，立刻就失去耐性，滿腦子就想著「換人做做看」，積極且頻繁地更換當地團隊或通路合作夥伴。

還有很多公司誤以為，要信任遠在千里之外的國際市場業務團隊或通路夥伴，就是不要管太多，總部人員只要在後方好好做自己的事，讓前方的人去衝、去拚就可以了，但這樣的作法卻會出現另一種問題，就是打著信任的旗幟，行偷懶放任之實。

事實上，信任是心態，但不是懶惰或放任的藉口，同樣的，授權不只是要把作決定的權利下放到市場前線就可以了，因為真正的重點是要尊重市場當地前線業務人員，讓他們能夠因地制宜、隨機應變作出即時性的決策，但絕不是就此放手不管，而是要在經營國際業務的過程中，去了解、去關心，然後能夠適時的提供支援，否則就失去了授權的意義。

完全放手讓前方業務人員去做的結果，就是前方業務人員感受不到老闆授權的信任感，只覺得自己孤伶伶的在前線奮鬥，做得好是應該的，做得不好也沒人能了解。

在授權的同時，身在市場後方的公司總部，也必須要懂得如何幫助身處市場第一線的業務人員，提供其所需的支援。

很多公司已了解必須提供前方支援的重要性，但值得注意的是，在實際執行的過程中，常常會出現扭曲式的後方支援前線模式。

有一位被派駐在北美市場的業務高階主管告訴我：「老闆很『關心』我，所以常常會派人來看我，而派來的人每次一來就是召集主管開會、叫我們簡報業務發展進度，那種威風凜凜的樣子，讓我想起古時候被皇帝派到前線去監軍的欽差大臣，只差沒有八人大轎、響鑼開道，再加上一排代天巡狩的儀杖。」

不要監軍，但要關心

事實上，在授權的同時，公司必須要和前線團隊有充分及良好的溝通，了解其不足，進而提供分公司、代理商、經銷商、分銷商等價值鏈環節必要的支援。而這些支援動作應該是從「關心」的角度出發，不是派一個人到前線扮演監軍的角色，然後說東道西的指責當地業務哪裡做得不對。

有一次到智利分公司，聽到當地員工廣為流傳的笑話：在森林裡有一隻貓頭鷹，被稱為森林智者，常喜歡給小動物講小故事，分享智慧。有一天當牠正在口沫橫飛在吹噓做事的道理時，森林忽然發生大火，大夥兒驚慌之下，長頭鹿跑第一，羚羊，獅子，犀牛都一轟而散。

有一隻小白兔也跟著跑，但四週都被火擋住了，逃生無門。忽然靈機一動，我可以去請教森林智者。貓頭鷹和牠說這實在是太簡單了，你只要去找一對翅膀，綁在背上像我一樣，飛走就好了。小白兔一想這主意很好，就照做去找翅膀，但是完全無法飛起來，就回頭問貓頭鷹，只見貓頭鷹慢慢的說：兄弟啊，我通常只負責出策略，而執行是你的事情啊。

所以常常地方總覺得總部的大官不知民間疾苦，紙上談兵，一時興來去上了什麼管理課程或請顧問來輔導，講了一堆不切實際的方案或策略，又提不出執行的細節及方法，搞得大家人仰馬翻，師老兵疲，這該是公司高層或國際市場經營者切忌的事。

不論是老闆或總部主管都應該弄清楚一件事，那就是市場第一線團隊八〇%的精力與時間應該放在市場開發、提升通路體系與客戶的滿意度，而不是花時間伺候到前線擾民的總部大官。

所以管理海外團隊，也千萬不要成為他們眼中所謂的海鷗，一成羣飛到各地海灘，製造了巨大的躁音，丟了一堆大便，但實際上沒產生什麼貢獻及價值就揚長而去。

這是一種心態與文化的差異，對的授權管理模式，應該是從「支援」的角度出發，不是用「控制」的心態去管理；兩者差別在於，若用控制的管理角度出發，總部的人被派到海外市場視察時，不是問：「你們需要什麼？」而是「你們怎麼都做不好！」這樣的態度，對於每天在當地市場第一線打仗的業務團隊而言，其實是很不舒服的。

但如果是用「我來幫你」這樣的態度提供支援，則當地業務團隊不但能夠取得所需的資源，更能夠感受到來自後方的關心，也會對前去提供支援的人更服氣，雙方的合作也會更為融洽，進而創造更高的綜效。

例如，後方總部必須要持續、甚至隨時去關心海外市場的通路是否順暢、市場情勢的變化、公司產品與業務團隊在當地市場競爭力的強弱等，而要能將這些觀察或關心轉化為實際的支援行動，就必須透過公司內部各個組織部門的分工合作。

有許多公司會因為距離太遠、語言不同，所以不想去海外市場了解狀況或提供支援，許多可能被派去的主管更是能閃就閃。但就我的經驗，我常常跟我的團隊說：「如果出差沒有辦法創造價值，就不要去！」事實上我相當鼓勵他們到當地市場去，但會這樣提醒，就是要讓主管知道，他們是去提供支援、創造價值的，而不是去監軍、去罵人的，所以要多去當地市場，或是多多溝通交談，才能夠更了解狀況，才能提供當地真正需要的支援。

1. 任何的管理都需要系統，從傾聽、了解、信任，到授權，其實就是管理價值鏈的基本精神，但公司更要設計出以關心為基礎的溝通管道及支援系統。

2. 總部透過持續關心、協助、付出，得到前方人員充分的合作及資訊回饋，進而能夠了解國際市場業務價值鏈的全貌，就能達到隨時給予關鍵性支援或修正錯誤的管理目的，而這也才能透過傾聽，快速反應市場需求聲音，進而經由授權，創造更高價值鏈管理效益。

3. AI可以協助實現資訊的透明化和即時更新，確保供應鏈前端與後端的資訊同步。這包括對預估供應和實際供應的持續追蹤，確保各階段都能緊密協作。此外，AI也有助於提高決策效率，通過數據分析和模式預測來優化後端決策過程。整體來說運用AI於供應鏈管理能有效提升前後端的溝通與管理效率。

10

展現你的價值

在市場上，很難一刀切開地去論斷所謂的「朋友」與「敵人」，關鍵在於雙方是互利還是對立。

許多公司在拓展國際市場時，都是先與貿易商建立往來關係，而許多被欺騙或被坑殺的經驗，往往就出現在此類與貿易商的往來關係中。

貿易商的交易型態就是在買與賣之間賺取價差，關心的是這一批貨、這一筆交易的價值，貿易商眼中的價值，是你「現有」的價值，不會、也不見得有餘力去關心明年的新產品、新技術、新布局，這些貿易商所關心的，就是短期利益。

很多人一開始做國際市場都很開心，覺得上天真是眷顧自己，遇到許多好人，交了許多好朋友，但過一陣子之後，就發現自己越來越不開心，最後甚至會很痛苦，因為發現生意沒了，連朋友也沒了。

當今日好友變成明日對手

我們第一次到巴西時，與某家零售通路商建立很好的合作關係，雙方經營團隊也都變成好朋友，關係非常熱絡，他們也表達能夠與我們進一步合作的希望，但後來評估之後認為，他們公司的狀況並不符合我們的需求，沒辦法有更進一步的合作；可想而知，後來我們之間的關係當然就變差了，雙方也很難再當好朋友，最主要的原因，就在於我們無法符合他們的預期，對這家零售通路商而言，我們就是「壞人」。

再舉個例子，曾有家台灣公司在某個國家市場做得非常好，與當地夥伴共同成立合資公司甚至在當地掛牌上市，後來卻在一夕之間垮掉，為什麼？細究背後的原因，就是因為當地合資夥伴認為公司已掛牌上市，已達到他們當初投資合作的目的，這家台灣公司的品牌、市佔率等價值，不再是他們在意的重點，而當雙方的價值認知出現歧異，合作關係當然就會出現問題，因為在此當下，雙方已站在不同的價值認知點上。

因此，即使在建立合作關係之後，也還是要不斷的評估對方的狀況與價值，因為價值是會不斷變動的，今日的好朋友，明日可能就會變成最狠的競爭對手，原本歃血為盟的情義相挺，也可能消失無蹤。

價值鏈上的每一點、每一個環節，隨時都在流動改變，與合作夥伴的關係也是如此，所以，沒有永遠的夥伴，永遠要抱持一顆警醒的心，看清自己與對方的價值，不要讓自己落入有機可「騙」的命運中。

有次我經過一家藝品店，看到店裡擺了件很漂亮的石頭擺飾，老闆開了一個不低的價錢，但我仔細看了看東西，向老闆說起這個石頭的來歷、是什麼種類的石頭、市場賞鑑看法如何如何，老闆怔了一下，然後笑著對我說：「喔，你是內行人哦！」突然就跟我聊起玩石頭的心得，最後，老闆說：「既然都是同好，那你就開個價好了。」於是我不客氣說了個照老闆開價打三折的價錢，老闆當場傻眼，但他傻眼的不是我開的價錢太低，而是我開的價錢才是真正的市場行情價，而不是過路客的肥羊價，看到老闆面有難色，我立刻對老闆說：「我很喜歡玩石頭，我也有很多朋友喜歡石頭，你這邊東西不錯，以後我會常常帶朋友來看看。」老闆一聽，就像是找到把東西賣給我的理由一樣，當下立刻點頭成交。

對老闆而言，我拿出的價值，是我對石頭的了解，但這只是當下這筆交易中我所擁有的價值，而我允諾以後會常常帶朋友來看石頭，則是對老闆展現另一段更長期的價值，讓他知道我不只是過路客而已，有可能成為他長期的老主顧，這就是我們這段交易中可能建立的長期關係；更重要的是，我成功的讓他看到我的「價值」。

「價值」其實就是在經營國際市場業務過程中的「胡蘿蔔」，你總要先把胡蘿蔔拿出來，才能夠吸引人上門與你合作，如果沒有價值，那麼說得再好的市場發展計畫，都只是瞎攪和而已。

不展現價值等於沒有價值

所以重點在於「價值」，而這些價值不是公司自己心知肚明就可以了，而是要展露於外，讓別人注意到你的存在。許多公司在發展新市場的過程中非常痛苦，因為明明公司的產品、技術、服務都非常出色，卻總是遇人不淑、踢到鐵板，主要原因其實就在於公司並沒有真正「展現」自己的價值，就好比「錦衣夜行」一樣，穿著漂亮的衣服在黑夜裡行走，沒人看見，當然就不會有人讚美，甚至上前問你衣服在哪買的。在這樣的情況下，有價值也等於沒有價值。

有好產品、好技術，就能夠賣出好成績？這是許多公司經常碰到的問題，A公司的產品明明就比B公司好，價格也更有競爭力，但B公司的業績卻是一路長紅，反倒A公司卻是半死不活。這其中當然有很多可能性，但有一個關鍵就是陷入「曲高和寡」的困境。

蘋果（Apple）在MP3市場創造的 iPod 奇蹟，其實就可解開許多公司心中的迷惑。坦白講，MP3是新產品嗎？iPod 技術真有神到讓所有MP3望塵莫及嗎？並沒有。但為何 iPod 能成功呢？因為，蘋果賣的不是 iPod 的產品技術，而是 iPod 整體性的價值，包括了 iPod 的MP3功能再加上 iTune 的音樂內容平台，這就是 iPod 的「價值」，而這樣的價值訴求為何會成功？因為消費者認同、需要這樣的價值，iPod 的成功，其實就是蘋果為 iPod 創造了一個熱賣的「價值」。

而其實很多時候，要精準展現自己的價值，是要洞悉為何客戶買我們的產品或服務，到底要完成什麼事情。記得以前在ＩＢＭ當業務時，很多貿易公司購買我們新出的系統36迷你電腦，有次，很興奮想幫行銷部門，去搜集多一些成功案例，向市場展現我們的價值。於是就安排去拜訪了其中一位用戶，想瞭解為何要買這麼嬌貴的電腦。

但一去後發現，他們買的電腦只有用來產生很簡單的報表，並沒有用來做商業管理，這其實是用一台個人電腦就可以解決。深究之下才知道，原來他們買ＩＢＭ電腦，只是要讓他們的國外客戶來參觀時，覺得比起其他跑單幫的掮客來，他們是有制度，用的起世界第一品牌的專業及可信任的貿易公司。同樣的場景來到如雨後春筍冒出來的傳銷公司，有的就直接把ＩＢＭ電腦擺在招商大會上，直接讓聽眾覺得，他們用的是第一品牌的電腦，公司有決心、有信用，也會把佣金算的很精準。其實在生物界也可看到很多的例子，如孔雀的尾巴既笨也且重，不能禦敵或助其逃生，但在開屏時卻能吸引母雀，讓其感受到公孔雀的雄壯，有很強的身體及基因可以有好的下一代。

所以有沒有價值，不是自己說的，是客戶的認知才算。公司除了利用工具及平台把行銷資訊推給市場，更重要的是讓你的通路、夥伴及客戶能認同及感受到你提供的產品及服務的價值。

1. 你有怎樣的價值？展現出怎樣的價值？自然就能在市場中找到被你所展現的價值吸引的合作夥伴。

2. 在一段交易的關係中，如果你對交易對象的價值是長期的、是具有未來性，對方會期待後續還能夠繼續合作，也期待會透過此一合作能賺更多錢，那麼你就不用太擔心被騙、被坑殺。

3. 價值的認定其實也是AI可以發揮的強項，舉例利用AI分析客戶對話數據可分為三個步驟：首先是傾聽，收集並理解客戶反饋；其次是自然語言處理，透過技術解析數據，識別關鍵信息如「抱怨」，「痛點」，又有那些優點；最後是創新價值，基於分析結果，識別改善策略和新機會，以提升企業價值。

11

手中無刀，心中有刀

「你覺得我有價值嗎？我能提供給你們什麼樣的價值？」是交易過程中一定要問的問題，才能了解自身公司在對方心目中的價值。

幾年前我到委內瑞拉去，當地分公司的同事一看到我，就像看到救星一樣，直說：「你一定要跟我們去拜訪一家經銷商，這家經銷商在本地市場很有份量，但是老闆很難搞，我們去了幾次都見不到他，只能跟他們下面的經理談事情，生意一直都做不大，你去跟他們大老闆見個面，看能不能把關係喬好一點，生意能不能做大一點。」

於是經過一番複雜的安排，我們一行人就去會見這位同事口中「很難搞定」的經銷商老闆。坐了兩小時的車，來到委內瑞拉中部大城瓦蘭西亞（Valencia），一到經銷商公司的大門口，我有點傻眼，因為就是一個很不起眼、舊舊破破的門面；可是一走進大門，裡面空間很大，電話聲此起彼落，一百多個人在辦公室裡面忙碌著；老闆的辦公室裝潢得富麗堂皇，氣派的不得了，與公司外面的門面簡直是天差地別；我走進去，又被嚇了一跳，因為竟然會在南美洲看到一個穿著回教白袍、身高超過二百公分、又魁又壯、留著一臉大鬍子的阿拉伯人，而這個傢伙居然就是那位傳說中「很難搞定」的經銷商老闆，只見他坐在一張超大的辦公桌後面，一付霸氣十足的模樣，果然不是個好相處的角色。

這位老闆瞄了瞄我遞上的名片，冷淡的說了句：「喔，你們是大陸來的？還是從台灣來的公司？」我同事看到他的態度，心其實已涼了一半，因為這個老闆果然如傳聞中的一樣。不過既來之則安之，我微笑著開始介紹自己擁有美國ＭＢＡ學歷、曾在兩家國際級大型美商公司工作的經驗，以及我們公司現在市場的佔有率、多項不同產品線的領導地位、全球多家分公司據點、在拉丁美洲國家市場的布局、特別是在巴西市場的成功經驗，而我現在是全球新興市場業務的負責人等背景資料。

原本這只是一個很自然、普通的自我介紹，但我敏感的發現，這位老闆好像開始覺得我們公司有點意思，不是一般的公司，而我也不是半路殺出來的外行人，而是見過世面的專業人士；於是，原本倚躺在沙發裡的他，略略坐直了身子，開始比較認真的與我們聊了起來。

從談話中，知道他是移民到委內瑞拉的巴勒斯坦人，對中東市場很熟悉，於是我刻意提起我們在中東的經銷商合作夥伴，他眼睛突然一亮：「啊，我知道，他是我的好朋友，他們公司很大。」這個時候，這位老闆的態度就真的很不一樣了，開始熱情的招呼我們喝飲料，談起過去在中東做生意的點滴，延伸談到眼下委內瑞拉的市場狀況。

醜話其實是好話，說清楚才是真夥伴

到最後我就對這個老闆說：「我們很看重與貴公司的合作，因為貴公司是委內瑞拉很重要的經銷商。以我們現在的投資規模，所有與我們合作的夥伴將來都會因為我們在產品、技術支援、服務體系基礎的建立而受惠，所以我們希望能夠與貴公司有更多、更大規模的合作。此行的目的也是來了解貴公司配合意願及執行計畫，不過，如果貴公司有其他的考量，沒辦法與我們有更密切的合作，我們當然也能夠諒解。但這不會影響我們拓展委內瑞拉市場的計畫，我們也已開始接觸其他的經銷商夥伴，這個市場我們一定會做，而且一定要做到大，讓我們的合作夥伴都能賺到錢。」

當下，這位一向很難搞的老闆，突然變得很客氣：「我們當然很樂意與貴公司合作，但不知要怎麼配合，才能讓我們的合作更好？」在進一步詳談之後，他更爽快的對我們表示，以後會把我們公司當成最主要的合作夥伴。而這樣的承諾，後來果然沒讓我們失望，因為這家經銷商直到十幾年後都還是我們在委內瑞拉最重要的經銷夥伴之一。

這位老闆的轉變，是因為見面三分情的緣故嗎？還是因為人不親土親的中東市場經驗呢？其實都不是，而是我清楚讓他知道我們是誰，對經銷商支援的經營理念及我們的價值，也就是我們在委內瑞拉市場的投資，但我更清楚的讓對方知道：「如果你不做，我們還是會做，而且我們會跟其他人做得更好，讓合作夥伴賺到更多的錢，而你們可能就沒份了！」

刀不出鞘，但非無刀

事實上，在市場發展的過程中，一定會遇到形形色色各種不同的對象，這時就必須先展現自身的價值，讓對方注意到你，進而認同你的價值，以建立更長期、更穩定的交易合作關係。先前也曾提過，雙方所認定的「價值」會不斷的隨時間變化及消長，因此你需要隨時檢視，但檢視之後又該如何呢？其實答案很簡單，就是你心中一定要有清楚的「底線」。

「底線」包括選擇進入這個市場所能負擔、承受的投資與風險，包括對既有合作夥伴願意提供的支援與空間，更包括在市場出現變化、合作關係改變時的備援方案。

有次我到巴西去與經銷商開會，一坐下來，這位初次見面的經銷商老闆在眾人面前就劈哩啪啦的抱怨了一堆問題，一下說我們的產品太貴、一下又說需要更多的支援，又一直誇讚我們的競爭對手有多好，賣我們產品有多辛苦？似乎是對我們公司不滿到了最高點，當場把氣氛搞得有點僵。我靜靜的聽完後笑者對他說：「很抱歉，如果與我們合作讓你這麼痛苦，我們還是當好朋友，生意就不要做好了。」話一說完，他當場愣了一下、接者笑了出來，答應等一下要好好請我喝一杯，氣氛一下子就緩和了下來。

我之所以敢這樣說話，自然是因為我有把握，沒有這家經銷商，我們在巴西的市場也不會垮掉，而我很清楚，這家經銷商只是想「拿蹺」來取得更好的待遇，他們從頭到尾就是想繼續與我們合作，那麼多的抱怨，就是想要拿到更多好處，但沒想到我們的反應居然是「那就不要做了！」當場反將他一軍。

其實很多時候，底線的建立，不只是在有公司產品、人員、資金方面的支持，也在於自己的信心及決心。更重要的是，一個自己內心的不斷的修練，要儘守佛家常講的三戒：戒貪、戒嗔及戒痴，進而養成無欲則剛的底氣。

首先，如果凡事在做市場機會分析，開發和通路管理及和夥伴結盟時，屏棄了「我要佔便宜」，「我要拿更多」的心態，那當遇到困境及挑戰時，就會心裡坦然而不慌亂。而無嗔的修為，是凡事就事論事，在與對手競爭時，要冷靜及詳細明瞭自己及對手長短期的優劣勢，而不一昧的堅持，為什麼對手可以而我卻不行，且由於不甘願、不服輸、不懂得迂迴退讓，就把所有的本錢，在一次戰役全部壓下賠光。最後更常發生的情況是，不知取捨，總是痴想覺得，我已經投入這麼多時間及資源，一定要有回收。殊不知凡事要配合時機及因緣，硬拗之下最後只會鎩羽而歸，從此失去東山再起的機會。

所以武俠小說裡的高手，都是會沈住氣，觀察敵人的破綻，不躁進、不動生色，一有機會就閃電出招，但有敗相，就思退路，保全實力。所以要切記戒之在貪嗔癡，守住底線，是一門在進入任何市場時必要的功課。

拿著一把刀走在路上，當然會引起側目、會讓人心生恐懼，但這是最低階的入門境界；而進階級的修為，則是「刀不出鞘」，卻還是能嚇阻對方、不敢輕越雷池一步；但若能做到「手中無刀、心中有刀」，那可就是更高一級的修為境界。

AI私房心法

1. 提問題、說醜話都是必要的，千萬不要覺得不好意思。
2. 開拓業務的過程中，要做到「手中無刀，心中有刀」的最高境界，必須認清「價值」、更要摸清「底線」，更重要的是，善用「價值」與「底線」。
3. 在進行首次的跨境談判合作時，AI技術可以扮演關鍵的角色來促進雙方的溝通，使其更加明確和有效。AI不僅能夠協助雙方理解彼此的立場，還能夠提供預測報告，這些報告可以指導雙方如何達成最佳的合作關係。這包括對於正面合作的可能性進行分析，以及在遇到拒絕或不利情況時的預測後果。透過AI的分析和預測更加明智地制定策略和做出決策。

12

產品好？不是自己說了算

俗語說：「癩痢頭的兒子，是自己的好。」不過，大部分公司應該不會拿一個自己都覺得不好的產品出來，只要是拿出來放在檯面上的，一定都是在公司內部反覆琢磨過的精心傑作。

許多公司在決定投入國際市場業務時，其實都是很小心謹慎，希望自己在完全準備好的情況下全力出擊，一次到位。但什麼叫作「準備好」呢？許多公司是以產品是否準備就緒作為標準。

產品就像是一個人的外表，在一般的人際關係中，以貌取人是不可避免的第一印象，而許多公司也就認為，產品是否夠好，就代表了自身的價值是不是夠高，是不是足以吸引通路合作夥伴的青睞。

簡而言之，大部分的人認為公司之於「通路」的價值，最重要的關鍵就在於「產品」。

「產品」其實是許多公司最為自豪的競爭條件。要想找到對的通路、打通市場價值鏈的環節，產品是重點，這樣的想法並沒有錯，但讓許多公司迷惘的是，為什麼我們的產品那麼好，卻沒人懂得欣賞呢？其實，關鍵在於你的產品好不好、優不優、究竟有沒有價值，到底由誰決定？而公司之於通路的價值，或是終端消費者的價值，就只有產品本身而已嗎？

在過去幾年，由於萬物互聯及企業數位轉型的商機成熟，全球新創物聯網解決方案的廠商，如雨後春筍般的興起。在幾位大老闆鼓勵及支持下，創立了GCR。一個專為物聯網廠商，跨境銷售及落地的市集平台。在幾年內，就在台灣、印度、新加坡各地，招募了上百家智慧零售、智慧教育、智慧物流等廠商。

GCR的價值就是，幫助這些公司，在不同國家行銷及落地。在面對各種大小及屬性不同的商家，然而每家都說他們有獨特最好的產品，我們的挑戰就是要把不同的產品，銷售到相關的市場及客層，但一段時間後就發現，通路或客戶要的不只是單一產品，而是可以幫他們解決營運問題，或增加業績的整體解決方案。

我們除了要聆聽及理解，各廠商誇讚他們產品的賣點外，重要的是要幫忙理順，在不同市場落地的價值鏈，這是一個複雜也龐大的工程，包括理順資訊流、物流、金流及服務流。在這經歷中，充份體會到，除了瞭解不同的產品的優點外，更要從市場的角度，把完整方案加上服務，呈現在客戶面前，通路及客戶才會買單。所以去透析各產品的特性、價值及互補性，加上所需不同的落地服務，就成了市集平台的成功要素。

要說得出好在哪裡

許多公司會以技術導向為思維，說自己的產品最好，但要命的是，卻怎樣都說不出自己的產品哪裡好？有次，我遇到一家專作高階產品的公司，老闆自信滿滿的告訴我：「我們的產品之所以能賣一千美元，而A公司只賣一百美元，那是因為我們的規格、功能都比他們好上許多，我們之所以敢訂出一千美元的價格，就是因為我們知道自己夠好。」聽完他的話，我點點頭說：「是，我相信你們的規格功能比A公司好，技術也一定比他們好，不過，市場現在好像比較能夠接受一百美元的產品，既然你們的技術這麼好，不如你們也推一個一百美元的產品吧！」

結果，這位老闆當場啞口無言，因為他們公司就是做不出一百美元的產品，做出的產品要賣一千美元才夠本，但卻一味覺得自己技術天下無敵，完全沒有想到在一千美元與一百美元之間，相差十倍的價格差距，真的具有讓使用者感受到相差十倍的價值嗎？

類似這樣曲高和寡、不屑與競爭對手相比的公司，其實還真的不在少數，這樣類型的公司，多半都擁有相當不錯的技術能力，一切產品開發計畫，都是以追求技術效能為最高指導原則，認為自身的產品經過實驗室中的千錘百鍊，一定是最好的產品，而如果產品賣不好，一定不是產品的問題，而是通路商太差勁。不過，觀察許多公司開拓國際市場業務的表現，卻可發現這個最讓人放心的競爭條件，反而成為讓許多公司迷失其中不可自拔的陷阱。

人家說：「丈母娘看女婿，越看越有趣」，但別忘記了，丈母娘之所以會對一個素昧平生的外人如此滿意，不是因為這個人自吹自擂有什麼飛天鑽地的通天本領，最重要的前提還是要自己女兒喜歡甲意。同樣的，產品之於通路的價值，不在於產品供應商自己說自己的產品有多好，也不是通路商對這個產品多有信心，重點在於終端客戶的態度。

「產品」只是價值的原型

產品或許是公司開拓國際業務的重點價值，但卻別忘了，產品只是一個產品，重點在於這個產品能為使用者創造多好的使用經驗、多高的效益、多大的滿足，而要成就美好、甚至是完美的使用經驗價值，取決的關鍵，往往不是顯而易見的差異，而在於一些明明知道很重要，但卻常常被視而不見的問題。

有次，因為一個特殊的標案業務，急需找到符合客戶需求的產品，產品規格必須包含A、B、C、D、E等五項，好不容易找到一家供應商曾有過生產此類產品的經驗，而這家公司也自信滿滿的表示絕對沒有問題。但當同事飛到當地去了解產品狀況時，卻赫然發現，這家公司的產品的確是有A、B、C、D、E等五項功能，但這五項功能卻是完全沒有整合，分散在五個不同國家的標案產品中，而要把這五項功能整合起來，又要花上幾個月的時間，讓我們當場有被耍了的感覺。

而類似這樣的烏龍事件還不只一次，在日本市場遇過一家廠商，很認真、很努力的想把產品推到日本市場，而通路商也很看好這家公司的產品，但當一切就緒，貨也運到日本當地的倉庫才發現，產品只適用於二二〇V的電壓，而日本電壓卻是一〇〇V，這可讓通路商的臉都綠了。

對公司而言，產品本身只是價值的原型，像是剛燒好出窯的陶瓷，而一項完美的陶瓷作品，只要有一點點的小氣泡，就可能讓陶瓷的價值從一萬元變成一百元。所以，公司與產品的價值都是需要包裝的，未經包裝的產品是粗糙的，價值也會大打折扣，而只有經過細細琢磨的產品，才可能展現出亮眼的光芒，進而吸引眾人注意的目光。

有刀還不夠，最好要像變形金剛

一九九八年，當時我們在印度市場的通路主要還是以專業網路設備為主，而我們的經銷商也只會賣網路卡等以量取勝的低階產品，但後來，因為網路連網的需求開始浮現，看準此一需求，我們決定導入一個在全球其他地區都沒有賣過的產品—數據機，開始在印度市場賣起來。這一著棋不但讓我們在二、三年時間內就快速攻佔印度數據機市場三〇％的佔有率，也讓我們的通路從只會賣低階網路卡的通路，進入到ＩＳＰ（網際網路服務供應商），讓我們在一般商業終端用戶市場建立高知名度，也造就日後進入到家庭網路領域的機會，這個印度市場發展數據機產品線的經驗，後來更移植複製到其他市場，也同樣大有斬獲。

在天寒地凍的俄羅斯，我們也曾遇過很有趣的產品需求，因為俄羅斯身處的特殊自然環境使然，所以，許多產品在其他地區或許只會被要求十個功能規格，但在俄羅斯，卻可能會被要求十二個功能規格通通必須被滿足，例如要能夠在零下四十度的環境中照常運作等。像這樣高規格的功能要求，看似麻煩，卻也讓我們到了其他更龜毛、更難搞的市場時，能夠輕鬆容易的滿足當地需求。

事實上，對許多同時進行多個國際市場業務開發的公司而言，只靠一把開山刀走遍天下的困難度是很高的，最好是能把自己變成「變形金剛」，因應不同的市場環境的需求，將公司的價值與產品開發策略得以隨時變形、使出不同的招數，為公司開出一條路。

只做單一市場的公司，或許只需要一把開山刀，例如專攻技術、應用發展較為領先的歐美先進市場，但卻可能會被越來越短的產品生命週期壓力追得喘不過氣，因此打亂產品開發策略的腳步；但對同時發展多個國際市場的公司而言，在先進市場賣到爛的產品，在新興市場或許是正要起步的當紅炸子雞，所以，產品發展策略必須具備隨時變形的能力，才能更遊刃有餘的靈活運作。

AI 私房心法

1. 產品的價值不是自己說了算數的，通路商、終端客戶就像是一面鏡子，會反射照映出公司與產品的價值，而每一家公司或許都應該好好想想，要如何才能透過每一個反射出的價值映像，進而對自身產品的價值更有自信，也更確定。

2. 先進市場的需求並不見得是唯一可以參考的依據，在同時經營多個市場的過程中，借重不同市場的產品發展經驗，同樣的產品，將可延伸至其他不同市場創造價值。

3. 一個被視為優秀的產品，其價值應建立在消費者願意為之支付的基礎上。換句話說，產品的優越性來自於消費者的認可和支付意願。在這方面，人工智能AI能夠協助企業高效率地開發「概念驗證」(Proof of Concept, PoC）產品，進而收集市場反饋。有了深入且具體的市場反饋，產品自然能更接近於所謂的「好產品」。這樣的過程不僅提升了產品開發的效率，同時也確保了產品能夠更貼合市場和消費者的需求。

13

你有獨特且足夠的價值嗎？

價值，是之於通路夥伴的價值，所以，價值是會改變的，而機會，就在改變之中。更重要的是，準備好你的價值，當機會來臨時，那就會成為帶動向上提升的關鍵力量。

一九九七年初，當時東南亞市場經濟景氣一片大好，我們選定具指標性意義的新加坡作為拓展東南亞市場的起步點。那時，我到新加坡看到當地同事做了很多行銷活動，到處都可以看到我們的廣告，看起來氣勢十足，於是興奮的問同事：「最近一定做得不錯吧？」誰知同事們個個卻垂頭喪氣的搖頭。

一問之下才知道，原來我們在當地市場仍是一個陌生的品牌，雖然進行大量的行銷活動，但我的同事不敢去找、也找不到主流通路，只獲得一些小通路商的合作！這樣的結果就變成花大錢做了很多行銷廣告，但實際上卻沒賣多少產品，雖然消費者知道我們的產品出現在市場上，但因為我們的通路管道太小、也太少，所以常發生不知道去哪裡買得到，整個市場價值鏈呈現頭重腳輕的狀況，當然一路跌跌撞撞爬不起來。

沒有通路，產品不會自己長腳賣出去，你做再多廣告、搞再多行銷花樣都沒用的，因為消費者找不到地方購買產品。但是，找到通路就能賣出產品嗎？當然不是。不過，倒是可以肯定的說，如果沒有通路，再好的產品恐怕也只能堆在倉庫裡不見天日。

找通路很難，別忘了你的「刀」

一九九七年時我們在新加坡的處境，其實就是在通路拓展進度上踢到鐵板。

我問我的同事：「為什麼不去找主流通路，我們做了這麼多投資，但卻把通路布局賭在那些小通路身上，這不是拿著大刀砍蒼蠅嗎？」在一陣面面相覷之後，終於有個同事說：「我們也知道要找有知名度、有主流地位、大的通路，但是人家就是不理我們啊，因為我們在這裡沒有名氣啊！」另一個同事接著說：「我們之前去接觸過幾家本地主流通路商，但A通路商告訴我們，他們已經有了龍頭品牌，不太需要再增加同質性產品的品牌。B通路商則是說可以談談看，但一開口卻要求超級豪華規格的市場行銷與財務週轉支援，擺明就是要讓我們知難而退。C通路商就更妙了，每次去見到的人都不一樣，而且根本見不到主管，更別說是大老闆，完全就是一副不想理我們的樣子。而好不容易與D公司終於談得有一點眉目，卻發現他們公司實在太大了，那些層層疊疊的組織架構，真的不知道該怎麼跟他們合作，就像是要跟大象跳舞一樣的難。」

聽完同事們滿肚子的苦水，我笑笑的說：「我當然知道大通路很難做，而且真的好的主流通路也不會空著位子等我們做，但就算是如此，與主流通路合作卻還是一定要的。想想看，跟那些通路合作，能省我們多少力氣，他們既有廣大的市場通路基礎、在主流市場價值鏈的布局、完整的後勤運籌營運支援體系、再加上他們既有產品線可以跟我們截長補短相互搭配，真的會讓我們好做事很多。以我們現在的投資來看，只要能與其合作，就能讓我們的產品更順利、更快速、更大量的進入市場。俗話說：『龍交龍、鳳交鳳』，能跟這些主流結盟，也會是一種知名度與形象的提升，因為市場對我們很陌生，而若能與這些通路商合作，正好可以拉高我們的知名度。」

自己找機會，機會才會找上你

不過，當老大光會講是沒有用的，我心想：「萬事起頭難，那第一步就由我來跨吧，看能不能讓大家有點士氣。」剛好一家主流經銷商的總經理與我是多年舊識，看在多年朋友的面子上，這位總經理最起碼會與我見個面談一談，至少能試試看有沒有機會。

而這位朋友果然沒讓我失望，立刻就挪出時間與我見面，兩個人多年不見，自然是相談甚歡，但一談到生意，這位朋友也很坦白的告訴我：「我們是好朋友，所以就實話實說，跟我們現在代理的品牌比起來，你們公司真的是沒有知名度，就算我們是好朋友，我也很難幫你們賣產品。」

我當然深知想要一次達陣並不容易，所以，我特別對這位總經理強調：「我們產品價格比其他大廠低，你們一定會很好賣！」但對方卻說：「你們是很便宜沒錯，但你們在市場上沒有名氣啊，現在經濟那麼好，大家都不在意價錢多貴，而是要買高知名度的名牌產品。」

以此來看，總以為有最好的產品、最好的價格、最好的支援、最好的一切，當然能夠很容易找到通路夥伴，但事實上，這些一切最好的優勢，仍需要讓對方買單才有用，也就是說，必須要找到正中對方下懷的利基優勢，才是公司對通路商最重要、最核心、也最關鍵的價值。

事實上，我在與那位新加坡大型通路商總經理見面之前，其實早就有心理準備，因為當時的市場情勢的確是對我們較不利，不過，大通路商遙不可及嗎？其實，只要價值對眼，小公司一樣能夠成為大通路的好夥伴。很多人會說：「唉，齊大非偶啊！」但我要說的是，在童話故事裡，灰姑娘之所以能變成配得上王子的公主，就是因為那隻玻璃鞋，而這就是讓王子與灰姑娘看對眼的價值。

即使在那一次會面，我們被拒絕了，但在之後幾個月裡，我還是持續不斷「盧」這位通路商總經理，告訴對方我們除了價格有競爭力外，產品也很不錯，細數我們在全球其他市場的表現、部分產品線具有全球第一名的佔有率等，就是要讓他知道我們是很認真，而且我們是隨時準備好要在這個市場大展身手的。

不知該說是「皇天不負苦心人」，還是「戲棚下站久就是你的」，我們艱苦經營的處境突然出現大逆轉。一九九七年下半年，原本經濟一片大好的東南亞市場，因為國際對沖基金熱錢流竄突襲多個國家貨幣市場，引發了整體東南亞市場的金融風暴，經濟情勢一夕之間發生巨變。因為經濟景氣緊縮，原本消費者只在乎品牌名氣大小、不在乎價格高低的消費習慣不再，取而代之的是需要更強價格競爭力，但品質與功能仍相近的品牌產品。

而此時眼看機不可失，我立刻再與那位新加坡大型通路商總經理接觸，這次這位朋友終於沒讓我失望，因為他也發現市場的消費習慣已經出現改變，而我一直不斷的與他接觸和傳達我們公司產品的價值，正好是現階段市場需要的，因此，我們公司順利與這家通路商建立了合作關係，並且就在市場氣氛一片低迷的金融風暴中，逆勢成長順利卡位進入市場，以新加坡為據點、進而快速切入整個東南亞市場。

經過了一些時日，透過這大經銷商，吸引了不少的系統整合商，來服務中小企業，生意也穩定的成長。誰知有競爭者，找到當地新興的綫上通路，開始從側翼直接進入家用市場，同時也漸漸侵蝕到中小的 Reseller 及 SI。另外電訊，利用他們原本連結戶戶到府的優勢，也殺進來搶家用網關市場。

我們經過一番分析後，就去找這大經銷商，研究如何一起攜手和線上平台通路及電訊公司合作，達成雙贏。以我們的產品及售後服務，加上經銷商對其實體下游中小通路的支援及影響力，綫上綫下一起合作，讓價值鏈更有效率且覆蓋更廣，達到更多客層且客戶服務更好。

所以在多變的國際市場，除了要和現有通路不時的理順價值鏈外，很多時候也要心胸開放的學習，和新進入的通路探討如何分工及共享價值鏈，來拓展新市場。

在俄羅斯及印度，由於政府法規，所以一般產品進口，除非是原廠，零件不容易再出口，這就造成維修上不少困擾。所以我們就在當地，設立了維修中心供通路共享，在這種合作下產生了巨大的競爭優勢。

所以公司要不時的注意價值鏈各環節的變化，不時透過溝通，整合讓價值更效率的傳遞，主動補足漏洞，進而持續建立獨特的價值。

AI私房心法

1. 同樣的經銷商、身處不同的時間點，就可能會有不同的需求，也許就因為時間對了、產品對了、支援對了，通路商就會看到你不同於對手的價值。就算公司很小，產品、技術好像也沒什麼特別，但有的時候，只要時機對了，就是能看對眼，讓通路商看見你的價值。

2. 價值，是之於通路夥伴的價值，所以，價值是會改變的，而機會，就在改變之中。在進入任何一個市場時，都必須搞清楚自身現有的價值、潛在的價值、未來價值，必須要不斷的創造與建立公司之於通路的價值，並且不斷的提升加強，隨時都要知道自己身處的價值鏈的位置與態勢，並且隨時注意時空環境的變動，檢視對通路的新價值，這樣才能在對的時間，選擇對的著力點。

3. 凸顯價值要足夠，可透過AI技術數據分析跨境翻譯精準24小時AI客服自動化行銷原物料管理。

市場開發

14

選大市場還是小市場？

市場越大，商機就越大嗎？市場越小，競爭就越小嗎？世界如此之大，究竟何處才是充滿奶與蜜的迦南美地？

「大市場好？還是小市場好？」這是許多公司剛開始要跨入國際市場的第一個問題。

許多公司對大市場的定義，可能是地理幅員遼闊、人口數量眾多、經濟成長率持續攀升等因素，小市場的狀況則相反。

就一般人眼中的大市場來看，可能是單一國家，也可能是單一區域性市場，例如美國、中國、日本，或整個歐洲市場，而這些被大部分公司定義為「大市場」的目標，其實都有一個共同點，就是進入障礙較高，競爭者較多。

就過去的經驗來看，經營大市場通常需要比較長的時間，就是要一直丟資源，要展現出對市場的長期承諾，讓當地消費者與通路體系了解到：「你是玩真的！」才能用時間換取空間，在當地市場逐步獲得注意。

通常大市場中的經銷通路商或電信營運商，面對新進入市場的公司時，都會有一段觀察期，主要就是要看你能夠撐多久，在經營市場的過程中，會不會出紕漏、會不會捅漏子？所以新進公司必須要證明自己的能力，不單是證明自有產品的能力，還要能證明你可以讓通路夥伴賺到錢，而這樣的過程必須用時間慢慢醞釀，在你證明自己的實力後，就會有人主動找你談，而不用靠你自己一家家去敲門。

從小市場開始練兵

如果走到這個階段，就代表你已經在這個市場獲得肯定、實力開始被重視，所以要好好掌握機會，並篩選機會，因為這代表你可進入當地經銷通路或電信業體系中卡位，而且一卡到位子就很難再被踢出來。

經營此類大市場的過程，其實有點像當年台灣熱門的「星光大道」等選秀節目，你必須一關關證明自己的實力，而且證明自己犯錯、出問題的機率低於其他人，當你走到前十強甚至是前五強時，你就是可以出合輯唱片的準明星。

可能會有人問，經營大市場的過程是如此，則小市場就不是嗎？就不需要時間去耕耘，去證明實力嗎？答案是，當然需要。也常常有人會問：「小公司是不是就該從小市場開始做？」

從小市場先開始練兵、或從國內市場開始經營，都是很多公司發展國際市場業務的起步方式，若能先在小市場或國內市場成功，就能複製成功模式到大市場或其他國際市場。

其實回到基本面，最先要考慮的是，為何要進入這市場。很多公司為了品牌知名度，一定要先在先進市場，如美日或德國，取得一定成績或拿到某些獎項，以在新進市場取得競爭優勢。東南亞廠商，通常考慮要在新加坡有零售點，以增加曝光率。我們先選了智利為進入中南美市場的跳板，則是因為考慮到智利的政治穩定、人民守法、銀行建全，且有很多技術人才，可以支援拉丁美洲各國。

台灣公司在近二十年，看到了中國同文同種及人工便宜，而深耕中國，但現在由於地緣政治，紛紛轉向越南、泰國甚至印度。GCR選了印度為基地，不只是因為我經營印度三十年，而更是印度有很多軟體及物聯網新創公司，可以上GCR的平台，根據商調報告，全球物聯網產品有四〇%來自印度，且大部分他們產品都銷往了歐美，對我們的業務拓展，有很大助益。而且從印度，就可以設立支援全球英語系亞太甚至到英美的客服中心基地。這些都是決定是否進入該市場的一些策略性考量。

俄羅斯只有莫斯科？巴西只看聖保羅？

在「大市場」與「小市場」的選擇迷思中，很多時候會出現的狀況是，遠遠看這個市場可能覺得很大，但等到親身進去做之後，才發現並不如想像大；因為當地市場可能需求還未成熟，或是當地市場需求真的很大，但卻早已有很多競爭者存在，甚至是已經處於寡頭壟斷的狀況。

舉例來看，南韓、日本市場真的很大，但卻早已是群雄割據的局面；而新興的巴西、印度市場商機潛力可觀，但卻可能根本買不起你想賣的產品，或是需求還未進化成熟。

所以，用地理範圍、人口數量、經濟成長率甚至是投資銀行發布的新興潛力市場報告，作為判斷市場商機發展潛力的大小，仍會有盲點。舉例而言，俄羅斯市場有八〇％的銷售來自莫斯科，很多人以為只要做莫斯科就好了，所以就有一群廠商全都擠在莫斯科市場殺價競爭、相互踐踏，在這樣的情況下，真的會在這個「大市場」中賺到錢嗎？

事實上，如果深入了解可發現，並不是所有的銷售都一定要在莫斯科進行，之所以八〇％的交易在莫斯科發生，是因為大部分廠商將重點都集中在莫斯科，在俄羅斯其他地方沒有銷售及支援據點，當地小通路或客戶想買產品，就只能到莫斯科來。

很多人看市場，或許都會看最多人注意的單一市場，例如看俄羅斯就是看莫斯科，看巴西就一定看聖保羅，但這樣的想法與觀點其實陷入了以管窺豹的迷思。

雖然所有競爭者都只看到當時市場銷售佔有率高達八〇％的莫斯科，但我們已發現，市場銷售集中在莫斯科的原因，於是我們決定採取不一樣的策略，把價值鏈延伸至莫斯科以外的其他城市，建立起我們的價值鏈體系，如經銷通路、支援服務、維修中心等等。

而以實績來看，友訊在莫斯科的銷售只佔俄羅斯市場的三〇至四〇％，其餘銷售量都是來自莫斯科以外的市場貢獻，而我們也在俄羅斯打下足以成為主流的市場佔有率。以這樣的眼光來看，俄羅斯就真正是一個大市場，但這個大市場絕對不是外界眼中被窄化的莫斯科而已。

很多小市場你以為規模很小，但若能在這個區隔取得主流地位，那麼這個市場就是一個大市場。在一個所謂的「大市場」中，單一公司就算做得再大，也可能因為外在激烈的競爭，很難獨佔或取得壓倒性的佔有率，但在小市場中，因為市場競爭態勢非常清楚，競爭對手也不多，單一公司就有可能據地稱王，成為當地市場唯一獨大的廠商。

如果能在一個大國家或大區域市場中，根據不同地域或客戶層次切割定義出很多個市場，又能在這些小市場卡位，取得高市佔率，加起來就能在整個市場成為第一名，這就是鄉村包圍都市的策略。

所以總的來說，公司在決定進入任一市場時，除了考慮策略性的因素外，更要不斷從友商、當地政府、會計師、行銷公司、通路、社群平台及競爭對手狀況，所收集到的資訊，經一番過濾，做正確分析及判斷。很多時候，選擇進入市場的時機，更是重要的考慮因素。到有打赤腳的非洲賣高檔鞋子，或在三十年前的中國進口LV，可能都是不切實際。但一個好將軍，不能總是在打昨日的仗，處處小心保守而失先機。更不能只相信報告及數字，如笑話裡形容的：一個人蓋房子要365天，365人就只要一天。

所以進入任何市場，還是不外乎孫子兵法中所謂的，要考慮天時地利人和，知己知彼，百戰百勝。

AI私房心法

1. 大池塘裡的魚雖然比較多，但來撈魚、釣魚的人也多，你真的就能抓到比較多的魚嗎？
2. 或許重點不在於池塘的大小，而在於你到底有沒有搞清楚這池塘裡的魚，究竟是什麼魚？喜歡吃怎樣的餌？該用怎樣的釣法？該怎麼拋餌？
3. AI技術對企業主要表現在三方面：首先，它能分析市場數據，精確識別潛在客戶。其次，AI有助於預測哪些客戶會持續購買，增強客戶忠誠度。最後，透過優化自動化生產和物流，AI有助於降低成本並提高盈利。經過數次小規模的實證測試（PoC），自然決定該作哪一種規模的市場。

15

你想好怎麼渡河了嗎？

船不會幫你自動定位方向、決定速度，只有你才能夠掌握前進市場的節奏。

先來做個腦筋急轉彎的測驗，有個人帶著一隻雞、一隻狗、還有一包米要渡河，但走到河邊，發現船只能承載人和兩樣東西到對岸去，但因為雞會把米吃掉，狗又可能咬傷雞，所以，這個人不能把雞跟米、狗跟雞同時放在一起，如果你是這個人，你要怎麼順利渡河？

這個測驗其實不難，只要先把狗跟米運到對岸，然後再把雞載過去，就能夠順利完成任務，很簡單吧！但若再把這個腦筋急轉彎的情境弄得再複雜一點，這個人帶著米、雞、狗走到河邊，卻發現岸邊同時停泊著多種不同型式的船，而這個人又趕時間要把東西帶到對岸去，想要趕快渡河，這時恐怕就得花更多腦筋好好想想，究竟要用哪條船、哪種方式，才能最快渡過這條河。

要讓終端用戶感受到這些好的價值，就必須先釐清公司的價值是什麼，產品定位為何，適合怎樣的通路，這是每家公司都必須先搞清楚的重點，如果自己都搞不清楚，通路絕對不會幫你搞清楚。

你的產品是雞？是米？還是狗？

有次與從事服裝生意的朋友聊到時尚流行趨勢，我說那些在時尚秀展上出現的衣服，根本不能穿出門，我忍不住問：「這些衣服到底是給誰穿啊？」

我的朋友大笑對我說：「在時尚模特兒身上穿的衣服，不是要給我們這些普通人穿的，而是這個品牌今年想要傳達的品牌系列產品的精神，都是花了最多精神、最多資源所設計出來的衣服，就是要誇張的『秀』出品牌特色。這些衣服不見得適合一般人穿到街上去，但材質、剪裁都很昂貴，所以還是有那些非常講究的人會想要購買類似、但較適合穿出門的衣服，這些衣服不會放在櫥窗內讓人隨便看，而是會在有專人服務的隱密貴賓室裡，為那些VIP們量身訂做。」

「不過，大部分人並沒有那麼講究，但還是很喜歡這個品牌或類似的設計概念，所以品牌業者就會再推出一些更平易近人的設計，維持這個品牌的精神，但價格上可就『平易近人』多了，對品牌業者而言，這部分的生意就是以量取勝，走進各大購物中心的品牌店面就可以買得到。」

說實在話，我其實還是搞不懂那些時尚服裝秀上所要傳達的品牌設計概念，但萬法歸宗，在每一個領域市場中，的確可以大略地把產品分成四大類，分別是For Show、For Profit、For Sell、For Defense（註）。

有些產品就是For Show，就是要展現公司的技術實力，然後說：「哇，這個我們也做得出來啊！」但說實在話，這些產品因為真的太高檔了，不見得可以賣得出去。

而 For Profit 的產品，往往就能讓公司有最好的獲利；相對於 For Profit 產品線，如果是「別人有，你沒有」的狀況，那麼就該是公司建立 For Defense 產品線的時候了。當然，每家公司都一定會有 For Sell 的產品線，此一產品線就是以量取勝，也就是許多公司每天開門、吃飯、過日子的主要收入來源。

回到前面渡河的腦筋急轉彎測驗，在渡河之前，你想清楚自己帶的是什麼貨了嗎？

什麼樣的產品配什麼樣的通路

For Sell 與 For Profit、For Show 與 For Defense 產品線的性質定位不同，適合的通路當然就應該有所不同。我想，大部分的人都了解和認同這樣的說法，但可惜的是，總是有很多人錯估形勢，或是看不清楚自身產品在整體市場價值鏈的因素，不論是哪一類產品，這些產品定位分類都不見得是絕對的，而是相對的。例如，思科（Cisco）的大型企業交換器對其而言，是以量取勝的 For Sell 產品線，但是對許多其他廠商而言，卻可能是 For Show 或是 For Profit 的產品線。

相同產品在不同的市場中，就可能會因為每個市場不同的消費習慣、使用行為，而出現不同的產品定位，而公司所作的通路設計選擇和服務、支援系統也該有所不同。

先前所提到的 For Show 等四種產品性質，其實主要都還是以產品之於公司本身的特性為主；但若以思考產品之於市場價值鏈的特性為出發點，則會有其他不同的向量，例如是附加價值較高的價值取向、還是以量取勝的數量取向。

但在總的來說，不管是什麼產品，到頭來不管怎麼定位，用什麼船渡河，最後還是「白貓黑貓、會抓老鼠的就是好貓」要以能被客人接受買單，為最重要。

同時，在充滿挑戰的國際市場經營的心態上，雖然要抱著堅定渡河的目標，但還是要步步為營，要「摸著石頭過河」穩紮穩打，不躁進，不貪、不嗔、不痴。

幾年前我巧遇一位朋友，他們公司當時正推出一項技術相對領先的消費性電子產品，一推出就獲得市場很熱烈的迴響，我好奇問他：「哇，你們生意一下子做這麼大，你們都是怎樣放帳的啊？」沒想到，這位朋友滿臉疑惑的看著我：「放帳？我們不放帳的，通路商要拿現金來才有貨，要不然就讓其他通路商拿去了。」做生意能做到這麼帥，真是一種本事。而隔了二年，我再次遇到他，又問他同樣的問題，他乾笑兩聲說：「現在就真的需要放帳了，因為我們的產品不再是只此一家、別無分號，現在是該怎麼放就得怎麼放了。」

不同的產品屬性，需要不同的通路配合，才能成就價值鏈完美的運作；當產品屬性隨著市場環境、消費者行為而改變，公司的通路策略也應該要適時做出調整。公司與通路夥伴的關係當然希望建立在長期價值的基礎上，但絕不是亙久不變，例如當公司推出新的產品，就必須思考新產品的屬性是否適合既有通路，絕不是一股腦的把新產品直接放進既有通路，因為對公司而言，新產品的推出往往是拓展新通路構面的重要機會點，而競爭對手可能在原有正面對壘的通路戰場上打不過你，就迂迴轉進新通路以殺出一條生路。

記得朋友很高興的分享，他們在巴西碰到有客戶需求又剛好有通路，就一腦子的栽進了這陌生的市場。雖然內部也經過一番市場機會及風險評估，初期還比較保守，但做了幾個案子，吃到甜頭後，就一再加碼。不但找了業務、行銷、財務，更設了當地分公司，甚至於和當地通路合資。可是等到市場需求轉淡，生意開始虧損，想要裁員，才發現當地有嚴格的勞工保護，想撤資或關掉公司，則礙於政府及銀行繁雜的規定，呆帳收不回，連存貨都很難再出口，轉給中南美其他地區。搞得虧損連連，完全進退不得，後悔當初只一味的想著，如何渡河及享受美好的將來，卻忽略了考慮在事前找當地的會計師、律師規劃好完善的退場機制。

在國際市場滾滾大河中，要到對岸，除了想有效的方法及工具渡河外，可能更重要的是，有翻船的備案及最壞打算。

AI 私房心法

1. 在發展、推出一項新產品之前，就必須思考未來要選擇怎樣的通路，通路的選擇關乎產品價值能否準確傳遞到市場終端，更是價值鏈能否順利運作的重點。
2. 六祖壇經中曾經提到：「迷時師度，悟了自度」，重點不在於墨守成規，而是隨著當下變換的情境有所「覺」，覺察本性、找出方法，進而順利快速地渡到彼岸。
3. AI可讓準備跨全球做生意的企業，先渡河，前提是可以透過AI得到一些情報：一、渡河需要哪些基本條件或資格。二、可以知道其他競爭對手別人怎過河。三、模擬渡河過程狀況與風險。其中有了AI技術，最大差別就是，反饋的精確度再一定時間內有一定的品質，想想找一位對的有經驗的精算師來模擬可能就是個風險。

註：For show, for profit, for sell, for defense：

品牌企業會為了因應不同的市場狀況，而進行不同的產品策略調整。

For show 指的是「展示型產品」，這類產品通常是品牌商為了證明其在市場上的領導地位，做出超過一般市場需求規格的產品，目的不為銷售，而含有更強的市場行銷宣示意味。

For profit 是「利潤型產品」，通常利潤型產品多為初創的創新產品，新進市場尚未出現太多競爭者，在售價上易取得主導的地位，因而銷售利潤較高。

For sell 是「銷售型產品」，通常為一間品牌企業所賴以維生的主要商品，產品本身已進入成熟期，市場需求穩定，但競爭者眾。

For defense 是「防禦型產品」，在產品進入成熟期後，技術等進入門檻降低，市場上較易出現價格競爭，而此時品牌企業為了抵禦這種價格競爭維持穩定的市占率，便會推出功能規格較低，但價格相對便宜的產品因應市場價格競爭。

16

別跟巨人硬碰硬

能跳脫思維侷限的公司，想的是市場未來的機會，重點不在目前的局，而是未來的勢。

在友訊剛進入巴西市場時，那時多家國際大廠已在巴西佔有一席之地，在我們選擇的企業客戶區隔市場中，放眼望去遍地都插滿了對手的旗幟，幾乎看不到一塊可以立足的空間，我到當地與同事開會討論後續發展規畫，只見同事們個個垂頭喪氣，有個同事說：「我們就像是站在一群巨人旁邊，不要說立足之地了，就連抬頭想看到天空，都難啊！」我完全可以理解同事們沮喪的情緒，但是我對大家說：「當初我們決定要進入巴西，就是因為看好巴西未來的成長性，代表這個市場還有更多的空間，我們現在要思考的，不是對手有多強，他們佔了多大的市場，而是要想的是『他們沒有涉入哪些市場？』」。

當我們從更宏觀的角度觀察「還有哪些市場是他們還沒進去的？」發現剛剛起步的電信市場已開始有相當強勁的需求，但因為其他市場需求仍相當旺盛，我們的競爭對手根本無暇顧及，於是我們決定快速切入電信市場，並且接連贏了好幾個大案子。等到競爭對手警覺，我們已在巴西電信市場站穩腳步，更進一步開始在當時隱然成形的零售通路市場展開布局。

幾年過後，我們在巴西電信與零售通路市場都已站穩腳步，當我再到巴西去跟當地團隊開會，同事們的士氣高昂，與當年已大不相同，就有同事說：「我們在電信、零售通路市場都已站穩腳步，這次，我們再進攻企業市場，就該換競爭對手煩惱了。」

新進者要懂得見縫插針

當遭遇「山窮水盡」的困境時，如果企業能夠在「疑無路」上多作點文章，想一想「真的沒有別的路嗎？」、「這條路不通，另一條路會通嗎？」一個區隔市場切不進去，不代表你在另一個區隔市場就沒有機會，但如果死腦筋的、不懂得轉彎的，一直想在某個市場打敗巨人，就沒有機會看到另一個更大的天空。

舉例而言，我們剛進入日本市場時，幾乎檯面上比較好的六十、七十家通路商體系，都已進入主要競爭對手麾下，對手擁有如此龐大的通路體系，除了表示對手掌控通路的力量強大之外，從另一個角度來看，也可能代表對手無暇去一一照顧每家通路商的需求，久而久之，會有部分通路商開始產生不滿，而這樣的情況，就是新進者見縫插針的機會。

當日本分公司坐困愁城時，我在會議中問他們：「企業市場需要較多的銷售支援，我們應該先聚焦在那些心生不滿的通路商身上，縱然短期可能不會收到立即成果，但未來一定會有收穫。」果然，在幾個月後，就陸續有通路商「起義來歸」與我們合作，接連拿下多家大學與政府單位的標案訂單。

又或者是，有些公司會說：「這個市場在『目前』幾乎是已經沒有空間了。」於是就打退堂鼓，但跳脫思維侷限的公司，想的卻是市場「未來的機會」，重點不在目前的局，而是未來的勢。

許多公司在思考策略聯盟合作型式時，想的都是過去曾經成功的範例或經驗，但當時局變化、情勢動盪，許多經驗不見得能夠順利的複製成功。舉例而言，一家公司看到過去競爭對手與某家消費性零售品牌大廠搭配銷售合作十分成功，於是花了九牛二虎之力爭取到與這家大廠合作的機會，認為在這家消費性品牌大廠的加持下，新產品絕對能夠熱賣。但沒想到一場金融海嘯造成終端消費市場買氣緊縮，這家消費性品牌大廠自身都難保了，根本就顧不到銷售合作的夥伴，雙方的策略聯盟到最後自然以失敗收場。

「天下武功，唯快不破」，總而言之，公司在面對競爭對手時，縱使有很多的策略及招數，但如果不夠彈性、輕巧，不能快速移動及懂得應變，那不管如何船堅炮利，如北洋艦隊，最後還是敗給了日本。

有一個廣為流傳的笑話，有兩個朋友到森林露營，正在享受大自然寧靜野外生活時，忽然聽到遠方傳來像熊的腳步聲，兩人拔腿就跑。但跑到了一半，其中一位就忽然回頭往營地衝。朋友拉住他，問他在幹什麼？他說要回去穿鞋子。朋友說你瘋了，都這時候了那有時間穿鞋子。他說有鞋子跑比較快，而我只要跑贏你就好了。

想當初剛進入東南亞市場時，競爭對手是一個有高市佔率的美國公司，但每次通路向他們反應，要有新的行銷方案或較競爭的市場的價格時，地方團隊總要經過一番討論，層層往總部呈報核准，才可行動，這給了我們很大的機會，向通路表現我們的彈性優勢。甚至通路有大案子或標案，要修改一下產品規格時，我們也反應的很機動快速，向總部產品部門回饋。

但有時候，過度的關注對手，而沒有自己的策略及想法，總是想著如何贏過對方的規格或價格，反而是如東施效顰，步步慢半拍，失去先機。我們在經營市場時，總是從市場的角度來看，什麼是吸引及服務客戶最基本的投資，然後，再隨著生意成長及市場需求變化，而逐步調整。記得在初期進入秘魯的發表會上，記者追問我們的競爭對手，剛宣布增加一百萬的行銷費用，我們是否跟進，我笑笑的回說，我們只專注在，提供階段性市場需求的資源，來幫通路成長，我們不會跟著和競爭對手起舞。當然，這並不是說就自行其事，而沒有敵情觀念，但有些地方團隊，搞不清楚誰是主要對手，例如有次去土耳其，當地經理要表現，她多麼瞭解市場及敵情，來證明業績為何沒起色，詳細分享要面對的十個廠商特點，有美國廠商的高檔產品，歐洲的特殊規格及亞洲來的低價廠商，到頭來，讓人一頭霧水，到底是太瞭解行情，還是不清楚我們產品的定位，及主要競爭對手。古代將軍，最忌諱的就是，進入錯誤的戰場，搞錯敵人的主力，不但耗時耗力，浪費資源，甚至會喪失先機，導至致命結果。

敏感注意價值鏈的變動

從這樣的例子可以看出，這些公司試圖要跳脫既有困境、尋找可能突破重圍的方法，但卻忘了企業價值鏈是不斷變動的，特別是情勢動盪不安時，價值鏈環節更可能因此改變了原來的樣貌。所以企業必須要重新檢視自身既有的價值鏈，更重要的是要綜觀全局，檢視整體大環境價值鏈的變化，注意競爭對手價值鏈動態，才能以此作為跳脫既有困境的解決方案。以我個人從事的網路設備產業來看，也不過就是加入友訊幾年，我們注意到遠在千里之外的美國、英國等先進市場，已開始出現所謂的消費性網路設備的零售通路市場，無線區域網路（WLAN）的興起，造就一波零售通路銷售熱潮。而當時在印度等新興市場，大部分購買網路設備的用戶，都是企業用戶，購買的通路以加值經銷商或系統整合商為主，根本就沒有所謂的零售通路市場存在。

那時，其他的競爭對手並沒有注意到整體網通產業價值鏈出現了變化，但我們看到了，並認為這將是我們超越對手的關鍵一擊。因為我們除了看到先進國家的零售通路市場熱潮外，也同時注意到，多個新興國家家庭擁有個人電腦的比重提升，一個家庭可能同時擁有兩台以上的電腦，而這樣的改變，更加深印證了我們對新興市場所擁有的零售通路商機潛力的樂觀預期。於是，我們立即開始布局這一塊還沒有人注意到的市場，而經過二、三年，當新興市場零售通路開始起飛，競爭對手才手忙腳亂的開始搶進，但當他們一探頭進來卻發現，我們早已在零售通路市場佔下半壁江山。

很多人都以為我們可以未卜先知的知道零售通路市場將要起飛，但事實並非如此。我們只是更敏銳的去感受整體大環境價值鏈的變化而已，就如同站在一棵大樹下，當其他人眼睛只盯著樹、只看到滿樹綠蔭時，我們卻在地上看到了今年秋天飄落的第一片黃葉，將眼睛的焦距拉開，去觀察一旁事物的變化，而這就是跳脫侷限的思維。

跳脫箱子才能看見天空

再從另一個角度來講，有時候市場或是環境的改變，會讓公司既有價值鏈陷入無所適從，甚至是無從調整的尷尬處境，此時公司就應該要重新定位價值鏈，而這樣的重新定位調整，要跳脫過去的模式，為價值傳遞找出更有效率的途徑，而這樣的調整可能是顛覆的、是無前例可循的，是一種另類的創新調整。

佛家有云，執著是苦，放下執著才能真正「離苦得樂」，覺得自己抬頭看不見天嗎？也許，只是因為你被困在一個箱子裡，如果跳脫這個箱子的侷限，其實你會看見，原來外面有一片更寬闊的天空。所以，不要被你眼前的景象全然主導你的判斷，也不要讓你引以為傲的深厚經驗值把持你的決定，因為，你所看到的、與你過去所經驗的，都可能因為時空背景、或是價值鏈環節的變化，出現了你未曾注意到的改變。在遭遇看似無路、苦思無解的情境中，若硬是陷在當下的境況中，任憑你望穿眼、想破頭，恐怕還是一片茫然。但如果，退後一尺、跳開一丈，或許你會發現，眼前的山，沒想像中那麼高，腳下的水，也沒想像中那麼深，而接下來的路，真的沒那麼難走。

AI 私房心法

1. 沒有「市場被佔滿」的問題，只有「如何區隔市場」以及「這市場的未來機會」。
2. 過去的成功經驗不一定能適用於現在及未來。
3. 企業不想受限於市場或是環境的改變，就必須隨時保持創新的態度及彈性。
4. AI可供企業分析這些巨人商業模式中更細膩的流程與相關情報，進而明確自己企業定位與商業模式，更高竿的做法是過「AI媒合與巨人合作的機會點」，正所謂大象踩不死螞蟻，是因為小企業生存模式與巨人絕然不同。

17

是障礙？還是屏障？

經營國際市場時，選擇市場絕對是第一步，而清楚了解每一個市場特有的進入障礙，更是公司評估能否在此一市場有勝出機會的關鍵。

許多公司選擇新市場時，經常都是因為「關係」。不論是因為參展遇到某一個市場的經銷商找上門，或是恰巧認識某個當地人錯綜複雜的人脈關係，這些既有存在的「關係」，總是讓公司有所期望、有所倚恃，畢竟在一個全然陌生的環境，有關係總比沒關係好。而的確也有一些公司是在因緣際會下，透過人脈關係穿針引線切入新市場，成功闖出一番局面。

對於經營國際市場的公司而言，「關係」確有其重要性，但卻必須善用才能去蕪存菁。事實上，拓展國際業務原本就有許多種不同可能的途徑，沒有絕對的對錯好壞，而取用既有的「關係」以尋找或切入新市場，就是可行的方法之一。

先搞清楚池塘有多深

但若讓「關係」取代了許多原本該有的資訊蒐集、風險評估、資源衡量等步驟，因為忽略了解市場既有的進入障礙，選擇進入一個不適合的市場，造成公司資源戰力的分散失焦，進而浪費虛擲大筆的業務費用、擔負可觀的壞帳損失、甚至出現虧損、讓公司商譽受損，進而使公司往後開發市場作業平添困難阻力。

事實上，在開拓國際市場業務的過程中，即使是抱著試水溫的心態，至少也得知道這個池塘到底水有多深、到底有沒有魚，否則只是把腳踩進水裡走一遭，別說沒能抓到魚，就連池塘長得什麼樣，恐怕也說不清楚，只是白白弄了一身濕。

而觀察許多台灣廠商開拓新市場的心態，其實是讓人很感動的，因為台灣人真的很有冒險精神，不論是在戰火未熄的伊拉克、還是在黑色大陸的非洲、抑或是冰天雪地的俄羅斯冰原，都能看到台灣公司的身影，這樣的勇氣值得鼓勵。

但一般公司，雖然勇於冒險犯難，但通常在碰到幾次困難後，就趨向於保守，抱著不見兔子不撒鷹的原則，甚至凡事只求一本萬利，稍微賠錢或看到要繼續拗下去的巨大投資，就打了退堂鼓。其實大多數有潛力的大市場，通常須要有較長的起動時間，也有較高的進入障礙，要經過不斷的嘗試，才能抓住要領。一般來說，當地通路及客戶也較會接受及期望，有長期深耕打算的廠商。記得當初一身是膽，看到金磚四國的潛力，既已在中國、印度及俄羅斯插旗，怎可放過巴西市場。在多次飛了三十多小時，去當地尋找通路，好不容易很興奮的找到一家經銷商，願意進些貨試試，同時我們也答應，參加及贊助一年一度在聖保羅市的電腦展，但沒想到在三個月後，在我們展參的攤位上，老闆明白抱怨我們的產品沒名氣，行銷活動不夠，而且沒有當地業務及支援，表示不再代理，且要退回賣不出去的存貨。這使得我和智利負責拉丁美洲的經理，深夜站在旅館回房間的電梯口，愁苦討論，該如何進入這門檻這麼高的市場，而不知不覺天已亮了。對照兩年後，經過不斷嘗試及克服困難後的業績，一飛衝天，經銷商排隊等著要代理的情況，真是百感交集，冷暖在心頭。

在面對要進入哪一個市場的選擇題時，其實還是回歸到理順價值鏈的根本管理原則，確定公司是否有能力理順這個市場的價值鏈，例如產品是否符合市場的需要，價格是否有競爭性、服務是否夠好到能與競爭者對打等；另外還必須考慮能否負擔開拓此一市場的投入經費，包括理順價值鏈必須付出的成本，產品本土化的改版，當地技術支援服務中心的設立等。

有些廠商經過評估後認為，當下仍沒有把握可完全克服此一市場的進入障礙，但也不代表必須就此放棄，事實上，在經營市場業務時，靈活具有彈性的策略是必須的，「打帶跑」的經營策略不見得錯誤，即使是在產品線或人員團隊還未完全到位的情況下，只要廠商面對此一市場進入障礙的心態是「準備好了」的，就可以開始逐步展開動作。

之所以強調心態準備好與否，其實是從價值鏈的觀點來看，管理價值鏈的關鍵就在於了解看清價值鏈的全貌、進而有能力補上價值鏈的漏洞，如果公司很清楚知道自己在經營此一市場的價值鏈中仍有不足之處，在後續的營運決策過程中，就會逐步將缺少的部分補齊，讓整體價值鏈能夠完整順利的運作。

把障礙變成屏障

如果市場存有高度的進入障礙，而公司有能力克服這些進入障礙，那麼，一旦越過這道障礙的高牆，這道障礙就不再是阻礙，反而成為天然的保護屏障，可阻擋新進的競爭者。舉例來說，許多新興國家市場因為特殊的進出口、稅務制度等因素，若當地銷售的產品需要寄送至其他國家地區修復，就會有實際上的困難。在這樣的情況下，若公司願意在當地設立維修中心，那麼相較於其他觀望、不願投資設立維修中心的競爭者，在當地設立維修中心，就會成為公司的競爭優勢，同時也成為其他競爭對手的進入障礙。

有一年，我從幾乎被大雪冰封的俄羅斯飛回台灣總部，在與老闆開會的過程中，我細數當地經理人因為要照顧多個據點，必須冰天雪地到處飛，去招募新員工、開拓新通路、一一解決客戶的抱怨、應付數不盡的政府及電信法令規章等不足為外人道的辛酸。聽完我的話，老闆拍拍我的肩膀笑著說：「我們現在這麼辛苦，未來都會變成別人的進入障礙啊！」

而除了市場大小、難易等進入障礙的考慮因素外，在選擇準備切入市場之際，究竟打算要「租」市場，還是要「買」市場？更是必須先想清楚，事實上，「租」或是「買」市場，其實也與公司的經營文化有關。

「租市場」是指有機會賣就賣，不能賣就收手，又或者想要一步到位、一口氣就做到可觀的銷售額，但「買市場」則需要時間一步一步慢慢做，要當地化、深耕市場，從建立當地支援服務體系的基礎建設，進而成為本土化的當地公司。

這種長期落地深耕的文化，不是老闆一個動作，一道命令或一時興起的宣傳，可以成形的。它必須從公司願景、使命及全體員工的基本價值觀，做長期的培養。在產品開發上，不只要考慮符合目標市場的規格、價格成本、日後當地的保養容易度，在行銷上要能針對當地的語言、文化，習慣運用當地不同的媒體通路及平台，同時在業務及產品經理及技術支援上，要當地化。對通路及客戶的教育訓練及知識分享，也是非常重要。在財務上，有能力做長期深耕的投資，不求短期快速回報。這些都始於公司的決心及文化，來一點一滴累積改進，而形成巨大的進入障礙。這樣的做事態度，也會影響到通路的挑選，招募及管理。從而打造一條從上到下，從前到後，有長期深耕文化的價值鏈。

私房心法

1. 「租市場」是指有機會賣就賣，不能賣就收手，又或者想要一步到位、一口氣就做到可觀的銷售額，但「買市場」則需要時間一步一步慢慢做，要當地化、深耕市場，從建立當地支援服務體系的基礎建設，進而成為本土化的當地公司。
2. 進入障礙是阻礙，但也是助力，在發展國際市場的起步，每個市場都很陌生，看起來都很危險，每個市場都看起來很難做，重點是，你要不要做，如果要做，你就會找到自己的路。
3. AI可以用來識別和分析進入市場時可能面臨的各種障礙，並提出克服這些障礙的策略。一旦障礙被克服，這就可轉變成阻止競爭對手進入市場的屏障。AI還可以模擬這些屏障對競爭對手造成的潛在影響，從而幫助公司制定更有效的市場策略。

18

面對進入障礙，你準備好了嗎？

當你由遠方興奮奔赴擁抱市場，常要等到踢到鐵板、吃到苦頭，才發現這個世界其實不如想像中美麗，這個市場並不是你的新天堂樂園。

「好的開始，就是成功的一半」這句話或許老套，但卻是歷經千錘百鍊的至理名言，當公司選擇切入一個市場時，第一步不但要謹慎，更要對此一市場有清楚完整的了解，不只是知道市場規模有多大、潛力有多驚人等正面因素，更要清楚市場究竟存在哪一些進入障礙。

簡單的說，市場或許不分大小、不分好壞，但都有一定的進入障礙，對有意進入此一市場的廠商而言，成功與失敗的差別，或許就在於是否有能力克服、解決、負擔這些進入障礙；而透過評估衡量，公司找到的市場或許不是外人眼中最好的市場，但絕對可能是這家公司最有把握成功的市場。

搞清楚進入障礙，進入就沒「障礙」。

由於網際網路的普及，資訊較以往容易取得，在全球化的浪潮下，或許有人會以為世界已經是平的。但是，近幾年來獲得全球高度注意的多個新興國家市場，卻普遍都有資訊不透明、或是資訊取得不易的問題，而在這樣的情況下，也讓許多人擔心諸如倒帳等風險而裹足不前，資訊不透明等問題，就成為此類新興市場的進入障礙。

事實上，每一個市場都存在著其特有的進入障礙，這些進入障礙可能來自於當地市場生態，也可能來自於政府法令管制，更可能來自於競爭對手的策略，當然也包括不同國家、不同地區的特有環境因素，例如地理幅員、交通運輸、氣候變化、語言種族、教育程度、宗教信仰、通訊網路建設完備與否等，而這些呈現多元面向的進入障礙或許高低程度不一，卻都是進入市場的廠商必須面對、克服的問題。

舉例而言，在進入友訊頭幾年，某些廠商因為在北美零售通路有相當出色的市場銷售表現，取得高度市場佔有率，就認為以北美主流市場品牌的氣勢與實力，想要切入新興市場如印度等地，基本上應該是易如反掌。但就過去幾年的狀況來看，抱著這樣想法的零售通路品牌廠商，其實都在印度等新興市場踢到大鐵板，因為當時印度資訊通訊產品市場才剛起步，大部分是靠著專人到公司說明銷售，根本就沒有零售通路市場的環境，要以零售通路銷售產品，簡直是緣木求魚。這是來自當地市場生態面的進入障礙，是既有環境的現實，而諸如消費習慣、消費需求、消費能力等問題，也都反映出當地市場生態特有的進入障礙。

再舉例來看，大陸市場對時尚精品的消費能力大舉擴張，諸如LV、Prada等頂級名牌無不看好消費能力驚人的大陸市場，但若把時間拉回到二十年，擁有超過十億人口的大陸市場，對LV、Prada等精品品牌而言，代表的絕不是驚人的精品消費力，而是龐大的生產勞動力。這就是消費能力的明顯差別，二十年前的大陸市場就有顯著的消費能力進入障礙，但二十年後的大陸市場，對精品業者而言，其所面對的進入障礙，或許就變成來自於眾多對手品牌的競爭壓力。

而來自國家政府法令管制的進入障礙，更是廠商需要特別注意的，因為賠錢事小、觸法事大，後續可能牽扯的問題就更讓人頭疼。以巴西為例，舉世皆知巴西擁有全世界最複雜難懂的稅制，這讓許多外來廠商頭疼不已，甚至可能因此望之卻步，但就有廠商在巴西遇到的狀況是，自己公司乖乖按規定繳稅、循規蹈矩的做生意，但卻有競爭對手以走私逃稅的方式從邁阿密或巴拉圭輸入產品，在免除稅負成本之後自然會有更具競爭力的價格，讓整體市場價格秩序大亂。

有些時候，進入障礙不只是單一層面的問題，以日本、南韓為例，都是全球資訊科技應用相當先進的區域市場，照理說，應該會有相當蓬勃的資訊科技產品商機蘊含其中。

但事實上，因為日本、南韓市場發展已相當成熟，其自有本土品牌廠商勢力已相當壯盛、而外來品牌大廠競爭者更早已先後進駐卡位，整個市場早已擠滿了大小品牌廠商，競爭壓力之大不言可喻；競爭面壓力或許舉世皆有，但若再加上日本、南韓市場特殊的規格與高度要求本土化的產品銷售型態，對許多新進廠商而言，絕對是超高難度的進入障礙，試想，全產品線必須改換當地語言包裝、設立當地技術支援服務中心、因應市場需求更改產品功能規格等需求同時出現，有多少廠商能夠負擔得起，又有能力做得到，這樣的進入障礙之高，就不只是單一層面的問題，而是整體性相互加乘的效應。

上述這些各式各樣的進入障礙，其實都程度不一的出現在世界上的各個市場中。事實上，了解看清進入障礙，並不是要作出放棄這個市場的決定，而是要讓廠商在先了解可能遭遇的進入障礙之後，做好自我評估的動作，確定這些市場上既有的進入障礙是不是有能力克服、有能力負擔。如果評估的結果是肯定的，此一市場的進入障礙雖然存在，但公司本身有充分的能力面對處理，那麼這就是一個相對有把握可以成功的市場。

進入障礙絕非一成不變，掌握風向才能隨時就緒

事實上，每一個市場的進入障礙都會因為產業生態、政府法令、競爭態勢，客戶消費習慣、或新通路型態等因素而出現變化。

舉例而言，二十年前在印度市場，印度對資訊產品課徵高達四五％的成品進口關稅，這對於許多有意進入印度市場的ＩＴ廠商，就會形成高度的進入障礙，而為解決此一問題，有廠商選擇在印度當地設組裝廠，以避免被課徵重關稅。但十年前，原本的高關稅已從四五％遂漸降至〇％，市場進入障礙已大幅降低。但沒了關稅的進入障礙，隨之而來的，卻可能是讓許多競爭者先後跨入市場的另一種

進入障礙出現。

又如像無線區域網路設備，因為牽涉到無線通訊頻率管制問題，很多國家或市場在幾年前還屬於需要申請使用執照的管制狀態，只有大企業才有資格申請使用，中小企業幾乎沒有使用的機會。但隨著各國政府電信管制法令逐步鬆綁開放，也使得無線網路應用環境逐漸成熟，近年來無線區域網路市場已是高度普及、百家爭鳴的熱烈競爭狀態。

面對現今的互聯網上，資訊發達、平台跨國競爭、客戶的口味及需求，也愈來愈多變及多樣化，廠商除了隨時掌握風向，不斷有新產品的新功能產生的效益，讓客戶驚喜；也需要考慮客戶在購買、取得、使用及維護等，會附加發生的成本及費用。畢竟客戶在意的是，使用這產品的總成本。

所以廠商，除了推出有吸引力的產品外，最重要的也是，要有最低總成本觀念。將其做為構築競爭者進入障礙的屏障。舉凡產品當地化成本，運送儲存成本，通路取得及維護成本，行銷成本，產品售後服務成本，本地化營運成本，稅務成本，投資資金成本，政府法令變動，政治影響成本，機會風險成本等等。諸如在印度的本地研發製造，合資，俄羅斯的維修中心及各區駐點的銷售支援，東南亞的策略聯盟等等，都是在克服進入障礙及成為日後競爭屏障的成功先例。

競爭的本質，是不斷的製造及加強優勢，使敵人無法和我們爭。所以如何快速瞭解及克服重重進入障礙，取得進入先機，又能善用進入障礙，成為我們的競爭屏障，運籌帷幄，制敵於機先，是廠商公司上下及結合價值鏈，一起努力的致勝關鍵。

AI私房心法

1. 價值鏈會隨著市場環境的變化而改變，而公司所面對的市場進入障礙也是如此，因此，公司即使已確定所選擇的市場、也已進入市場開始動作，仍要隨時檢視市場進入障礙的變化，才能夠跟上市場變化的節奏，進而確定公司自身始終保持在「Ready」的最佳狀態，如此才能減少不必要的意外，進而把握市場出現的商機。

2. 在《心經》中有一段經文：「無無明，亦無無明盡，乃至無老死，亦無無老死盡」，在人生修行道路的過程中，引發貪嗔癡的無明與老死，就像是許多公司進入新市場中需要先觀照得見的進入障礙一樣。總結來看，或許也可以這麼說：「是障礙，無障礙，是謂障礙」，當你了解清楚市場的進入障礙，並且評估確知自己能否負擔承受之後，這些障礙或許就不再是障礙。而當你發現一個完全沒有障礙的市場，或許，這才是你進入新市場最大的障礙。

3. 準備好了沒有。最快的方式就是透過AI產生模擬題目，讓企業進行每一題的模擬推演，產出的結果也讓AI幫忙分析結果與可改善項目等。

19

好大喜功？還是長期深耕？

設立海外據點，究竟是為了好大喜功的面子？還是一步一腳印深耕市場的裡子？

友訊在剛開始經營中南美市場時，只先在智利設點，有次我們規畫了一個橫跨智利、哥倫比亞、巴西的巡迴產品發表會，第一場在智利，因為當地公司的同事全力投入聯絡，與當地經銷通路商都建立了很好的關係，第一場的產品發表會就來了上百個分銷商，成果盎然。

到了哥倫比亞，因為我們在當地沒有設點，只靠經銷商負責活動，我有點擔心的問同事：「應該沒問題吧？」同事面有難色的回答我：「是有點不太妙，但應該會來十來個人。」第二天到了會場，狀況卻是「非常不妙」，可以容納近百人的場地，只來了不到十個人，我們當場臉都綠了。

有了哥倫比亞的教訓，我拼命催促同事一定要與負責活動的巴西經銷商確定再確定，到了前一天，同事很高興的告訴我：「這次妥當啦，巴西通路商給我掛保證，他動用所有關係，這次一定是超過百人以上。」

是接近市場，還是遠離市場？

隔天在前往會場的路上，雖然是星期五下午一點，但巴西聖保羅的街道上似乎充滿了週末的氣氛，我心裡暗自嘀咕：「這些人都不用上班哦，禮拜五下午就提早放假了嗎？」而到了二點半開始的產品發表會，一直到三點半結束，卻是連隻小貓的蹤影都沒發現，只有我們與巴西通路商坐在空蕩蕩的會場裡，相對無言。

一年後，我們再度在巴西聖保羅舉辦新產品發表會，我們當地的同事針對通路關心的重點精心設計了議題，而且聰明的避開週五下午的「準週末」檔期，選擇週二下午舉辦研討會，並選擇一個對通路商很方便的研討會地點。前一天同事告訴我：「這次一定爆滿。」我笑著點點頭，但心裡還是不敢太樂觀，但所幸同事所言不虛，不到兩點半的開場時間，整個會場就坐滿了人，連走道都排滿了椅子，真的是全場爆滿的狀態。

在巴西的經歷讓我們了解到，在當地市場設立據點就是希望更貼近市場，了解因為不同語言、文化、社會風俗、使用者習慣造成的差異，是我們在遠處看不清楚、也掌握不到重點的。

經營國際市場之所以需要設立海外據點，其實就是要為當地通路夥伴、客戶提供更直接、更充足的支援服務，其中包括行銷活動、技術支援、維修服務等。所以公司在考慮設點時應該問自己：為什麼要在這個市場設點？設立據點之後能夠提供怎樣的功能？

就我的觀察，有些公司在某些市場從來不設點，而當通路商要求設點提供更多支援、或是當地員工希望擴充人力時，公司總部的第一個反應就是先看看業績有沒有達到目標，或是有沒有成長，如果沒有，那就什麼都甭談。

但事實上，這樣的想法是有待商榷的，因為設立據點或是擴充據點規模，都是因為當地市場有本土化（Localize）的需求，公司不應該自我設限，而是應該要聆聽了解當地市場是否真有實際特定的需求出現。

這樣的狀況其實特別容易出現在一些外界眼中的「雞肋」市場，就是那些看起來不大、也不太熱鬧的地區，面對這樣的市場，往往很難決定要不要設點。幾年前我們在烏克蘭、哥倫比亞、印尼、紐西蘭等市場，都曾經面臨過類似問題，因為這些國家看起來沒有特殊的吸引力，但透過進一步的調查評估會發現，這些市場就是因為看起來不大，所以也沒有什麼競爭者，於是我們決定進去設點好好經營，經過一段時間下來，我們在這幾個市場都有相當豐碩的成果，不但在電信業或特定區隔市場取得絕對領先的佔有率，而且對業績的貢獻也絲毫不遜色。

設點之後再撤，比不設點還慘

許多公司在跨入新市場時，一開始就是直接設點，然後大張旗鼓的找一堆人，但一、兩年後發現業績做不起來，市場狀況也不太理想，於是就爽快的把據點收掉，就這樣退出市場，一點都不留戀。

前不久，有家大型外商軟體公司傳出台灣子公司將吹熄燈號的消息，就連台灣區總經理也不過比媒體略早一點知道自己要被裁撤的消息。當媒體詢問時，這位總經理一方面得按捺住自己澎湃的情緒，另一方面還要得體的按總公司發出的聲明對外回答問題，這家公司從來沒有在台灣媒體上被如此大篇幅的報導過，而第一次也可能是最後一次被報導，卻是直接冠上「撤退」、「放棄」台灣市場的說法。雖然這家公司在台灣仍有專業大型代理通路商負責銷售業務，但公司整體形象卻已是傷痕累累，可以想見後續經營市場，將遭遇的困難一定只多不少。

當你大張旗鼓的登陸新市場，造成市場一陣騷動，全部的人都認為你是要玩真的，要大做這個市場，但經過一陣子後，你卻突然無聲無息的消失了，這不但會讓當地通路商十分困擾，也會讓當地市場對於這家公司多所質疑，懷疑這家公司是不是有問題，對公司與產品線的信心會降到最低點，就算過了幾年之後想要捲土重來，多半會比一開始起步時更加辛苦，因為必須要先克服市場的質疑與不信任。

在前面幾章提到的，每個市場都有其特性，門檻及進入障礙，如果沒有經過詳細的情報收集，分析，瞭解敵情及衡量自己的實力及底線，而只是基於好大喜功，一味冒然的進入一個陌生的市場，那不但是會充滿挑戰，驚奇，走冤枉路，甚至會賠錢，傷筋斷骨。

我們繼在印度及俄羅斯各地設點，生意成功的鼓勵，也想用同樣模式複製到巴西市場，所以很快，除了在聖保羅以外，一口氣就在東南西北大都市，設了銷售據點，但一年多過後，發現成效並不彰，業績並沒有起色，且反而費用及存貨大幅增加。而每次開會，都是一盤散沙，淪為各地及巴西總部互相怪罪及各說各話的循環。經過一番的觀察發現，巴西總部的管理及支援體制薄弱，沒有制度，各部門充滿本位主義，加上管理團隊不強，又沒讓人信服的魅力。尤其是巴西人天真活潑，喜歡各行其事的特性，有經驗的業務，都認為自己有一套，導致常常對通路及客戶的訊息不一致。

這樣的情形，不但無法提供優質及一致的訊息到市場，更是讓通路不知所從，離心離德。經過一番痛定思痛的檢討後，決定攘外必先安內，由智利調來人事、財務、後勤經理，幫忙先把制度及標準流程建立起來，然後再把各地業務，調至聖保羅三個月，使其除了更瞭解各產品定位，競爭優勢及公司方向、制度、做事準則、基本價值觀、信念及文化。如此一來，再經半年不斷的定時開會、溝通加強，營運才漸漸上了軌道。

這樣的經驗及體會，在往後的中東及東南亞擴點，產生了極大的幫助。所以總結就是，貼近客戶、各地設點，當然很重要，但如果沒有一個強的總部管理，設點就會成為一個尾大不掉的包袱。更何況，有些公司為了顯示其有多強，好大喜功，到處為設點而設點，為宣傳而宣傳，不切實際，最後只落得撤點，更引起市場對其負面的形象。所以，公司要謹記的基本原則就是「沒有全球管理的能力，就沒有本土化的實力」。公司當然可以有好大喜功，全球到處設點本土化經營的願景，但更重要的是，先要審視是否有經營管理及支援至當地的實力。

AI 私房心法

1. 如果公司評估認為當地市場需要更多支援，才能把業績規模做大，那就應該要加快設立據點的動作。
2. 清楚知道設點的目的與功能只是起步，在設點之後更重要的在於如何管理海外據點，理順價值鏈上的環節。
3. 沒有國際化的管理能力，就沒有本土的經營實力。
4. AI的應用技術強調數據驅動的重要性，長期耕耘接觸市場、產生回饋和深耕是其基礎。同時，AI能在這過程中發掘更多價值。例如，啤酒和尿布的關聯就是一個經典案例，展示了AI如何從大數據中洞察出意想不到的市場趨勢。

20 有關係就沒關係

君君父父臣臣，是孔老夫子在幾千年前就把家庭、社會人與人的關係做了一番明細的規範。

幾千年來，人類為了生存，對抗大自然與野獸及敵人的侵害，以及狩獵耕作生產糧食，必須建立及維持一個團結，共生共榮的社會，所以如何建立合諧的關係就成為一個重要的因素。

每年六月在台北舉辦的電腦展，很多來自世界各地的通路，都來找好的產品回去本國銷售。為了爭取代理權，每個通路都會竭盡所能表現有多會賣，或在他們底下的通路網有多大多強，更常見的是吹噓他們在當地的關係。尤其是有些東南亞國家，公司的簡報幾乎就是在介紹人頭，做政府方案的就展示跟什麼部長，省長，甚至和總統的合照，在當地有多厲害。有一伊朗通路專注教育市場的要求獨家，就說他幾乎認識全國高校校長；杜拜大經銷商就要全中東的總代，因為他們和鄰近的各國通路關係都很好；印度來的說他們和當地最大的信實電訊有很牢靠的關係。

一般來說，如果廠商對當地不熟，當聽到這些話，往往就會非常興奮的認為是天賜良機，就一腦子給樣品、給行銷補助，期望就此搞定。但在一段時間後，業績並沒有起色，所說的關係也沒發揮作用，最後在去當地拜訪後才發現，所謂的和誰很熟，不過是在過去某些場合換過名片，關係很好，不過是握過手或拍過照。常常會因為輕信這些吹噓，浪費很多時間，甚至賠上信用及資源。

理順枱面下的關係

在陌生的國際市場，很多時候如沒有好的當地關係，萬事難行。尤其在資訊不透明的地區，有好的當地關係，就成了很重要的成功要素。記得當初在巴西中小企業市場站穩腳步後，就想打入電訊通路，但每個電訊，都是侯門深似海，不得其門而入，在撞的滿頭包後，最後皇天不負苦心人，終於找到一位從電訊高層退休的大老來當顧問。

在這之後，所有巴西電訊公司大門，為我們大開。每次去拜訪電訊高層，幾乎都是長驅直入，直接進入總裁辦公室，且常常就看到一堆友商的業務在外面枯等。在其介紹了很多電訊商，佣金賺飽飽之際，有次去里約拜訪客戶，在機場，我們總經理很興奮的說，看到他認識唯一只剩下的電訊商高層，就想走過去打招呼之際，想不到我們這大鬍子顧問，已搶先和其擁抱一起，這下子又是一家要給佣金了。

而換成到巴西銀行做簡報時，會議上被挑三挑四，丟了一堆問題，只想喪氣的打包回家。但在旁邊的通路商，請我們不用擔心，果然到晚上晚宴時，就變成鬧哄哄打成一片，接下來又一起去俱樂部喝酒。酒酣耳熱之際，從通路得知，他們已搞定了檯面下的關係，案子早就定了，今天的所有活動，只是過個場。這種情形，在日本市場也是很平常，客戶答應聽簡報是一個關卡，願意出來晚餐，表示關係更上一層，然後再到卡拉OK，就更OK。很多時候在那種場合，只要在客戶旁小聲一句「萬事拜託」就一切在不言中，如果日後客戶答應一起去三溫暖，幫你搓背，那關係就已成為了兄弟情誼。所以在價值鏈管理上，不但要理順檯面上的價值鏈，更要了解如何運用關係，讓檯面下非正式的管道保持暢通。畢竟國際市場會碰到不同背景的人，各有不同的利害考量，如果沒有到位的關係，往往是寸步難行。

用心建立關係

某次我們在南非的總經理，由於急著趕去另一場會議，中途超速被當地交通警察攔下盤查，就在掏出錢包給駕照時，露出了與警察總長的合照，交警馬上從凶神惡煞，變成了慈眉善目，說都是自己人，不用計較。所以到處都可見到關係的重要。記得在IBM時，有些出色的業務為了加強和客戶重要決策高層的關係，在不能送禮吃飯規定下，甚至主動幫客戶小孩義務補習，成為其家庭老師。可見關係的建立機會，無所不在。

由於要建立關係，除了和客戶及通路吃飯應酬外，送禮，也是一門很重要的藝術，送什麼禮給什麼等級，在什麼場合下送，透過誰送，通常在平時就要用心打好私交，從國外或遠地回來贈送當地小禮物是很平常，不突兀的事。有次去中國，當地的廠商送了我一個精緻禮品，在我拒收兩次後，當地業務暗中提醒我最好要收下，否則對方會覺得我們拒人於千里之外，會影響以後的彼此關係深化。有時故意請客戶幫點小忙，讓其覺得對我們有價值，待下次再藉機回送點小禮物致謝，也是一種禮尚往來增強關係的手法。另外，定期舉辦研討會，請重要客戶出席，或做表揚大會，客戶滿意度調查，是很好的促進關係方法。

講究關係並不只限於開發中國家，例如在澳洲很多人找工作，常常請朋友將其簡歷，貼在家裡冰箱上，也許有一天要用人的公司的經理，就在朋友家中看問起，就因為有這層無形關係推薦，而得到了工作。

在國際市場上，對當地不同文化的認同，甚至欣賞，是促成好關係的要素。有一年要從開羅去拜訪突尼西亞的通路，由於沒有直飛，須從馬德里轉機，本來兩小時的行程，整整從一早七點出發到了深夜才到。入海關時，整個機場只剩我一人。遠遠的看見要查行李的關員臉色都很難看，一副就是要好好伺候我的樣子。很不客氣的要我打開公事包，第一眼就看到，最上面的是我在開羅買的阿拉伯流行歌星 Elisa 的硬碟，非常驚訝的問我是否喜歡，我當場就哼一段且跳起舞來，頓時氣氛從磨刀霍霍，變成了嘉年華，當然最後行李也沒檢查，大家就一哄而散。真的見識到了融入當地文化的威力，實在是有關係就沒有關係。

但是關係的運用，是要很小心的，如果運用不當，有時反而會有反效果。客戶的中間幹部，可能會因了解我們在上層的關係而較好說話，但有時施壓過度，反而會引起反彈。尤其在大公司常有派系問題，沒搞清楚裡面的複雜性，亂用高層關係，反而常會踢到鐵板。

有一年在澳洲參展上，碰到一家不大的經銷商，老闆是新加坡人，一直來套關係，說是在異地華人要相互幫忙，但在日後給了經銷權後，卻往往在價格、業務開拓投資方面，打著大家都是自己人，處處要佔小便宜。

這種情形也在菲律賓發生過，不但套用是華人，更用講閩南語來套交情，加強人不親土親的關係，佔盡便宜。更糟糕的是由於過於相信這些關係，在很多標案上輕忽競爭對手，以為有關係就萬事搞定，疏於做市調或透過不同管道做進一步的查証，在配合其要求做了很多產品修改，或花了很多公關費用後，案子卻沒拿到。事後一檢討，還不如當初沒有過分倚賴這關係，而紮紮實實的做，或轉移資源投入別的更能掌握的市場來的划算。

所以在國際市場的經營上，關係的運用背後，要有一顆細膩且敏感的心，其實，最後如果沒有在產品及服務方面，有好的實力及價值，縱使有好關係得一時方便，但也不可能持久。有關係不一定就沒關係。

AI私房心法

1. 公司在關係的建立上並不是只在於銷售產品，獲取短期的利益，而是要處處為對方著想，我們的產品及服務對其有什麼價值，是否能創造長期信任及雙贏。
2. 關係的建立並不只是高層或業務表面的公關活動，而是要擴至公司全體在生產，後勤，或支援上所有員工都能以客為尊，真誠服務為基礎。
3. 在今日全球激烈競爭的環境下，廠商的視野更是要用心打造共生共榮的價值鏈或生態鏈的合作關係。
4. AI小提示：運用關係需要謹慎，如果管理不當，可能會透過錯誤的方式使用關係，甚至帶來負面影響。因此可以透過AI建立一個決策支援系統，利用社交數據和語言意圖分析，幫助預測關係策略的潛在後果。

21

富貴不必險中求

不入虎穴焉得虎子，有些想做國際市場的老闆，秉持這個信念，沒有週全分析會有多少風險？該如何避免及防止？亦或風險發生後該如何補救等全盤考量。就冒然進入一個市場或進行一場交易。

早期做國際貿易的，初始的考量不外乎到人生地不熟的異地，會不會被搶被偷的人身危險，貨款都是先付款或貨到付款等零風險的交易方式。等生意做大了，客戶或通路要求要信用狀，或放帳，就面臨了倒帳或收帳的問題。

但其實經營國際市場，所遇到的風險遠遠不止於此。從國家衝突到全球動態的政治、經濟和監管環境，國際商業風險因素和挑戰使企業難以維持持續的成長和收入。

例如中美貿易戰與新冠病毒，改變了全球供應鏈生態，也嚴重影響了全球出口貿易與經濟成長。如何在不確定的未來追求成長、利潤與管理風險，成為跨國企業者必須要面對的問題。在請教過風控大師後，將可能面臨的風險匯整如下以供參考：

政治風險

政治氣候是跨國企業在一個國家發展的關鍵重要因素。當一個國家的政府意外改變政策時就會對企業產生影響，例如他國的中央政府修改其外貿政策，對進口商品徵收關稅與配額變動，以保護國內生產商免受外國競爭對手的侵害。

因此當有存在貿易壁壘的國家企業會因出口稅增加，而導致收入減少和利潤下降。因此外國政府法律和政策可以極大影響跨國公司的利潤。當一個國家的政治局勢發生變化或惡化時，在該國家經營或開展業務的企業便可能會面臨一系列問題。例如美中貿易對抗，美國總統川普對自中國進口商品的美國企業，課征額外的關稅，試圖因商品成本的增加，而導致美國消費者買不起。這項行政命令引起中國企業以降低售價來補平成本的變動，而造成出口收入的減少，利潤下降。

監管風險

國際業務中的監管風險意味著他國法律法規的突然變化，會影響全球市場和特定業務部門。此類變化可能會削弱外國投資的前景，增加營運成本，改變產業的競爭價格或更糟糕的是破壞商業模式。

所以要到國外做生意，第一步就是要了解法規變化，不但可以避免自己的利益受損，更有機會開拓出新的市場。再例如美國制裁中興事件，中興通訊董事會原有十四名董事全數辭職，並在美國要求下，一個「會說中文的美國人」合規團隊將進駐中興十年，中興成為罕見的中國企體制、美方監管。

外匯風險

外匯風險是指因貨幣匯率變動，而導致的投資價值波動，也稱為匯率風險。外匯風險是最常見的國際商業風險因素之一，當公司從事涉及本國貨幣以外的貨幣金融交易時，就會出現這種情況。本國幣或外幣的任何升值貶值都會影響國際交易的現金流。

例如一家阿根廷企業與中國進行貿易，由於阿根廷比索的通貨膨脹嚴重，從中國購買批發商品突然變得比以前貴得多。制定相對應的貨幣風險策略，如對沖（hedging）避險。或透過投資多元化的國家／市場來應對前所未有的貨幣危機，多元化可以確保即使經濟的某個部分遭遇逆境，整個經濟也不會崩潰。

信用與財務風險

在開展國際業務時，客戶拒不付款或拖欠的風險是出口企業必須應對的關鍵問題。事實上，出口信用風險是企業可能面臨的最重大的財務風險之一。向付款逾期客戶催款是一件困難的事情，即使該客戶距離很近。當該客戶在另一個國家時，催款難度可能會成倍增加。即使是評估一個國際客戶的信譽也很困難，因為並非所有國家都有相關單位留存客戶信用歷史記錄或當前信用狀況的詳細資訊。

為降低此類信用風險，賣方出口企業通常要求在買方在發貨前預付款或提供信用證（狀）等信用擔保。不幸的是，採取這些措施可能會延誤發貨，或失去無法或不願提供這些單據的潛在客戶，從而導致出口企業失去商機。而出口信用保險或許是應對出口信用風險最有效的方式。除了在客戶拖欠時提供付款外，信用保險還可以提供有關當前和潛在客戶的重要信用資訊，使出口企業能夠作出更明智的信用管理決策。

總而言之，資金周轉的管理是企業在現金流管理中需要特別注重的部分，尤其需要嚴格管控因投資非主要業務造成的資金分配錯誤風險，以及因盲目擴張或是直接出現虧損所造成的資金回籠困難。

網路安全風險

隨著現代網路科技已成為組織建立和發展的核心，擁有安全可靠的線上網路至關重要。對日益複雜和精密的數位系統的廣泛依賴，使企業容易受到網路威脅，而且往往超出了其預防和緩解網路威脅的能力。

企業在海外擴張之前必須實施強大的安全基礎設施，以有效應對網路攻擊和風險。例如近年來勒索網路軟體數量增加了很多，其中大部分的網路安全問題可追溯到人為錯誤，網路攻擊變得越來越複雜和普遍。網路犯罪份子使用勒索軟體並尋找易受攻擊的目標。例如醫療保健、政府機構和資料豐富的公司。在新冠疫情危機期間，網路攻擊越演越烈，並繼續威脅著向全球市場擴張的公司。

近年不少企業遭駭侵，鎖住電腦檔案、竊取資料或癱瘓網站，勒索虛擬貨幣，因涉跨境及科技犯罪，偵破困難度高，例如中石化、台達電、華航、微風、雄獅旅遊、藍新等多家公司，均傳出被駭侵甚至勒索。為此我們可透過強化資安防護能力、杜絕惡意網路連線、加強機敏資料防護、建立完善備份機制、提升員工資安意識等方式防範。

智慧財產權風險

國際業務中的智慧財產權風險涉及第三方非法使用企業的智力資本。因此智慧財產權風險威脅企業的智力資本和財務成功，同時直接影響公司產品和服務價值。由於維護商業權利的挑戰，智慧財產權風險的影響變得多方面，因此從事跨國商業交易的公司必須尋找潛在的智慧財產權威脅，包括版權威脅、專利侵權、品牌假冒和商業機密盜竊。

品牌在跨境的經營非常重要，企業也應善用商標權保障自身權益，否則自創商標在電商平台上非常容易遭盜用。美國商標是目前全球商標註冊最繁瑣的國家之一，不僅申請流程繁複，提出商標使用證據更是攸關證書下放的關鍵。大多數國家採「申請主義」，也就是申請成功但沒有使用也無妨，然而美國專利申請就必須使用，倘若通過申請後六年未使用，商標權就會被撤銷。因此欲經營跨境電商、申請商標保護權益的業者，還須留意官方相關規定。

商標為屬地主義，於台灣申請註冊商標所取得之商標權保護僅限於台灣，若欲在各地享有商標權保護，需了解各地商標法規定進行相關程序。進入各地市場行銷前企業應先行擬定商標申請策略，逐步與各地進行商標申請註冊，透過各國商標權完整保護品牌與促進當地之發展。

商業風險

國際業務中的商業風險，是指由於業務策略和程序執行不力而導致公司失敗。主要原因是選擇業務合作伙伴時，評估不當、規劃執行不充分的業務策略、以及由於文化語言差異而對業務協議的錯誤解釋。

國際業務的主要商業風險之一是缺乏對海外市場的了解。它會導致糟糕的定價和促銷策略、不恰當的市場進入時間以及與買方目標市場偏好不相符的產品功能。在國際業務中，商業風險最壞的情況下，公司選擇到與他們願景和使命不一致的錯誤業務合作伙伴，此類錯誤的決策會增加公司的成本。在國外市場運作時，由於保護國內公司的法規，終止業務夥伴的成本會變得昂貴。

跨文化風險

國際商務的跨文化風險涉及企業在國外因風俗、規範、語言、生活方式、禮儀和客戶偏好的差異，所面臨的潛在挑戰。一種文化特有的價值觀往往會代代相傳。當然他們會強烈影響員工的工作方式，和買家的消費模式。國外買家的偏好和特徵與國內市場上不同。而語言的不同也增加一層複雜性。另外在宗教信仰較嚴格的國家，在文宣或廣告上一定要和當地團隊或專業傳播公司溝通，避免觸犯當地的禁忌，或引起負面的觀感。

在國際貿易中，不管科技如何進步，人際關係和信任是成功要素之一，這是不會變的。我們做國際貿易，是跟「人」貿易；因此建立長期之間銷售夥伴的良好關係，是在各地業務開發成功的基石。

舉個例子，派駐中東時，當然不會講阿拉伯語。純粹用英文溝通，是有一定隔閡的。因此在沒有AI工具的時代，認真去讀阿拉伯歷史與文化，同時學一些簡單的問候語；當地人不會期待你講多好，但是他們會看到你的真誠，真心一起開發市場。現在有AI工具，及時翻譯更方便了，更可以現學現賣。

物流風險

國際貿易牽涉到貨物的輸出入國境，所以其間有關貨物的倉儲、通關、分貨，以及上下運輸工具的安排都遠較國內貿易複雜。且因運輸距離較為遙遠，使得貨物暴露在風險下的時間較長，運輸過程中所遭逢的風險亦較多且險峻。所以，為求順利完成國際貿易下的交貨義務，其間物流的安排，不僅牽涉到成本高低、是否能準時交貨的問題，同時亦牽涉到貨物安全的問題。

根據貨物特性、交易地區、季節、氣候、航線等因素，要透過較佳的貨物運輸保險安排，以轉嫁物流過程中可能因為天然因素或人為疏失導致之損失。特別是需要全程溫度控管的冷藏／凍食品、藥品等，需選擇專業的運輸和物流公司，確保其擁有可靠的儲存／溫度監控設備，以及訓練有素的作業人員，避免食品腐敗／交叉感染及藥品失效等風險。

例如二〇二一年長榮海運的常賜號擱淺，是難得一遇的海上保險案例。長賜輪這次的事故是擱淺，賣方或買方如果有保鮮期的貨物因此腐壞，或在擱淺過程中，貨物因受到碰撞損壞，只要有保貨物運輸保險，就可以獲得理賠。還有其他風險，如清關過程受阻、被海關要求文件補充、甚至要求貨櫃檢查，則需注意：貨物要申報確實（數量、關稅等）、文件內容無錯誤、貨品包裝完善並標示清楚，與文件內容一致等細節。同時亦牽涉到貨物安全的問題。

二〇二〇年大肆傳播的新冠病毒，造成許多貨運與物流人員染病。船長、機長生病，貨船飛機動不了；港口工人病了，貨物無從上下貨船或飛機。這些的骨牌效應，居然成為二〇二〇至二〇二二年之間的全球大缺貨的主因。在工會猖獗的國家，隨時受到罷工的威脅。以上都是難以預料的物流風險，而要有因應能力的準備，如緊急將海運改成空運，雖然成本增加，但是達交與買賣不能斷，所得的信譽，遠比這些增加的費用高。

戰亂與治安風險

「戰爭風險」指由當權者運用政治或行政力量的敵意行動，所造成的戰爭風險。由於「戰爭風險」可廣泛地指不同方式的損失，因此所有保障戰爭風險的保單，均會訂明受保的危險以及加入不受保條款以確保保障容易明白。

對於治安不佳的國家，運輸中的貨車整車被搶劫，近年來已是日漸提升，這對生活在治安絕頂安全的國人來說，可能是很難體會及了解的。

如何管理風險

商業成功本質上與風險有關。由於影響商業環境的所有變數都無法控制，因此無法避免每一個商業風險。儘管如此，仍可以透過實施保障措施來處理問題出現時的影響來降低風險。風險與不確定性相關；它與面對一種情況或處理一個人無法完全控制的結果有關。結果可能是好是壞。有些計劃和策略透過識別、評估、衡量和監控情況來幫助降低風險。建立此類系統是為了管理風險。

管理風險，首先必須識別風險，然後計劃減少其影響。例如承擔並接受風險，規避風險，控制風險，轉移風險，以及如何監控風險等等。

企業購買保險可以作為減少各種相關風險的策略。由於技術趨勢、市場條件、不斷變化的客戶選擇以及快速發展的數位經濟，公司和產業都面臨顛覆和取代。此類新出現的威脅對公司的營運和價值主張產生巨大影響。

由於風險管理是保險的核心原則，許多企業都將購買保險作為企業風險管理的一部分。保險公司採用風險轉移策略，將風險從一方轉移到另一方。保險公司與投保人（企業）簽訂協議，保險公司承擔企業實體的財務風險。轉移作為一種風險管理策略最好與其他程序結合。例如，企業可能會增加對其人員倉庫安全協議培訓計畫的投資。同時，企業也購買工傷保險以降低風險。

一般企業可購買的商業保險種類如網路保險，工傷賠償保險，產品責任保險，財產保險，車輛保險等等。

然而並非所有的中小企業都能如願地買到保險，因為保險公司的承保單位會對中小企業的保險申請和支持文件進行初步的審查，以確定提交的內容是否符合保險公司的風險偏好。接下來核保單位可能會需要中小企業更進一步提供一些詳細的附加資訊來評估風險。一旦確定了承保範圍，保險公司就會對承保的中小企業進行保費定價。而保費定價的影響因素來自於中小企業的所涉及的風險、還有公司的運營計劃、公司過去的紀錄以及公司的優缺點等進行分析。

對於買不到保險的中小企業，可以與保險公司的承保單位討論解決方案，以符合保險公司的承保標準。例如對中小企業業務覆蓋範圍進行修正、增加免賠額選項、降低保額或提高自付額等。否則中小企業只能自我限制所面臨風險，例如減少風險高的業務經營、限制數量或採取與他人合作模式等，以降低風險以免風險過大面臨倒閉的危機。

瞭解如何評估和預測風險是公司的重要挑戰。例如：當銷售團隊引介新買方時，您如何知道買方是否為安全的交易對象，又應該設立什麼信用條件？在新冠疫情（Covid 19）爆發期間，政府提供了強力的財政支援，因此企業在經濟轉弱時有額外的保障，但隨著政府逐步撤銷支援，且出現新興的經濟衝擊（例如烏克蘭戰爭或逐漸攀升的通貨膨脹水準），給企業和客戶帶來新的非預期風險。隨著亞洲的逾期付款或不付款危機正逐漸增加，亞洲有愈來愈多的公司開始採用貿易信用保險作為風險管理工具。

有鑑於前景充滿未定數，很重要的一點是讓公司做好萬全準備，以便因應非預期的狀況，這也是為什麼要拓展業務、降低不付款的機率時，準確評估客戶風險會是首要任務。

儘管如此，想要妥善地執行此項任務，流程既耗費時間又所費不貲，其中應包括造訪買家、分析財務報表、研究公司的付款紀錄以及關鍵人事成員等。由於信用風險評估很複雜，而且耗費時間，因此許多公司轉而求助於專業的貿易信用保險業者。隨著人工智慧（AI）的技術不斷的發展與進步，目前很多貿易信用保險業者已經使用人工智慧（AI）來執行資訊擷取和處理等重要任務，從而最佳化風險。使用網路爬蟲、API及各種相關技術來即時提取資訊。

這是指在成千上萬的網站中用多種語言全天候發布的資訊。藉助這些技術，得以找出評估信用風險時極為珍貴的資訊。這些資訊可能包括關於合併與收購交易、管理層變動、付款違約、新產品發佈、招募廣告、制裁、訴訟、罷工及其他動態的資料，讓我們深入瞭解公司履行信用承諾的能力。

隨著保險科技（Insurtech）的進步，越來越多保險公司利用人工智能、機器學習、大數據分析等科技縮短產品設計、投保、核保乃至是理賠的過程，為保險業及消費者帶來雙贏的結果。雖然目前人工智能僅觸及了保險業務的表面，相信隨著時間推移，AI智能將逐漸成為保險業的核心技術支撐，開拓更多元化的保險服務。

醫聖孫思邈的《千金要方》：醫有三品，「上醫醫國，中醫醫人，下醫醫病。」「上醫醫未病之病，中醫醫欲病之病，下醫醫已病之病。」

另一個大家或許也聽過的故事是：扁鵲是古代名醫，兄弟三人的醫術都很高明。魏文王問扁鵲：你們兄弟誰最高明？扁鵲回答：大哥最好，二哥次之，自己最差。魏文王不解：那為什麼你的名氣最大？扁鵲解釋：大哥治病治于未發之前，一般人不知道他事先能剷除病根，所以他的名聲無法傳揚出去；二哥治病于初發之時，一般人以為他只能治些小病，所以他的名氣只傳於鄉里；我治病是在病人病情嚴重之時，所以大家認為我醫術最高明，名聲傳遍全國。

以上例子說明了風險管理工作的挑戰：因為治未病之病（擔心一些還沒發生的問題），在面對業績、成本導向與證據數字的老闆，是沒有具體績效與豐功偉業可言。然而治初發之病與治病情嚴重之病，雖然可以看起來很忙做了很多事，但是遠不及於事先預防來的好。溝通與改變人的認知觀念，或許才是讓風險最低的王道，與讓老闆「看到」那看不見的風險。

管理大師彼得杜拉克說：「做生意不是要追求風險極小化，而是要追求機會最大化。」整體來看，很少有生意不需要冒風險，而是要知道自己可以承受多高的風險，更重要的是，就是要做最壞的打算、最好的準備。

AI私房心法

1. 一般傳統的風險像財務，營運作業等等，占企業真正的風險最多大致一半，更重要的是策略的風險管理，不過這部分牽涉到領導人的風格尊嚴等等。好的風險管理應該是攻守兼備、進可攻（掌握賺錢的機會）、退可守（減少損失的可能），調和組織、產銷、人、財務的各項功能與靈活因應外部變化。

2. AI可以利用大量數據進行分析，識別出人類可能無法發現的風險。可自動化許多風險管理流程，提高效率並根據不同的情況調整風險管理策略，提高靈活性。

22

印度市場的奇特崛起

俗話說「英雄造時勢」鼓勵大家要努力，總有成為英雄的一天。不過很多時候是「時勢造英雄」，因為各方面的因緣俱足了，而得以一飛沖天。印度就是在各種不同的因素推動下，奇特的崛起！

在中國唐代玄奘到天竺取經，而在明代吳承恩的西遊記裡的西天，講的都是同一個國家：印度。而這個充滿神話的古國，在這幾年吸引了全球的目光，不僅是它全球第一的人口，強勁的經濟成長，中產階級快速增多，內需消費力驚人，創新的軟體及物聯網產品行銷全球，更由於是美中博弈，更開啟了這個印度洋環繞的南亞次大陸燦爛的一頁。

一九九七年我剛加入友訊，第一天進公司就看到一位印度先生獨自坐在小房間，想不到從此就和印度結下了那麼深的緣份。他是友訊印度合資公司總經理，總部請他來談公司經過幾年虧損，是否有考慮要收起來。但後來經過一番討論，公司決定就讓我和他再試試看。

當時我發現，友訊雖然和印度公司合資，在印度有工廠，照說應是視同自己的子公司，但是母公司卻是用給經銷商的價格把產品賣給印度的合資公司，市場上又有人在倒貨，印度分公司成本不對，根本賣不動。更何況印度是一個價格敏感的市場。

印度人對品牌、地位和權力很敏感，我們印度總經理常說，在印度你如果是個品牌，掃把貼 D-Link 都賣得動。印度人對價格很敏感，所以沒有品牌就會淪為一直被比價及殺價的地步。

我跟公司建議，合資公司他虧你也虧，不如把成本結構變透明，讓他自己決定要進什麼貨，我們沒有的，他可以從別地方進，如此一來印度夥伴才覺得 D-Link 是他的公司，D-Link 才算真正在印度落地生根。

我們原本拿著賣美國的 Smart 路由器及交換器想進印度賣，結果印度分公司說，產品太高檔，我們品牌形象不在那裡，且印度當時網路基礎還未到位，通路及客戶真正需要的是放在桌上的上網的數據機，不是在機房企業用的網路產品，於是我就介紹了一家台灣數據機代工廠，貼上 D-Link 品牌，去印度賣，我們利用工廠提供組裝，維修及做教育訓練，記得當時在產品發表大會上通路非常興奮，士氣高昂，一年時間我們的市佔率就衝到二十五％！等站穩了腳步，我們再引進其他網站產品，友訊印度營業額十年時間，從一百萬變成了七千萬美元！

我們把廣大的印度分成十七個地區，每個地區都有專賣經銷商，禁止跨區銷售，大家都很努力衝，每半年就開一次經銷商大會，像一個大家庭。互相幫助及互相支援。有一次有家在班加羅的經銷商違規，經銷商大會上所有人決議，不再供貨給他們，觀察一年。這一對夫妻當場哭出來，但一年之後他們表現良好，經大家決議再讓他們回來。那時候，我們在印度有工廠，成本比進口貨有競爭力，又做很多教育訓練，到處桌上都擺著 D-Link 數據機，一、二年就變成知名品牌，營收也快速增長，就這樣在印度孟買及德里風光上市。

崛起的民主大國

印度近幾年由強人總理做了一些改革如廢大鈔，斷除地下金融，統一各州消費稅使物暢其流，統一上網支付更是達到便民效果。印度是互聯網大國，全球物聯網軟體重地，挾著巨大及高成長的年輕人口，掌握數位轉型大趨勢，加上政府祭出一系列獎勵，尤其是印度製造，加上地緣政治衝突，吸引了很多美加，日澳等外商進駐，加上英國脫歐後，重新將目光轉向印度市場，台商要趁此機會，大膽南向。

由於五千年的印度教文化，講究輪迴，養成了人民堅忍的性格。通常員工不會和老闆頂撞，柔順認命。記得有一年孟買淹大水，我打電話給員工，他說他在家裡，但家裡都是水，就這樣過了一個星期，沒事，換其他的國家，淹幾天大家就暴動了。

印度是多元種族及宗教的國家，印度教已有幾千年歷史，回教則由中亞傳入。在果阿及南印度靠海地區，由於葡萄牙佔領過，所以基督教盛行。

但佛教在印度不是主流，由於印度教種性制度是講階級的，所以佛教宣揚的眾生平等就在幾百年間被消滅了一大半。

另外印度就是城鄉差距很大，你離開孟買二、三小時車程，都是泥土路，路上都是牛，鄉下教育遠不如城市，印度每五百公里就講一種不同的語言，印度的五百塊上面有個框框，印十幾種文字，這是印度各地文字裡五百塊的寫法，你就知道，印度是一堆城邦合在一起，在印度，大部份的邦開牛排館是違法的，麥當勞只有賣羊肉和雞肉，莫迪的家鄉甚至要求全境吃素，如果不是因為被大英帝國統治，印度不會是一個國家。也由於是大英帝國，把印度人帶到全球大英國協，也造就了不少傑出的印僑。

同時在美國前百大公司的高層，很大一部分也是印度人。而今天這樣強大的印僑網路，如同二十年前華僑之於中國，也都回去加入了印度的建設。

今天的印度一片欣欣向榮，雖然六十萬個鄉村仍充滿了貧困，但大家對於前景充滿了信心。印度五年一次的全民大選，充分展現了這全球最多人口的民主典範。這種普世價值贏得了敬佩，也讓這第三大經濟體相對的穩定，增加了投資的信心。這些年印度也產生了幾個像美國 GAFA 或中國 BAT 這種巨大企業如 Reliance 或 TaTa，充分展現了這個大國的崛起。

印度和新加坡一樣，重視精英，印度理工更是知名的人才培育中心。在AI及數位化的時代，軟體及應用是王道，這都是印度的強項。在班加羅就有很多的創新公司，成為全球獨角獸的搖籃。印度孟買附近的寶萊塢更是全球第二大製片的重鎮，在串流媒體內容為王的時代，扮演了非常重要的教育、娛樂及文化傳播的力量。更得力於AI的翻譯能力，使得內容能很快翻成不同的語言傳播到各地。印度除幾個大的電訊商外，更有六萬個散佈各鄉鎮的大小運營商，提供在地多元文化的服務。這也是印度人在自由民主的制度下才有的，創新的根源。

市場的挑戰

但印度也不是所有都是美好的，城鄉及貧富差距巨大，雖然政府在加速建設但仍有很多的挑戰。在印度做生意，會碰到官員索賄。我們年初從台灣進了一批網通設備，生意沒做成要退回台灣，本來以為退貨很容易，沒想到要退的時候，官員問，你有出口許可嗎？沒有，申請了半天，流程跑到現在還沒跑完，你如果不想花錢，就要派人一直跑一直跑，最後還是會過，只是過程很痛苦。在印度做生意很繁瑣，要有耐心。

印度工會也很強大，員工管理並不容易，好的人才也不好找，我常說，一個印度人可以做很多事，三個印度人就不大做事，他們不愛衝突，但會敷衍。而且，印度受英國影響深，法律走的是英美法，是由判例決定，有很大的解釋空間，而且每一省的法律都不一樣，我在想，也許就是這麼複雜，印度人才比較有創新力吧，但台商要去投資，一定要搞清楚這一點，會計師、律師的錢你都不能省。

就是因為這麼複雜，台商在印度發展多半找當地人合作，所以你的夥伴找誰很重要，印度是菁英主義，強人領導在印度行得通，還是回到上下階級，有一雙眼睛很仔細的看每個細節，我們印度總經理來台灣，一通電話回去就把員工開除掉，大家都怕他怕得要死，他還曾經跟我開玩笑，要進口台灣的颱風，消滅印度的低端人口！

有位朋友看到我在 D-Link 印度的成功，加上政府又鼓勵南向，印度政府也推出很多獎勵方案，兩年前就興沖沖的要進入印度市場。我給予適當的提醒，印度市場很大很誘人，但水卻很深。不但南北各路人做事習慣不同，宗教文化不同，甚至在語言表達的方式也很不同。朋友很自信的說富貴險中求，反正大部分知識份子都會講英文，所以多溝通就好了。

兩年多過去，前些日子，幾位做過印度的朋友湊在一起，說著說著開始吐了一堆苦水。有人說印度英語腔太重，又各地不同，要了解實在很吃力。他說有一次，一位英國劍橋來的老先生和他的印度經理，溝通了兩小時，期間只聽到兩方不斷的請對方再說一次。最後英國人火大的大聲抱怨，他們統治了印度兩百多年，可是還是聽不懂英語。但總體來說，也得力於英文的普及，讓印度在全球佔了不少方便。

另一位朋友說口音還是小事，每次他的業務總是吹的天花亂墜，說可以做多少業績，但最後都無法達成。另一位說，每次和工程師訂下目標，他都說可以達成，但時間到沒完成時問他，他總是兩眼大大的，無辜看著你也不做任何解釋，一付看你能奈我何的樣子。

我也分享以前新請了一位行銷經理，對我做簡報說，要在三個月內完成十幾個專案，我就笑笑問他，吹牛不打草稿，你只有三隻貓，如何完成要十幾人以上才能達到的工作。

其實印度有五千多年歷史及很多有趣的神話故事，幾億個神，想像力豐富。人太多，如想要出頭、引起關注或多要資源，就往往會誇大事實或其能力。加上種性制度的習俗，養成了怕與人衝突，凡事先答應不拒絕的態度。也讓很多不習慣的人，都覺得印度人說話不算話，很喜歡扯爛，很難做生意。記得一次有機會，和肯亞第二大家族集團的亞太總裁在新加坡吃飯，期間分享了他們有三百多家公司，生意遍及全球。我很好奇的問說那您是印度人，印度生意一定做的很好？想不到他劈哩啪啦的開始抱怨，印度人有多難溝通，凡事都要佔便宜，要求免費，答應的事反悔等等，講了足足二十幾分鐘。讓我們一頭霧水，有時空錯置的感覺，奇怪怎麼印度人罵印度人，罵的比我們還兇。而且一付文化震撼的樣子。

另一相似的場景，也發生在孟買和德州來的印度廠商對談，會議上他們一直強調要進印度市場，可以給我們技術支援及很高的產品展示折扣，但我就打斷了他們，強調他們要了解 TII(This Is India 這裡是印度）所以所有的展示品依例應該都是免費！

其實印度的溝通習性，加上地方多元風俗及宗教，政府複雜的法令、稅務，對我這種老印度，至今每天仍有很多的驚奇，尤其是在這近幾年經營物聯網平台，從買賣產品進展成提供當地服務，要跟凡事免費的印度人收服務費用，更是在溝通上學到了不少經驗。尤其要知道，如何運用數位通訊及行銷等不同工具平台在線上、網路、社群和通路及客戶做直接的溝通，是可以節省很多時間及力氣。

印度具有成本優勢和受過教育的勞動力、吸引人的政府獎勵計劃以及龐大的消費市場，越來越多的製造業者將其產線轉至印度。然而印度宗教種族複雜、貧富差異極大、地域廣大、各地風俗民情不一，各區消費及商業習性不盡相同，且經濟改革開放較晚，一般民眾觀念與外界仍有落差。例如宜注意印度廠商信用不一，臺灣廠商與印度廠商間貿易糾紛，八〇%以上為印度廠商積欠貨款，切勿輕易給予印度廠商信用額度，就算已來往多年亦然。

印度人基本習性會不斷要求給予更多優惠，臺灣廠商一般都會遵守約定，惟印度人常不履行已約定事項。以往不少跨國中小企業與印度商產生貿易糾紛，常見原因包括我方貨品運送途中受損、印度商宣稱產品品質不符、印度買主不願提貨等因素，如果使用我方熟悉的船公司及檢驗公證公司，除可減少出錯的機會，遇到問題亦較可能及時解決。

所以很多台商，提到印度就又愛又恨。想想當初，友訊要不是有一位強硬的當地夥伴，有決心的徹底落地，因地制宜，知道如何溝通，也可能會陷入無止境的循環困境及泥沼中。所以在印度，要有當地可信任的領導及團隊，要能有和總部可以溝通的人，否則就會產生不必要的誤解，浪費很多資源。形成有溝沒有通的困境。

要到印度發展，第一，一定要聚焦特色產品，切入特定市場，第二，要找到可信任的當地夥伴，而且，要有耐心，印度市場不可能是看一份報告就搞清楚的，不是一定要很多錢，也不是一定不能做，但你要花時間搞清楚，印度人也不是故意要騙你，那是他們的天性，他們就是那幾招，久了你就懂了。

有個笑話是這樣說的，其他國家的人看印度人，往往會舉這樣的一個例子來形容：當你面前同時出現了一條蛇與一個印度人，你要先打死哪一個？答案是：印度人。但同樣的一個笑話到了印度當地就變成了：當你面前同時出現了一條蛇與一個信德族人（分布在巴基斯坦及印度西北部，是印度早期至海外開始做生意的種族），你要先打死哪一個？印度人會告訴你：信德族人，因為信德族人會比蛇還毒，還容易害死你。

了解之後，印度是有機會的，印度的二級城市的基礎建設，有很多機會，印度現在抗中，資安、國防，以及電信、政府的標案，台廠都有機會，印度現在要升級智慧生產、智慧教育和智慧零售，是台廠可以做的生意。我們現在就在印度競標印度鐵路的標案，印度有全世界最大的鐵路系統，他們要逐步把所有火車站數位化，我們把軟體和硬體打成一包賣，以前這是華為在做的生意，現在台廠也有機會！總之印度市場是一個充滿挑戰但也充滿商機的地方，台商要抱著長期耕耘的耐心及決心，才能在這快速奇特崛起的市場有一席之地。

AI 私房心法

1. 經營任何大市場都要有深耕的決心，要能忍耐初期的嚴苛挑戰及進入障礙。否則只會鎩羽而歸。
2. 印度市場崛起商機稍縱即逝。商場上有經驗的人都明白先行動者，佔盡先機，全盤皆贏。所以不管是從那個地區或那樣產品先進入，一旦決定就要快速行動。
3. 要能善用AI收集市場資訊，敵情，詳細整理，充實進入策略的參謀作業。

通路經營

23

別用錯誤期望選通路商

對通路商寄予與現實脫鉤的錯誤期望，就很容易誤判形勢，甚至看走眼。

有次我走進辦公室，看見幾位同事為了要選擇哪一家通路商而爭得面紅耳赤，甲小姐說：「我們當然應該與A通路商簽約，他們可是本地最大的代理商，而且他們就只缺我們這一塊產品線，雙方都有很高的互補性。」乙先生卻不以為然的說：「拜託，A通路商產品線那麼多、那麼雜，根本不會認真賣我們的產品，而且他們搞不好根本不會賣，與其只看上他們規模大，我認為我們應該與B通路商合作，因為他們是專業系統整合商，雖然規模小一點，分銷通路也沒那麼多，但他們很專業，一定能把我的產品賣到對的客戶手上。」這時，另一位丙小姐也說話了：「A通路商太大了，不見得會花時間在我們身上，B通路商太專業了，這反而會限制我們產品銷售的客層，照我說，C通路商雖然規模不大，也不是專業系統整合商，但他們真的很有誠意，也表示會全力與我們配合，所以，我們應該押寶與C通路商合作，兩家公司正好可以相互扶持一起成長。」

這時，在旁邊的丁先生忍不住說：「你們講的那些都不夠好，都有缺點，但D通路商不但規模大，而且很熟悉我們的產品領域，並且夠專業，雖然做生意的風格是辣了一點，殺價殺得有點狠，但富貴險中求嘛，當然要選D通路商啊！」

越大越好，越小越糟？

我聽著這幾位同事你一言、我一語的爭來辯去，其實，這幾位同事都沒錯，也都有錯。

規模大的通路商就一定好嗎？大型通路商當然會有比較多的資源，比較廣的通路體系覆蓋率，但是大型通路商也有啟動慢、不夠聚焦經營的缺點存在；而專業系統整合商就一定沒錯嗎？如果公司的產品是以量取勝的產品線，放進此類系統整合商的通路就等於是自找苦吃，因為通路商根本就不想認真賣此類產品線，頂多只是把你拿來當陪襯；小通路商就一定沒搞頭嗎？若是有潛力、有誠意，也是公司可以選擇的對象；而最後那些看起來夠大、夠專業、也夠了解產品領域的通路商，但行事風格與公司文化有明顯落差，例如殺價殺到打亂市場秩序，讓公司沒辦法對其他通路商交待，那也會是很難處理的問題。

有次在日本市場，當地同事興奮的回報：「我們終於打進三家大型通路商，以他們現在代理我們競爭對手D公司產品一年可以做一億美元來看，只要拿個一〇%過來，我們就發了！」看到同事這麼開心，我其實不太忍心潑他冷水，但我還是殘忍的對他說：「不要高興的太早，因為這樣的事從來就沒發生過！」

我能夠了解這位同事為什麼這麼興奮，因為許多公司在與通路商簽約時，都打著同樣的如意算盤，認為自己可以在通路商所代理的對手公司產品銷售額中分一杯羹，甚至認為自己可以取代對手產品線，讓通路商將全部通路資源移轉過來。

但事實上，這樣的如意算盤打得雖響，卻是錯得一塌糊塗，完全是被自己一廂情願的假設情境給騙了。

想想看，通路商之所以能將既有代理產品線做到一億美元的年銷售額，代表市場價值鏈已有相當穩定的基礎，不是隨便什麼人進來就能撬得動的。競爭對手當然也不會是省油的燈，看到有人想來挖牆角、分一杯羹，自然會用很多方法來抵制抗衡，譬如競爭對手一口氣將通路家數砍到只剩幾家，綁住這幾家通路商的心，更狠一點的，甚至還會塞一堆貨到通路商，讓新進供應商完全無用武之地。而更慘的是，許多公司自以為機關算盡、聰明絕頂，但卻沒想到，通路商之所以與你簽約，只是為了要拿你的產品當成與其他公司的談判籌碼而已。

所以廠商正確選擇通路的考量，就是要先搞清楚，通路能提供什麼功能，讓價值鏈更快、更廣、更有品質及更有效率到達客戶。畢竟價值鏈是愈短愈好，多一環節，就會增加在金流、物流、資訊流甚至服務流上的複雜度及成本。這也是很多公司，都希望只要架一個網站，然後直接讓客戶來購買。

這在本地市場，可能還可以行的通，但在廣袤的國際市場，如何把資訊到達當地對的客戶，再考慮當地的進口，運送，裝機，當地貨幣付款，及售後服務。其中的錯綜複雜，沒有通路提供服務，是有高難度及挑戰的。尤其到了數位時代，跨國平台的競爭加劇，客戶期望是整合好的解決方案，廠商如沒有對的通路的配合，可說是寸步難行。

廠商一方面不但要經營及持續優化現有的通路，招募更好通路，更要留意對手可能會用新形態的通路。所以如何使整個對跨國市場經營的路徑更短，更有效率是很重要的。

GCR在成立沒多久，平台還在建立時，期望透過各地的大經銷商，來促銷物聯網產品，想說利用其底下在數量龐大的當地小通路，然而事與願違，大經銷商只會幫忙鋪貨，且以買賣硬體為主，對軟硬整合的產品，賣給決策複雜的企業市場，完全使不上力。況且GCR是一個跨國的通路平台，主要商模就是，最終要取代大經銷商，直接透過系統整合商到客戶，然而為圖一時方便，中間又多了一層，縱使是階段性安排，但最終還是一個對通路的不當期望。

AI私房心法

1. 永遠不要說：「因為如何如何，所以應該如何如何」，因為開拓國際市場的過程中，這些「因為所以」都可能是讓你陷入混亂的暗樁陷阱，因為這些都是「假設」，真實世界可能超乎你的想像。
2. 以挖競爭對手牆角當作選擇通路商的策略，看似是削弱對方實力，助長我方聲勢的聰明作法，但事實上，卻可能落入另一個陷阱。
3. 看通路商不只有所提的承諾，更要注意背後實際營運能力市場評價，客訴的管理等等。這一些AI也是可以藉由當地社群媒體與周邊相關來佐證實際能力。

24

找「對」通路，成功一半

有人說：「找到通路商，就是成功的一半。」但更正確的說法應該是，找到「適合」的通路商，就是成功的開端。

很多公司經常會以為，是通路商向公司「買」產品，但事實上，若從價值鏈的角度來看，通路商絕不是公司的客戶，反而是公司要向通路商「買」服務，透過通路商的服務價值，使得產品到達市場終端。

一般而言，不同公司以其本身特有的價值鏈流程，需要補強的價值鏈漏洞不盡相同，因此選擇通路商的取向也會有所不同，但大致而言，最常看到的選擇條件或決定因素，包括增加知名度、擴張市場、財務支援放帳、物流配送、打擊競爭對手等。

舉例而言，新進入市場、知名度較低的公司若能找到在當地市場具高知名度的通路商，知名度將會因此水漲船高，除了對下層分銷零售通路與終端消費者有行銷廣告效果外，透過與高知名度通路商簽約的有利競爭態勢，進而吸引其他通路商上門合作。

而從另一個層面來看，若公司要與競爭對手一較高下，透過尋找強而有力的通路商，提升強化其整體市場或是擴大市場的通路結盟布局，也可達到打擊壓制競爭對手市場活動能量的效果。

中醫問診四法選通路

中醫有所謂「望」、「聞」、「問」、「切」問診四法，由外而內的診斷患者的病況與症方需求；而在公司決定通路商的過程中，也同樣必須透過內外兼顧的望、聞、問、切，觀察評估雙方合作的效益與價值鏈的互補運作能否順利進行。

「望」、「聞」，主要是透過觀察市場生態、環境、法令限制，以及與產業人士、次級通路、終端消費者、甚至是競爭對手訪談，了解通路商形於外的狀況，包括其過去在市場上的行事風格、營運表現、信用風評。舉例而言，大部分通路商都會說自己擁有很強、數量眾多的通路據點體系，但通路體系強不強、是否夠扎實、以及是不是符合公司銷售的需求，則要透過市場上的風評、次級通路的反應、終端消費者的購買行為等因素判斷。

而「問」與「切」，則是適用於公司在與通路商內部進行更明確的合作計畫討論之用。大部分公司都會先與通路商的老闆、高層會談，目的當然不只是為了要搏感情，更重要的目的在於要了解對方的經營理念，了解其對公司的期望，在意短期的價值、還是長期合作效益的價值，簡而言之，就是通路商對公司的價值認定，以及雙方對於未來合作關係的期望是否一致。因為如果公司是抱持長期深耕的態度，想要好好經營此一市場，但通路商卻只想短線獲利了結，雙方自然不會有共同的期望與價值。

與通路商大老闆高層等談完之後，很多公司就直接與通路商簽約，開始做生意，但據我過去的經驗來看，單憑與高層開會討論甚至取得對方拍胸脯保證的承諾，其實都不算數，因為雙方未來日常業務的執行，不是靠董事長、總經理，而是各部門的主管或專責員工，所以要更進一步深入「問」清狀況，「切」中要害的執行層面，去了解雙方合作關係，讓公司與通路商的價值鏈進行整合連結。

不只看業務計畫，更要看執行計畫

許多公司在一開始與通路商洽談合作時，都會要求通路商提一份業務計畫書，但說實在話，這樣的一份計畫書，只是紙上功夫而已，不見得、也不能釐清雙方合作的關鍵。

很多公司之所以決定與某家通路商簽約，只因為對方提出一個讓人滿意的業務目標數字，就以為對方一定做得到，但實際上，事與願違的狀況屢見不鮮，因為只看業績目標多高多低，卻不知也不問清楚對方要如何做到目標，最後就可能演變成一齣雙方反目的爛戲碼。

所謂的行銷計畫包括市場生態、產品需求、產品在市場中的定位、未來市場發展方向的優劣勢與競爭態勢分野、要如何招募建立經銷通路與零售通路、如何提供技術支援服務、市場行銷活動該如何進行、財務支援資源要如何分配，甚至包括產品定價、通路商內部銷售產品的激勵方案等。

六個月黃金期，捲起袖子一起做

若能確定完成整合雙方價值鏈的行銷計畫，就可開始進入正式的業務合作階段。在正式業務合作的初期，剛開始的六個月絕對是黃金時期。在此期間，需要建立更明確、具有時間表的執行進程計畫，透過隨時檢核執行進度，即時調整雙方的合作、互動機制。

在合作初期，通路商有可能因為不熟悉產品屬性、或是還沒有抓到市場需求的節奏，而出現進錯貨、或是進太多、太少貨的狀況；也可能出現通路業務人員還不熟悉產品而無法順利上手的狀況。此時，公司絕不能在旁邊默視，甚至漠視，而是要捲起袖子跳下去與通路商一起「撩落去」。

近十幾年來，由於網路平台市集興起，很多消費性的產品廠商，就上了如亞馬遜，阿里巴巴等的平台市集，直接賣到終端用戶。一開始以為，花了這麼多精神上去，從此就業績如雪片飛來，殊不知，想要在這種競爭激烈的平台上能脫穎而出，除了產品性能及價格好外，且要很會包裝賣點，運用社群及網路行銷來促銷。有時更用可綫上綫下互補，把網上流量，引導至零售通路看實品，加速決策過程。但是最重要的是，在花下那麼多資源上平台前，要把各平台的特性、屬性，例如是以低價產品為主或專賣高檔品牌，加上和其所覆蓋區域和客層的強弱，和我們的產品做一番匹配。不管是實體或虛擬通路，都有其地區強弱性。有一年，透過關係找到一家以埃及為總部，在杜拜及中東其他六個國家有分公司跨國經銷商，很興奮的給了很多資源支持，但一陣子過後，發現除了開羅總部外，其餘各點均只有小貓兩三隻，在當地只是個小通路。同業的情形，在虛擬通路上，很多客戶較喜歡上有當地特色的平台找產品。

另外要考慮平台商，要求配合的上架費，廣告費、備貨等條件。如是個跨境平台，那是否要求當地備貨及給付當地貨幣。同時最重要的是和現有的經銷商，有否很嚴重的重疊造成衝突。

通路的種類繁多，有大型經銷商、加值型經銷商、平台商、電訊商、運營商、系統整合商、加值轉銷商、直銷通路、零售商、加盟通路、銷售代理，甚至團購，各種有不同的特性及客層，及廠商要補其不足的需求。所以找到對的通路，就成功一半的首要，就是弄清楚自己產品需要的，考量自己的資源及實力後，是什麼樣的通路，最有效的到達客戶，才是致勝的關鍵。

AI私房心法

1. 要找到適合的通路商，除了公司要有明確的需求以外，更重要的是，要讓通路商與公司的價值鏈順利連結，「天生一對」只是理想，在現實生活中，必須透過行銷計畫與執行進程計畫，將雙方的價值鏈磨合鏈結起來。
2. 透過AI來拆解與推理各通路背後的顧客樣貌，匹配企業主產品的受眾輪廓，對的人在對的軌道上給予對的產品或服務。

25

別怕通路商丟問題

「通路管理」最重要的關鍵之一，就在於「矛盾管理」。

有個朋友某天有感而發的對我說：「人與人之間的『關係』，就像是一條橡皮筋，把人圈在一起。如果一方動作太大把橡皮筋拉緊了，另一方就會因為被勒住而不舒服；但如果有一方讓出一點空間，那另一方就會有空間做比較大的動作；但當雙方都死命的把橡皮筋往自己身上拉，原本有彈性的橡皮筋，就會因為彈性疲乏，『啪』一聲斷裂。」

原來，朋友的公司在進入新市場之後，很快的就找到適合的通路商，開始做起生意來。剛開始的六個月，他們非常認真的協助通路商開拓市場，幾家通路商也很努力的打下不錯的市場基礎，但好日子沒過多久，與幾家通路商的關係卻逐漸出現微妙的變化。

有天，A通路商突然跑來說：「為了鞏固未來的合作關係，明年度開始，貴公司應該要把通路商的數量減少，讓我們有更大的合作空間，如果能夠讓我們獨家代理，那就更好了。」過了兩天，B通路商也上門拜訪，開口就說：「現在生意越做越大，明年放帳的額度至少要增加五〇％。」而好巧不巧，隔天C通路商也到公司拜訪，東拉西扯一番之後終於說明來意，原來C通路商因為想要擴張通路網，需要產品供應商支援更多的行銷資源，希望明年能夠增加一倍的行銷費用投資。

衝突矛盾是必然

面對這一連串的要求，朋友心想：「公司雖然才剛起步，但後續的新產品越來越有競爭力；如果每件事都照通路商的意思辦，公司哪受得了啊？」

於是，他委婉的向通路商們解釋可能無法滿足他們期望的原因，但還是強調，未來合作關係一定會越來越好，也一定會讓通路商們賺更多的錢。不過，他的回答卻引發通路商們的強烈反彈，甚至放話嗆聲降低關係。在彼此誰也不讓誰的狀況下，雙方合作陷入緊繃的狀態。

在國際市場的價值鏈上，從上游零組件、產品供應商、代理通路商、分銷通路商、零售通路商，一直到市場終端消費者都是重要的環節，其中只要有一個環節出現問題，價值鏈運作的效益就會大打折扣。所以經營國際市場最重要的前提，就是要理順整條價值鏈，讓每個環節順利運作鏈結；但弔詭的是，價值鏈因不同立場的利害關係，使得每個環節天生就存有衝突矛盾。

就公司對代理通路商而言，因為對不同合作條件、方式、要求產生的差異，都可能是引發衝突的爆點，舉凡銷售目標、價格、折扣、放帳額度、行銷資源、存貨管理等等。再者，別以為只有公司與通路商之間會發生衝突，在代理通路商與分銷通路商、甚至是零售通路商間，也會因為價值鏈上不同定位差異而產生衝突。

有次，某家分銷通路商氣沖沖上門抱怨代理通路商「球員兼裁判」，因為代理通路商一方面賣給分銷通路，另一方面卻又透過自有直銷通路低價銷售產品，直接跟分銷通路商搶起生意，讓這家分銷通路氣得直跳腳。

衝突不只會發生在不同公司之間，即使在公司內部，也會因為身處的價值鏈定位不同，而擦槍走火出現衝突，例如不同業務負責不同的通路，因為通路的競爭，也會出現互搶資源的狀況；在接獲客戶或標案直接下單時，要將此一訂單交由哪一家通路商負責，也會引發程度不一的內部競爭衝突。若是跨國性的公司，也常遭遇其他分公司平行輸入產品到本地市場，由於此類平行輸入的產品在沒有本地支援的情況下，通常都是以低價取勝，不但打亂市場價格與通路秩序，更造成公司內部不同國家分公司間的齟齬。更常見到的內部價值鏈衝突，是來自於不同單位權責資源分配不均，例如技術部門不願意花時間為業務部門解決零零碎碎的產品問題，或業務部門抱怨研發、生產部門產品做得太爛，讓他們很難賣產品。

由於客戶的保守心態及高要求，日本市場是我們評估很久後，覺得有信心才謹慎進入的。經過跌跌撞撞的一年，終於透過當地通路，打入了一個指標性客戶。初期進展的不錯，但有一天早上，日本業務忽然氣急敗壞的打來通知，有一交換器壞了，急需總部支援，這對客戶的營運有重大影響。我們二話不說，當天下午就帶著備品，搭機到東京，出現在客戶辦公室。客戶對我們的速度，簡直驚訝的嘴都合不攏。當然幸運的是，我們當晚就把問題解決了。從此這事成了通路及客戶，到處幫我們宣傳的話題。日本生意就開始順起來。這事讓我深深覺得，如果認真及真心處理危機，未嘗不是一個很好的轉機。所以廠商如能抱持正面態度處理通路的問題，能像打高爾夫球一樣，從到處看到沙坑轉為看到果嶺，化危機為轉機，每次面對問題一一解決，甚至洞燭機先，先防患於未然，那每個問題都是我們展現誠意，加強通路信心及關係的機會。

沒有問題？才是最大的問題！

有次我到俄羅斯拜訪一家通路商，但通路商老闆說他行程很滿，沒有時間見我，直到最後才「勉強」撥十分鐘，好不容易見了面，我問他跟我們公司業務往來是否需要協助，他直說沒有，一付就是想趕快把我打發走的樣子。

但我心裡納悶：這家通路商雖然不斷進貨、但賣得很差，一定堆積了很多存貨，但老闆居然說沒有問題、不需要協助，這就十分奇怪了。於是，我主動開口說：「我看你們有很多存貨，是不是不好賣？如果真的沒辦法賣，不如就退回給我們，然後再想想要進怎樣比較好賣的新產品。」

這位老闆當場愣了一下，原來他以為我與其他人一樣，又是想要塞貨給他，沒想到我卻要他退貨重新開始。他的態度當場一百八十度大轉變，原本滿口的「沒問題」，變成滿腹苦水，講了一大堆問題，講到激動處更是臉紅脖子粗，而我也針對他所提出的問題逐項與他討論。

原本「勉強」撥出的十分鐘，到最後卻談了超過二個小時。因為雙方在幾項主要的問題上取得合作共識，這家通路商從此成為我們在俄羅斯最重要的通路夥伴，爾後老闆仍是三不五時的提出很多問題，但該進的貨、該做到的業績卻都是只多不少。

同樣的存貨問題，來到了中東，有一年下半年，市場景氣忽然轉冷，各國通路均有不少不相同的存貨，結果我們趁著在杜拜舉辦的一年一度中東通路大會上的最後餘興節目，來個各地存貨大拍賣，想不到競標踴躍，在不短短不到一小時內，所有過多的存貨，甚至有那超過一年的呆貨，都清光了，真是皆大歡喜。為此次大會除了增加共識，促進溝通外，更展示了通路間互相幫忙的情誼。

所以，衝突真有那麼可怕嗎？仔細想想你會發現，當通路商滿口「沒問題」，不代表合作一切順利，可能根本什麼東西都沒賣出去，當然就不會有問題發生，甚至是，他根本就不想再繼續合作，所以也不用再反應任何問題。

抱怨或衝突，其實是通路商表達不滿的方法，因此公司要懂得傾聽、要問問題，不要逃避，更不要推卸責任，要表現出解決問題的誠意。通路商與公司之間的矛盾，經常是來自於利益大餅分配不均，每個人只看到眼前的這一塊餅，而不是去想這整塊餅到底可以做多大。

所以，公司必須要有願景，幫助通路商把眼睛的焦距拉開，看到後面更大的機會點，才不會死抱眼前的大餅不放，只會抱怨，不會做事。

AI私房心法

1. 要給通路商胡蘿蔔，讓對方看到公司的價值，但也要讓對方知道公司是「手中無刀，心中有刀」。之所以要有「刀」，不是要三不五時亮出來恐嚇對方，而是要讓通路商知道，公司隨時都能跳進來自己做，補上價值鏈的漏洞。
2. 與其出現「冰凍三尺，非一日之寒」無法彌補的裂痕與遺憾，不如在問題出現的當下，正視處理衝突的根源。
3. 我們只怕沒想到且突來的問題，不懼怕遇到問題。所以AI還有一種魔法，就是可以幫你擴展延伸原本的問題，並提供解決問題的方案組合。

26 怎麼幫通路商賺錢？

通路商賺不到錢，是公司的責任，因為公司沒有盡到協助的義務。

很多公司總是抱怨通路商不夠忠誠，但我總會問：「你只想到自己要怎麼贏，有沒有想過要讓通路商贏呢？」

如果公司清楚認知，在處理與通路商之間的衝突矛盾時，不該只想著：「我要怎麼贏？」而應該是「我們該怎麼贏？」並且要具體表現出來，讓通路商清楚的接收到訊息：「我要讓你贏！」要「雙贏」（Win-Win）。

重點來了，在雙贏的思維模式下，公司不只要讓通路商有賺錢的認知，還要給能夠賺到錢的誘因，更重要的是，要知道該怎麼協助賺到錢。但很多時候，就算給了通路商賺錢的誘因，他們還是做得不好，通路商賺不到錢，是公司的責任，因為公司沒有盡到協助的義務。

帶領通路商跳脫困境

事實上，諸如市場通路太多、太過競爭；倉庫還有一堆舊產品，新產品卻又已經推出，讓通路商對舊庫存不知該如何是好。產品十分佔空間、不易儲放、運籌配送又無法即時反應，也會讓通路商在存貨管理上傷透腦筋，不時出現缺貨、或是存貨過多的問題。產品市場價格混亂，讓守規矩的通路商毫無保障、吃足悶虧等，都是公司必須要格外注意關心的重點。

上述這些問題都不是通路商單方獨力可承擔的，也不盡然就是通路商本身造成的；即使其中有些是因為通路商本身決策錯誤，或是未按照正常機制作業造成的問題，公司也不能兩手一攤、任其自生自滅，因為那些賣不出去的產品，或是市場價格混亂等問題，最終都還是要由公司承受處理，公司當然沒有置身事外的權利。

其實，在處理這些問題的過程中，公司所展現的誠意，通路商都會點滴記在心頭。雙贏不是口號，更不只是誘因，而是在每一次價值鏈出現衝突矛盾時的解決方案。當通路商發生越大的問題、捅出越大的漏子，公司卻能夠提供必要且足夠的協助，則通路商就會感受到公司創造雙贏環境的決心。若從另一個角度來看雙贏思維，其實公司應該要有帶領通路商跳脫既有困境的能力，打開通路商的眼界，讓他看到更遠的地方。

風險分擔，我一定會挺你！

有次，在墨西哥年度通路商會議上，我們中南美洲總經理詢求通路商夥伴提出當年度的銷售目標，而當時三家通路商分別提出二百萬、一百五十萬和一百萬美元的目標。總經理看到這樣的承諾，心裡非常的不以為然，因為根據相關市場研究報告，墨西哥市場規模遠大於此數，顯然通路商如此保守的銷售目標與實際市場狀況脫節。

但他並沒有動氣，只是笑笑的問說：「大家二〇〇三年都賺了很多錢，我也很感謝大家為我們公司努力打下市場，我原以為，大家今年會想要賺進更多錢，因為根據市場研究機構的報告，今年市場整體銷售金額會達到一億美元，我們公司也認為今年至少可以做到二〇％的市場佔有率，這樣一來，在場各位今年賺的錢將會比去年翻一番；但從各位提出的目標來看，是不是大家想要放慢腳步？如果是這樣，我們可以再討論看怎樣做，讓大家不會那麼辛苦。」在場的通路商這才赫然發現，原來市場有那麼大，當場就開始拚命大加碼，硬是把當年度的銷售目標向上調高好幾倍。

公司與通路商為了銷售目標相執不下的衝突，其實每季、每年都在上演，因為這牽涉到折扣、市場佔有率、成長率等利益衝突點。有些衝突之所以會越演越烈，常常是因為通路商只看到眼前的大餅，而腦袋不清楚的公司也跟著一起攪和，自然沒辦法解決矛盾。

有時通路商不是不想做大，不想賺更多錢，而是他們沒看到這市場到底有多大，此時就是公司的責任，要為通路商找到機會、創造願景。要想創造雙贏的局面，就不是只想要分大餅，而是要讓公司與通路商一起把餅做大。

除了鼓勵一起把市場做大外，其實通路商最關心的，應是在短、中、長期能否賺到錢。所以廠商，雖然應儘量避免介入各說各話的通路衝突做調停人，但有時也要扮演警察角色，給予那跨境銷售或專門以低價搶單的通路，給予懲罰，以維持秩序。有一年在印度浦那舉行的經銷商大會上，從班加羅來的經銷商，就控訴在清奈經銷商跨區，違反在各區獨家但不準跨區的規定，予以取消其經銷權。只見老闆夫妻兩人當場落淚，後悔不迭。不過在次年的大會上，由於這公司已經改進，所以大家一致同意其再一起加入，恢復其經銷權。所以經營通路，有時也要恩威並施，法理與人情兼顧。

這樣與通路共同維持市場秩序的例子，來到了俄羅斯，則更為有趣。我們經營通路就像一個大家庭，有些系統整合商，得到了在新西伯利亞的案子，但公司採購卻在莫斯科，所以莫斯科的經銷通路，會代為銷售，而把業績及利潤轉回給新西伯利亞的經銷商，而只收取一點手續費。同樣的，如果客戶在莫斯科採購，但要裝到全國各區，那也會請在裝機地區的經銷商幫忙安排，並給予服務費。這種互助的精神，更擴展到允許新通路加入的決定，新通路要經過申請，並要得到全體經銷商一致的同意，才能加入。每個案子，都是在大家經過熱烈討論後，覺得要申請加入的公司，符合大家做生意方式及文化，尊重市場秩序，並可以增加區域覆蓋，一起把餅做大，就會請他們先和就近通路進貨，待觀察一年後再讓其加入。這樣一來，不但減少互相的衝突，更增加了和諧及互補。

如果公司認為通路商沒有價值、不值得協助，那就代表一開始就選錯通路商了，否則公司就應該要關心他、幫助他，讓通路商感覺到自己的利益是被保護、被重視的，不會一天到晚與公司發生衝突，讓公司陷入氣急敗壞的為難處境中。

公司在處理與通路商之間的關係時，「雙贏」與風險分擔，其實是一體兩面。

就如同先前所提到的，公司是整體價值鏈的擁有者，在這條價值鏈上發生的所有事情，都與公司有關，而除了要協助通路商能夠賺錢、創造雙贏外，在價值鏈上許多必然或偶然出現的風險，若只要求通路商獨力撐起所有一切，為公司賣命銷售，是不合理也不可能的。因此，公司不能置身事外，而要直接跳到第一線，清楚的讓通路商知道：「我一定會挺你！」這就是風險大家一起分擔。

公司在風險分攤上有很多方法，比如讓客戶試用，提供通路新產品促銷及產品展示補助，到新地區一起舉辦商展或辦研討會，舉辦客戶訓練活動等等方法，來和通路一起承擔風險。

但最後最重要的是，要讓通路感覺，我們是一個走長線的公司，如果通路不斷的投資在我們產品銷售及服務上，縱使初期業績或磨合上不理想，或有更大的通路想要進來，只要通路表示有長期耕耘的決心，廠商也會力挺到底。這種走長線的態度，可以鼓勵通路增加其在我們產品銷售及服務上，有長期的佈局及投資，且了解到廠商有保障到他們長期的利潤。所以說雙贏、分享風險及長期承諾，是經營一個良善的通路網的三個基本重要原則。

AI 私房心法

1. 公司關心通路商，是誠意，但不是一味的付出，因為在關心的同時，公司其實也已達到掌控的效果，因為了解價值鏈的變動、通路商的處境，當然就更能夠掌握所有的資訊，不至於被蒙在鼓裡白做工。
2. 通路商與公司之間的關係，就好像是船與船夫的關係一樣，雙贏與風險分擔就是船夫手中的槳與篙，克服河流中的漩渦急流，快速且順利的將價值傳遞到市場終端的彼岸。在經營國際市場的過程中，擁有長期承諾的通路夥伴關係，才是價值鏈最穩固的基石。
3. 利用AI幫通路做一位指引的老大，分析通路顧客的數據，找出顧客的需求。預測通路顧客的購買行為，從而制定更有針對性的銷售策略。建議給通路自動化銷售流程，從而節省時間和精力。

27

放帳的智慧

放帳真有那麼可怕嗎？富貴一定得險中求嗎？其實，花該花的錢、做好該做的功課，就可降低風險。

如果票選開發國際市場遭遇的難題，「倒帳風險」應該會是票選結果的前三名，特別是新興市場業務開拓的相關媒體報導，因為被倒帳而損失慘重的不堪經驗，往往都被拿出來放大成為負面警世的教材，似乎在經營國際市場的過程中，「被倒帳」是必然的命運，而「放帳」是最容易吃虧上當的陷阱。

有位朋友愁眉苦臉的與我聊土耳其市場的狀況，他一開口就說：「土耳其市場真是很難做，我們給通路商一個月二十萬美元的信用額度，他做不到一半，但卻一天到晚抱怨我們不放帳，讓他們生意做不大，你說氣不氣人！」

我問他：「你給通路商一年的銷售目標是多少？」「六百萬美元啊！他們拍胸脯說一定做到。」

聽到這裡，我大概知道毛病在哪裡，我問這位朋友：「一年目標六百萬美元，如果你給他三十天的付款期，平均一個月業績也應該要有五十萬美元，但你們卻僅給二十萬美元的信用額度，這樣子他夠用嗎？因為不夠用，他自然認為你們不夠誠意，當然不會好好賣你們的產品，這其實是雞生蛋、蛋生雞的問題，倒果為因的推論就會不斷惡性循環。」

事實上，類似的情況並不少見，許多公司自以為授予足夠的信用額度，但通路商卻始終覺得不夠，雙方也因此不斷出現爭執。

就我個人經驗來看，如果通路商看好市場後續發展潛力，就會要求公司提供更大的放款額度，否則到了要用時才去找，基本上已經來不及了。但不在第一線、看不到市場全貌的公司，都會以通路商用不到那麼多，作為不再給更大放帳額度的藉口，或看到通路商業務明明沒做那麼大，卻一直來要額度，也會覺得反感。

許多公司往往要先看到通路商的成績，才願意給予更高的信用額度，但這樣卻讓通路商認為公司根本沒有誠意，因而不想去開發更多、更大的市場、賣更多產品，甚至轉向和競爭對手配合，生意自然就做不大，也就用不到更大的額度。如此下來，每次一檢討業績目標達成率就吵成一團，互相指責對方是罪魁禍首。

為什麼一定要放帳？

大部分公司剛進入新市場的初期，因為不熟悉狀況，在風險管理的考量下，初期不敢放帳給通路是可以理解的，一般代理商都可接受T／T，開信用狀或銀行保證等付款方式，但當生意做大後，放帳便成為支持生意繼續成長的必要工具。

事實上，之所以需要放帳，提供財務支援給通路商，最主要的意義就是風險分擔。

就如大部分人都知道的，在不放帳的情況下，生意是很難做大的。代理通路商之所以需要放帳，不光是自身需要，而是在與分銷通路、零售通路、或是電信業、政府機關往來時，他們對這些通路也需要提供財務週轉的資源，否則這些下游通路會去尋找其他願意放帳的代理通路商，銷售其他公司的產品。公司若不願意提供放帳支援，就等於將所有的風險加注到代理通路商身上，在這樣的情況下，除非公司擁有絕無僅有、超級搶手的產品，否則很難要求通路商長期無怨無悔的扛下所有風險。

很多公司之所以擔心放帳風險，多半因為不熟悉當地市場，也因為這樣，很多人會認為在發展較為落後的新興市場或開發中國家，被倒帳的風險就較高，而那些先進已開發國家市場被倒帳的風險會較低。

這樣的思維邏輯非常有待商榷，因為許多公司在新興市場放帳做生意，毫髮無傷，反而到了所謂的先進國家卻被倒帳，導致損失慘重，甚至傷及公司主體而倒閉。

就我的經驗來看，大部分被倒帳的原因常常是因為公司太過貪心，看到通路商不斷下大訂單、生意突然大好，就立刻樂昏頭。或是來自政府機關、電信營運商的大型標案，讓公司一口氣就提供通路商超乎正常水準的財務支援；更可能是因為市場上其他競爭對手提供通路商更好的財務支援條件，在輸人不輸陣的情況，硬是把放帳當成競爭工具。

不想被倒帳，準備功夫要做足

公司要想不被倒帳，就要通盤了解，隨時掌握當地市場動態，這是一定要做好的功課。很多人都覺得俄羅斯市場很亂、風險很高，但隨著我們在俄羅斯的生意越做越大，從幾年前開始，我們也開始對通路商放帳。就有同業很疑惑的問我們：「你們怎麼膽子那麼大啊？」但事實上，在我們看似膽大敢放帳的動作背後，其實是早已細心的做好了功課。

以俄羅斯當地與我們往來密切的某家中型通路商為例。這家通路商不做政府或電信業標案訂單，只專做分銷通路市場，並擁有為數眾多的下游通路，其被倒帳的風險就已分散、降低，再加上他們對部分小分銷通路，一律採取收現交易的方式，風險自然就更降低許多。在一開始考慮要放帳給他們時，我們數度拜訪這家通路商的老闆，在經過多次長談後，認為這位老闆的經營理念很正派、態度也很誠懇，與我們俄羅斯員工訪查當地業界的風評一致，再加上他們有超過六〇%的營收來自我們的產品線，毛利也不錯，如果擺我們一道，就是自斷生路，再笨的老闆也應該不會這樣做。

對許多公司而言，即使無法在每個市場都設立分公司據點，但還是可以透過其他方法來達成管理放帳風險的目的。例如，在當地設立發貨倉庫，減短貨物運送到通路商所耗費的時間，公司就不需要給通路商太長的付款天數；又或是建構連線ＥＲＰ系統，隨時掌控通路商的銷售與存貨狀況；甚至可以採用「週結算」的方式，每週固定收取到期的貨款，而不是採取月結或是季結的方式。

這些功課或是機制的建立，其中最重要的目的，就是要對市場與通路商狀況有更高的掌握度，一旦發現狀況有異，就要當機立斷停止出貨，或是採取其他必要的措施，將可能的傷害降到最低。而業務人員與財務人員所扮演的角色，也是管理放帳風險。有家公司就曾因為一筆壞帳，陷入「內憂外患」的處境。被倒帳已經夠倒楣了，但在公司內部又因為到底誰該負責而吵得不可開交，財務部罵業務部亂找通路、亂拿訂單、亂出貨；業務部則回嗆財務部沒做好徵信、又不買保險，更沒有盡責去催帳收款，才會讓公司蒙受損失。

事實上，業務人員與財務人員在管理放帳風險時，應分別扮演白臉與黑臉的角色。與通路商或客戶第一線接觸的業務人員，扮演友善溝通的白臉角色，但身在後方的財務人員就應該適時的扮演黑臉，進行風險控管。而業務人員也不是把產品賣給通路商就沒事，要把錢收回來才算數，相對的，銷售獎金的認列發放，也要以完成收款為基準。

以實務上來看，很多保險金融工具可降低倒帳風險，例如出售應收帳款、應收帳款保險等，雖然都需要付出成本，但卻可有效管控風險。雖然在部分新興國家市場，保險公司可能不願意提供此服務，這時公司就必須提出過去壞帳控管的實績及內部放帳管理的風險管控作業流程，說服保險公司提供服務。財務人員更應在作帳上定期提列壞帳損失準備，做好最壞的打算。

其實放不放帳，放多少及多長的帳，都和公司對市場及通路的掌握度，和長期「買」市場或只是短期「租」市場的經營策略及態度，有很深的關係。

在經營國際市場上，財務人員及財務管理扮演了很重要角色。如多少資金進去以支持營運，何時把資金轉回總公司，以及和通路折衝，以滿足其對放帳的需求等等。但一般財務人員，由於對前方不瞭解，通常會趨向於故步自封，只守在本位上，不冒風險，對前方的要求凡事先說不行。

但其實一位好的國際財務人員，不但要有管控資金進出流動、匯率、倒帳或帳款遲收風險的能力，更要參與當地價格制定，毛利的要求及營運成本控管。更重要的是財務人員，也要像個成熟的生意人，知道如何在冒著可控風險下，幫忙可以把生意做成的智慧及經驗，以支持業務及公司的成長策略。「富貴險中求」，財務人員除要隨時跟上國際趨勢、風向、國家政治及經濟狀況外，更應該瞭解，如何藉著不同平台，工具及資源，在資金調度上取得平衡槓桿，在資金運用上達到最大投資效益。畢竟如何運用財務資金，讓通路覺得廠商有分享風險及長期承諾的誠意，同時也讓客戶及市場，感受到我們落地深耕的決心，是經營國際市場的成功要件。

私房心法

1. 放帳是必要的，而與通路商之間的放帳管理，更是一門值得花時間好好深究的學問，要想不被倒帳，有些功課必須要做好，有些錢就是應該要花。
2. 企業可以利用AI技術來追蹤商品的銷售情況，降低放帳的風險。AI管理放帳可以幫助企業建立與客戶的長期合作關係。可以根據客戶的付款情形，循序漸進的放帳，從出貨前先收貨款（TT in advance），到出貨前先收一半貨款（50% down payment）到三〇%、二〇%，直到百分之百放帳；放帳天數也從七天，十五天，直到四十五天。訂單增加時或突然有較大訂單時，不要高興太早，先確認實際需求，調查市況，可以分批出貨降低風險。

28

獨家代理的真相

每家通路商都會提出不同的合作方向與條件，而讓公司最感為難的合作條件，首推「獨家代理」。

被稱為「黑色大陸」的非洲，過去在全球市場商機競逐戰中，一直是被忽略的一塊。但值得注意的是，繼以金磚四國為首的新興市場經濟成長動能讓全球市場驚豔之後，越來越多過去被忽視的新興國家市場，開始獲得外界青睞的眼光，從中尋找可能潛在的驚人商機，其中，非洲就是近來新竄出的黑馬。

幾年前，我們公司就已開始逐步經營非洲市場，其中擁有超過一．二億人口的奈及利亞，是非洲的主要產油國家，也是非洲國家中我們很早就開始設點投資布局的市場。但過去幾年因為當地市場還不成熟，因此，我們是透過兩家中型規模的經銷商，以打基礎的心態，逐步布局經營當地市場。

隨著近年來國際油價大幅飆漲，奈及利亞的經濟實力自然也跟著水漲船高，整體市場也開始有較顯著的機會，於是，我們開始思考是否要調整既有通路架構；經過一番研究評估之後，有家全國性的大型通路商十分符合我們的需求，對方也對與我們合作有很高的意願，而搭上奈及利亞政府積極推動網路通訊基礎建設的投資熱潮，這家大型通路商由於剛接到一筆大型政府標案，讓我們更積極希望爭取與其建立通路合作關係，雙方於是很熱切的展開一連串的合作討論。

但就在我們準備與對方簽約的前一刻，我接到奈及利亞當地同事的電話，他氣急敗壞的說：「那家大通路商居然在簽約前一刻，要求我們把其他兩家過去長期合作的通路商卡掉，只與他們獨家合作，否則就不簽約，這不是擺明為難我們嗎？」

看到同事們如此沮喪，我心中很清楚他們的挫折感從何而來，那是一種被對方掐住脖子的不愉快感覺，事實上，不只是在奈及利亞，在我們剛進南韓市場時，一連談了五家通路商，每家通路商都開口要求「獨家」，讓我們不知該如何是好，心想：「這應該是事前演練過的吧？南韓人也未免太團結了吧！」當時的狀況讓人感覺更不愉快，因為如果不答應獨家，我們在當地市場等於完全沒有搞頭。

站在通路商的立場，開口要求獨家，在某些時候是因為看好公司未來發展性，既然要求獨家，自然會在合作條件上給予較多的誘因，以自身價值去吸引，但站在公司的立場，大概都不太喜歡聽到通路商開口要求獨家，因為擔心把全部的雞蛋放在同個籃子裡的風險太高，如果所託非人，那就等於是全盤皆輸了。

獨家也能雙贏，重點是別被綁手綁腳

看看蘋果 iPhone 的例子，蘋果在全球主要市場，都是將 iPhone 代理銷售權獨家交給一家電信業者，並且只選具絕對主導地位的龍頭老大，蘋果公司有因此而承受較高的風險嗎？答案是：沒有。蘋果不但沒有因為獨家授權而削弱其市場競爭力，反而因為其明確獨特的產品價值，讓許多電信業者爭破頭的，想要搶得獨家代理的地位。

再看看，得到蘋果 iPhone 獨家代理權的電信業者就是贏家嗎？其實不然。因為，這些電信業者為了搶到獨家銷售，提出許多更優惠的合作條件，就有媒體評論這些取得 iPhone 獨家代理權的電信業者，與蘋果的合作利益其實並不如外界想像的好，甚至可能是空有面子、卻沒有裡子。以此來看，對蘋果而言，獨家通路代理模式下的最大贏家，不是扮演通路角色的電信業者，而是產品供應商蘋果公司。

所以，獨家一定是不好的、不可嘗試的嗎？也不盡是如此，關鍵還是回到企業本身的價值，以及需要從通路商取得的服務為何，更重要的是，公司與通路商之間的價值鏈是否能夠順利整合連結，進而平順快速的將公司的價值傳遞到市場終端通路上。

所以，在接到奈及利亞同事的電話之後，我除了請他先喘口氣、冷靜一下，我也問他：「對方要求獨家，但要求怎樣形式的獨家呢？是全國性、全產品線、全面通路的獨家嗎？你們有沒有再問清楚，他們到底為何需要獨家代理？是擔心我們會變心？還是擔心我們不給足夠的支援？或他們有其他的考慮？狀況也許沒那麼糟，對方提出獨家的要求，也不見得就是個打不開的死結，這些問題反而都是我們可以跟對方討論出一個最好合作方式的方向。」

當通路商開口要求獨家時，公司其實不用立刻反對，而是應該思考通路商是否有能力承擔其所要求的「獨家」銷售承諾，其能力是足以承擔全面性、抑或是區域性的獨家？是全線產品、抑或是特定產品線的獨家？是長期性的獨家、還是季節期間限定式的獨家？

沒有條件限制的「獨家」才可怕

對公司而言，「獨家」其實沒那麼可怕，真正可怕的在於完全沒有「條件限制」的獨家，很多公司與通路商簽定獨家代理合約時，往往都沒有明確說明獨家代理的區域、通路型態、產品線類別、時間長短等細則；運氣好，遇到好的合作夥伴，自然就皆大歡喜，但如果雙方在合作過程中問題百出、波折不斷，獨家代理就會變成是一場惡夢。

也許有人會問，怎可能有公司不限制條件就簽下獨家代理合約，但事實上，真的有許多公司抱持這樣的心態處理獨家代理一事。可能是因為疏忽，也可能是因為懶惰，抱持著「租」市場的心態，只想要迅速找個通路商做市場，能賣多少算多少，在這樣的情況下，獨家代理就是最快、也最方便的處理手法。

越南是近幾年另一個快速崛起的新興市場，如果有人提早幾年進入越南市場布局，現在應該都會是眉開眼笑的。但世事就是如此奇妙，有個朋友眼光很好，十年前就已到越南去打市場，但當時越南市場還非常小，他也只是想要先試水溫、小小的做，為了省事省力，他就與當地一家小型通路商簽下獨家代理合約，而且一簽就是十年。但近一年多越南市場起飛，所有人都以為他削翻了，但他卻是啞巴吃黃蓮，有苦說不出，因為當時所簽定的獨家代理限制綁住了他，既有的通路商夥伴根本沒有能力把市場做大，所以也只能眼睜睜的看著商機不斷流失。

這樣的狀況就是許多人在簽獨家代理時最害怕遇到的狀況，畢竟世事變幻難測，很難預料未來幾年可能發生的事，所以在簽訂獨家代理之類的重大契約時，就必須要有更詳細、長期的思考，而不是只想到眼前的狀況，諸如產品線、地理、時間等必要的條件限制，都是不可輕忽的重點。

過去幾年，由於物聯網的興起，5G 通訊的成熟，很多企業開始在產銷各部門進行數位化，以幫其在產品及服務上，對客戶產生新的價值。

客戶在數位化的需求上，已從原本買單一產品，擴展到要整理解決方案，甚至於落地貼身打造的服務。所以價值鏈，也從原先產品商以單一產品在資訊流、物流、金流上，往前推到客戶，透過行銷及通路創造產品需求的模式，演化成由依照前方用戶的不同時間及場景需求，而提供整合性的解決方案及服務。畢竟客戶要買的不是產品，而是使用產品後創造的效益。

產品廠商必須透過平台協作、結盟或整合互補產品，及當地營運服務提供用戶，一體到位，有價值的數位轉型方案。舉例來說，零售商要更精準吸引客戶來店，購買及續購，就須要結合了綫上行銷、廣告系統、來客人臉辨識、人流分析、售後客戶資料分析系統等，來達到更精準行銷，及時供貨的物流，店員個人化服務，便捷的綫上綫下支付，高品質客服等等。廠商當然可以包山包海，全部自已提供，但考量到，不同客層及用戶需求的多樣性和及時性，必須結合不同產品及服務商，才能達到客戶的要求。所以推式的價值鏈，也必須擴展成拉式整合不同廠商，以用戶為導向的價值環。

所以在企業數位轉型的大商機下，通路已從單純的推式產品買賣，擴及到以服務為主的運營，而原來的代理買賣通路，也須轉型成為以區域為主的整合性服務運營商。在此之下，選擇很會銷售的通路，給予獨家代理的重要性，已經轉成要會慎選牢靠、有好口碑及整合能力互補性強的運營商。

1. 通路商之所以會要求獨家，就是擔心業績會被搶走。而公司也希望通路商忠心不二，只賣自家產品，一紙獨家代理合約只有法律上的效益，而不是全心全意的承諾，公司與通路商之間的忠誠不應該是被逼的，而應該建立在價值與綜效上的結果。
2. 如果公司承諾給予更多資源，協助所有通路一起把市場做大，所有通路商可以分到的餅都變大了，在雙贏與風險管理的處理模式下面對獨家代理的關係，獨家或不獨家，或許就沒那麼重要了，既有的衝突與矛盾，也就在過程中消弭於無形。
3. 透過AI進行跨國界獨家代理的風險分析與可行性評估是可行的。因每個國家的法律和文化背景不同，在進行任何跨國界的獨家代理之前，需考慮到因素有市場需求、競爭對手、文化差異、法律法規等。均可以透過AI協助。

29

合資的花樣

為了短期目標而合資成立公司，往往不會有好結果，應該要設定短、中、長期的明確目的願景，審慎的進行合作。

有個經典的合資趣談在業界流傳多年，話說某家台商與美商共同合資成立公司，但每次美商台灣負責人參與合資公司會議時，負責公司營運的台商卻用中文開會，讓這位美國主管完全聽不懂，只能把會議記錄帶回去翻成英文，才知道當天開會又作了什麼決議。但這位美國主管也不是省油的燈，私底下偷偷的請了中文家教苦練中文，幾個月後中文既能聽也能說；在某一次的會議中，看到台商又在利用他聽不懂中文的弱點，想要做成違反合資默契的決議，這次他可就不再鴨子聽雷，立刻就用流利的中文提出異議反駁，讓在場的所有台商幹部嚇傻了眼。但道高一尺、魔高一丈，隔了一個禮拜，合資公司再度開會，這次台商可是有備而來，會議全程改用台語發言，讓這位老美主管當場又變回那隻聽雷的鴨子。

像這樣「你防我，我騙你」的合資經驗，其實在很多國家的合資企業中都可以看到，從中文變成台語還算是小意思，如果場景搬到印度，光是搞懂當地十多種方言，就可能讓參與合資的外來公司累到掛點。不過，類似這樣互相隱瞞、防備的合資關係，其實已經違背了當初要一起努力合作的初衷，即使勉強再維持下去，也沒太大意思。

是同床異夢？還是兄弟同心？

事實上，合資原本的用意在於資源分享、風險分擔，但往往到最後卻是什麼都沒有。最主要的原因是通路商與公司在價值鏈上，天生扮演的角色與需求不同，但合資卻是必須具有相同方向的營運模式，其間可能產生的碰撞與磨擦自然可想而知。

站在通路商的角度，當然希望自己投資的合資公司能夠賺錢，毛利率越高越好。但公司想的卻是品牌知名度、市場佔有率等問題。表面上看起來，合資好像是能讓公司快速切入市場的方法，說實在話，投資就是要賺錢，而且是越快賺到錢越好。但做生意、經營市場是要長期抗戰的，這也就是為何在合資關係中，經常會出現各說各話、模糊焦點的狀況。

有個朋友在中南美洲做生意，他先選擇進入智利市場，一開始也是先從獨家代理做起，做了一陣子，雙方合作得很愉快，就開始思考是不是要以智利為跳板，將這樣的合作關係延伸擴大到中南美洲去，於是雙方決定要合資成立公司，一起發展中南美洲市場，剛開始一切都很好，但做著做著就出現問題了。

原來，對方一開始就要求他們要有比較好的付款條件，有更好的產品服務支援等，而朋友的公司也認為這都是合理的，只是特別要求這家通路商老闆必須要親力親為負責合資的營運，沒想到這位老闆卻是三天打漁、二天曬網，對合資公司的業務愛管不管，只會不斷要求合資公司的毛利率要達到二五％，後來朋友看準巴西市場將會有大成長，希望合資公司能夠快點進入巴西布局，但對方卻以巴西市場太亂為由，不斷推拖，但背後的原因，卻是因為擔心進入巴西市場的風險太高，會讓合資公司虧錢。

因為不同立場造成的拉扯，最後終於讓朋友與智利通路商的合資公司以拆夥收場，這位朋友語重心長的對我說：「一方只想賺錢，另一方想的卻是市場佔有率，雙方根本就沒有共同的長期價值，這樣同床異夢的合作，還是早散早好！」

其實除了擴展市場通路而做的合資外，如當年友訊為了符合印度政府提供的高額本地製造的免稅獎勵，以求讓進入市場價格有競爭力，就一起各出資50％成立了印度分公司，除了銷售外，並在果阿設立組裝生產工廠，並負責維修。總部直接把成本攤開，讓其有競爭力。

在經營上，台灣總部只派了一個產品經理常駐在果阿，其餘經營及銷售，全由原來通路的人員接手。如此一來，原本的獨家通路成了分公司，使得價值鏈縮短並更透明，再由分公司授權十幾個通路，在其所在區域獨家代理，讓其專心及安心開拓及耕耘自己的市場，並且定期加以培訓，以加強知識及信心。

我們更半年舉辦經銷商旅遊及大會，傳達公司方向，全球進展及新產品發表，並在最後一天頒獎給優異通路。分公司也經常至各地，共同舉辦展示及行銷活動。如此一來大家士氣大振，業績如火箭般成長。接下來，又在班加羅爾組成了一個研發團隊和總部合作，共同開發印度獨特需求的產品，甚至後來，有些就銷到了全球其他開發中國家。

印度分公司很快在三年內，就在德里及孟買上市，成了印度網通第一品牌。不過這王子與公主快樂過一生的日子，在上市後由於有新的股東及董事加入，股權結構改變後，逐漸生變。除了開始在產品成本轉嫁上，不斷的懷疑及挑戰，台灣總部先拿走部分利潤，常常抱怨產品規格不佳，自己想要引進及生產不同的產品，如網路線或被動元件。財務方面也常為有多少利潤要打回給台灣總部而有爭議。經過三年的不斷磨合及爭吵，終於同意雙方和平分家，各走各的路，各自在證券市場上市。

不用心又不關心，合資註定當肥羊

不過，因為理念不合而拆夥的合資，其實還算是小事，只要沒有太大的虧損，公司還是可以另起爐灶開拓當地市場，最怕遇到的狀況是賠了夫人又折兵，因為一樁錯誤的合資，讓公司陷入難以擺脫的惡夢中。

我曾看過一樁最離譜的合資案，某家公司與通路商成立合資公司，而且一合作就是六年，在這六年內，公司可說是掏心挖肺的協助合資公司，但不知怎麼回事，合資公司就是一直虧錢，而且越虧越多。到了第七年，通路商說：「真不好意思讓你們這樣一直虧下去，不如把你們的股份賣給我們，我們自己來做這公司，但還是可以代理銷售你們的產品。」該公司一聽，當然很感動於合作夥伴的提議，就將合資公司的股份便宜的賣給這家通路商。

沒想到在股份被買回後，這家通路商就翻臉不認人，不再代理公司的產品，而原本一直虧錢的合資公司，在當年度居然立刻轉虧為盈，而且是大賺特賺，該公司一打聽之下，才發現原來過去六年，通路商都是拿著合資公司的資源，一路散財為自己打市場，廣拓自己的通路，合資公司當然虧得很慘，而在市場布局完成之後，就立刻以買回股份的方式，把該公司踢到一邊，轉身將布好的通路據為己有，瞬間就大賺其錢。

類似這樣遇到黑心合作夥伴的合資案，真的是會讓公司捶胸頓足，但之所以會出現這樣的問題，該公司本身也有責任，因為不了解當地市場的狀況，沒有參與市場經營，更沒有近身觀察價值鏈環節的變化，才會讓黑心通路商有機可趁。

「醜話要說在前面」，在獨家與合資的關係中也是如此，從獨家代理的限制條件、合資公司的權利義務，在簽定契約時，一定要請專業的會計師、律師逐項確認審查，遇到不合理或不對勁之處，就要立刻提出來講清楚說明白，日後才不會出現後悔莫及的狀況。我就曾遇過某個朋友哭喪著臉來找我討論，他們公司的商標與產品品牌被當地夥伴用合資公司的名義搶先註冊了，在合資公司拆夥之後，他們還得花大錢去把自己的招牌贖回來，類似這樣的狀況，其實就是因為之前的功課沒有做好。

而在獨家與合資的過程中，對於獨家代理的合作夥伴，公司就是要與其共同把市場做大，不斷給他更高的成長願景與長期價值，如此一來，獨家代理的通路商就不會每天斤斤計較毛利高低，而會將眼光放得更遠。同樣的，在合資的關係中也是如此，合資公司能賺錢，雙方就會開心，但如果要考慮到其他如產品佔有率等因素，公司就應該要給另一方更多的誘因，例如股權購回或是換股認購等計畫，用不同型式的誘因讓對方放下只注意短期近利的執著，而回到與公司同步的價值鏈上。

AI私房心法

1. 整體來看，不論是獨家代理或是合資，公司與通路商之間的關係，其實應該要設定短、中、長期的明確目的，而不是只為了要解決眼前的問題，就隨意決定要獨家或是合資。
2. 在獨家與合資關係中出現的衝突，可能造成損失或不愉快的合作關係，但這其實是雙方價值鏈調整磨合中的常態，或許會因摩擦而受傷，但卻不見得會致命。
3. AI應用中較能幫上文化和運營兼容性，使用自然語言處理（NLP）技術來分析公司文化和價值觀的相容性。加上運營流程整合模擬，同時也包含雙方技術整合和創新，透過AI來分析與建議。

30 海外設立據點的決斷

許多公司下定決心要好好經營海外市場，但到了第一線，卻是東南西北都搞不清楚，管理更是一片霧煞煞。

有位朋友看著我們在各個國家設立據點，而且都有顯著的效益，就對我說：「你們真是『藝高人膽大』，每一次押寶設點都贏，不像我們就算看準市場進去設點，最後卻是一團混亂，搞得進無步、退無路，不知道要怎麼收場。」

原來這位朋友選擇到澳洲設立分公司，但一開始就遇人不淑，僱用的第一任總經理居然偷公司的錢，東窗事發之後立刻就被開除了。之後考慮到本土化的需求，朋友透過當地獵人頭公司找到一位當地人擔任總經理。從履歷上看，這位新任總經理幾乎無可挑剔，除了是澳洲當地人，學歷、工作經歷都來頭不小，曾經在知名大型外商澳洲分公司工作多年，這位朋友認為，把澳洲分公司交給他應該就沒問題了。

什麼都不用管？還是什麼都不敢管？

這位新總經理上任後，接連要求設立發貨倉庫、維修中心、技術支援等單位，但過了一年，業績卻還是沒有起色，甚至比之前更糟。我這位朋友覺得納悶：「沒道理啊，該花的錢都花了，也授權放手讓他們去做，但怎麼好像就是做不起來。」

於是派人到澳洲去看看狀況，才發現澳洲分公司真的是麻雀雖小、五臟俱全，辦公室裝潢得富麗堂皇，十個人的公司，除了總機接待坐在門口外，其餘九個人都各自擁有一個獨立辦公室，公司有專門負責技術支援、維修服務、市場行銷、財務會計等不同職能的人，但就是沒有業務人員。公司業績沒做起來就算了，就連通路也沒建立，更堆積了許多賣也賣不出去的存貨。而被派去的人被圍在一堆當地澳洲員工中間，只能客氣的「請教」了解營運的問題，也不敢有什麼動作，搞到最後，原本看好的澳洲分公司反而變成大麻煩。

聽完朋友的故事，我忍不住嘆息，這就像是一個人剛開始學打高爾夫，從球具、球衣、球帽、球鞋全部都是名牌，一身行頭看起來十分專業，但卻完全不懂基本動作，連揮桿都會落空，更別說下場打球，這就是標準的「裝備一流、球技三流」。

有些公司誤以為，本土化就是盡量不要多去過問海外據點的營運狀況或策略，因為只有在最前線的人才最了解狀況，總公司如果管太多反而礙手礙腳。這樣的邏輯基本上沒有錯，但若曲解為「什麼都不用管」，或是「什麼都不敢管」，到最後就變成放牛吃草。

許多台灣企業都有一種奇怪的心理障礙，就是不敢管外國人，這或許無關膚色、種族的差異，因為就算英文講得再流利，在管理外國員工時，總是以「尊重」為名，行「逃避」之實，因為不知該怎麼管理，所以就乾脆放手不管，等到真正出事了，才來想辦法收拾爛攤子。

很多公司基於成本考量，一開始只設了一個人。由於沒有溝通管理及定期檢討業績的機制，每次提出關切時，都被以諸如產品沒競爭力，總部不懂當地需求或做生意方式，客戶難纏或競爭者手段及實力太強，三言兩言呼攏，日久更是放牛吃吹草，完全失聯。等到一段時間後，拍拍屁股離開，完全不留一片雲彩。如此一來，公司不但浪費了時間及資源，賠上了市場觀感，同時也對市場一無所知，又回到當初沒有設點的原點。

先站穩第一步再擴點

在許多前車之鑑例子中，海外子公司常變成壓垮公司的最後一根稻草，可能是因為公司總部不知輕重的不斷塞貨到子公司，也可能是子公司為求業績表現而不斷進貨，但最後卻都因賣不出去、存貨堆積，而造成另一場更大的災難。

設立海外據點的起步關鍵在於，公司經營當地市場的決心。有決心是好事，但不代表就是要立刻把局面搞大，而應該按部就班的來，有些當地需要的支援必須自己做，有些卻可以外包。一開始經營市場的時候，可以先交給通路商做，公司只是遠端支援，但如果要開始設點，有些公司會與通路商商量，先借用通路商的辦公室，放一個人在那邊慢慢開始做。

最重要的是，公司在決定設立據點之前，要先清楚站在客戶及通路的角度來想，什麼功能是這階段最重要要提供的，畢竟在價值鏈理順及管理上，每增加一個節點，就會增加更多的費用及溝通上的複雜度。在不同階段，是要自己有業務、行銷、產品經理、技術支持，售後服務或是物流管理，功能可否外包或由通路來執行。不同市場有不同的生態及期望，主要是考量到產品複雜度，通路及客戶的成熟度，以及進入市場的策略而定。例如，日本市場就非常在意廠商有在地的團隊，而來到中東或北非通路，通常會要求廠商只要確保產品有競爭力，品質好，其餘愈少干涉愈好。

例如，一開始只是要支持一家通路的市場開發或解決技術問題的人員，可以駐點在通路辦公室，由通路代為管理及發放薪資。但往往一段日子下來，當再有其他通路加入或總部有不同任務交辦時，駐點人員就會夾在中間不知所從，並且經常就會開始互相猜忌，不分享市場或案子情報，反而造成很多雜音，尤其是當通路間發生衝突，或駐點人員有私心時，更增加不必要的猜忌，把原本要試水溫或省費用的用意全抹殺了。

在我們第一次進入巴西市場設點時，抱著要「大做」的強烈企圖心。一開始我們先在聖保羅設了據點，過了一陣子當地負責人回報，考慮到巴西幅員遼闊，因此要求要在其他城市也同時設點，才能發揮更高的市場布局效益，我們也覺得言之成理，於是一口氣就加設五個據點，每一個據點僅放一個人。但做了一陣子之後似乎看不出什麼成績，甚至有時一連幾天都找不到人，高興的時候就回報一下狀況，心情不好的時候就自動人間蒸發。

我們驚覺這樣的狀況不行，決定改變方式，將業務重心集中到聖保羅，先強化聖保羅在業務開發、營運管理、行銷活動、技術支援的功能，把該有的通路體系與價值鏈先建立起來。經過一段時間，聖保羅的業務已上軌道，我們再在其他地方設點，但這次我們學聰明了，未來要經營其他據點的人員，全都得到聖保羅工作學習半年，了解公司實際運作狀況及可運用的資源後，才前往當地去拓展市場，這也使得各地據點與市場指揮中心間的互動更有效率，不至於出現那種上令無法下達的狀況。

如果真的要設點，只放一、二個人都不是太好的選擇，最好是要設一個團隊，起碼由一個經理帶二、三個支援的人，因為在只有一、二個人的情況下，雖然公司還是可以透過其他不同的機制進行管理，成本也會較為節省，但總部很難掌握當地員工的狀況；如果是一小組人各司其功能，就可以發揮團隊合作的力量，負責的經理也會比較有責任感，相互之間也可以監督制衡。

便宜行事小心踩到地雷

另外在設立海外據點時，必須要注意許多當地勞工法令、稅務、甚至是社會風俗的差異。有一次，我們在南非雇用的主管因績效不彰，當地負責人決定請他走路，但這位主管的哥哥是勞工法的專家，就與公司大打官司，鬧得滿城風雨，最後也只能花錢和解了事，但心裡卻是忿忿不平，因為明明是他工作表現不佳，卻因為不懂當地勞工法規，且一開始沒請律師設計員工僱用合約，而讓對方有機可乘大敲一筆，真的是一個「悶」字了得。

許多公司在海外設點時都曾差點誤踩地雷，事後檢討起來大都是因為一時的便宜行事、或是想省錢反而因小失大，例如記帳報稅，因為想省錢，所以就不找國際性大型會計師事務所處理相關事務，而是自己另外找人來做，但卻常常因此出包，被當地政府逮到逃漏稅的把柄。

AI 私房心法

1. 設立海外據點有很多種不同的型式，可以是小型的技術支援據點，只要放一個小團隊就可以，也可以設代表處（Rep Office），當然也可以設子公司；其實每一種型式的海外據點，都有其不同功能的需求，全看公司當時對市場業務的經營狀況而定。

2. 國際化與本土化是一體兩面的海外布局策略，當你在思考國際化布局時，別忘了要有本土化的思維，但當你落實本土化的同時，更別忘了國際化的管理機制，布局全球、放眼天下，兩者缺一不可。

3. AI技術可以幫助企業分析市場數據，識別潛在客戶，並提供個性化的產品和服務，以最小 Poc or MVP 透過當地合作臨時夥伴，並以AI當合作利基一起合作來實驗這個場域與決斷是否適合設立據點。

全新！新制多益TOEIC必備用書

扎實的學習內容、單字、聽力、
閱讀模擬試題！一次拿到金色證書！

全新！新制多益TOEIC單字大全

蟬聯10年最暢銷多益單字書最新版本！
百萬考生、補教、學校唯一指定！

作者／David Cho　定價／499元・**附音檔下載QR碼**

考題會更新，新制多益單字大全當然也要更新！多益必考主題分類、大數據分析精準選字、貼近實際測驗的例句、出題重點詳細講解，搭配符合出題趨勢的練習題，不論程度，完整照顧考生需求，學習更有效率，熟悉字彙和考點，好分數自然手到擒來！備考新制多益單字、讓分數激增，只要這本就夠！

全新！新制多益TOEIC題庫解析

作者／Hackers Academia　定價／799元・**附2MP3＋音檔下載QR碼**

抓題狠、準度高、解題詳盡清楚！聽力＋閱讀6回全真試題陪你進考場！從舊制到新制，韓國13年來永遠第一的多益試題書！4種版本MP3，為你精省時間同時掌握效率！

全新！新制多益TOEIC試題滿分一本通

作者／Hackers Academia　定價／799元・**附2MP3＋音檔下載QR碼**

6回聽力＋閱讀完整試題與詳解，掌握最新命題趨勢，一本搞定新制多益測驗！一本收錄「最逼真的考題＋最詳盡的解析與中譯＋最快速的解題技巧」，讓你黃金認證手到擒來。

31 策略聯盟的底細

競爭是你死我活的，合作卻必須要同心協力，結盟更是要讓雙方的利益趨於極大化的一致性。

在東南亞金融風暴期間，我們與某家國際系統大廠策略聯盟，搭配整合兩家公司互補性的產品線，提供給終端消費者完整的應用方案。這樣的運作，在當時經濟動盪不安的市場中，發揮了極高的槓桿效益，因為這家國際大廠在當地擁有很高知名度，而我們的產品正好補足這家大廠應用方案不足之處。再加上共同搭配銷售的成本與服務整合性效益，讓我們硬是在景氣一片低迷的市場中殺出重圍，就此奠定在東南亞市場的品牌知名度與佔有率基礎。

從這一次經驗中，我們真實感受到「聯盟合作」的威力，特別是具有策略性考量的聯盟合作，不單單是一加一等於二，甚至會大於二。其他同業看到我們的成功經驗，也想如法炮製一番，但搞了半天，似乎就只有一場記者會最有看頭，在銷售量與品牌佔有率上卻看不出太大的效果。

有次遇到某家公司老闆談起策略聯盟合作的經驗，他忍不住說：「當初就是看到你們成功的例子，所以我們就去找了另一家全球知名度與你們的夥伴不相上下的品牌大廠合作，我們花的行銷費用比你們多，廣告也打得很大，但怎麼好像沒什麼用啊？」基於禮貌，當時我只是笑笑的說：「也許是我們運氣好，時間點選得比較巧合啦！」但事實上，真的只是運氣嗎？其實，並沒有那麼簡單。

老實說，當年在東南亞市場與國際品牌大廠策略聯盟的成功經驗，也曾經讓我們一時被沖昏頭，以為這樣的成功經驗是可以被簡單複製到其他市場的，但後來我們才發現，這個如意算盤恐怕是大大的打錯了。

是花招，還是強招？

繼東南亞市場之後，我們決定前進中南美洲市場，也依樣畫葫蘆，又一次與同一家國際品牌大廠在當地市場，一起策略聯盟打天下，但這次合作的結果，卻是大大不如預期，讓雙方都大感失望。檢討之後才發現，這家國際大廠雖然是全球性品牌，但在中南美洲卻也剛起步不久，相較於其在東南亞市場的知名度與市佔率，沒有那麼夠力。而我們在中南美洲市場，不但是一張白紙，就產品線來看，也不是那麼貼近當地市場的需求，在這些因素加乘影響之下，讓我們在中南美洲的策略聯盟慘遭滑鐵盧。

其實，兩家公司之所以需要進行策略聯盟合作，最主要的目的大概不跳脫以下幾點，首先取得競爭優勢；其次，透過結盟合作，提供完整解決方案，以滿足終端使用者的需求；最後單純的行銷活動、拉抬雙方氣勢。

大部分公司當然必須積極審視評估第一與第二點的策略性價值，但就第三點的造勢來看，也不是要耍花槍的把戲，但同樣的一項市場行銷活動，若要獨力舉行的風險與成本壓力當然就很大。同樣都是二十萬的預算，五家廠商的聯合造勢就會有一百萬的規模，活動的深度與效度都可能更好，而這五家廠商的產品線如果是能夠互補的，更可以拓展客戶基礎，對於公司而言，這樣的「造勢」才是真正有意義的。

其實除了業務及行銷方面的整合外，公司為了提供客戶整體解決方案，也可在產品上做互補性的整合，例如有在智慧零售方面，提供人臉辨識、人流分析的公司，就可以和廣告商結盟，通過人工智慧分析客戶年齡喜好，而在看板上推出客戶有興趣的產品；又如數位通訊軟體公司，可以和醫院合作提供遠距醫療服務。這也是GCR物聯網平台，提供的重要功能，GCR也提供了落地及第一線售後服務，重要的是，針對不同的客層提供整體性的解決方案。

有些公司，為了彌補研發資源的不足，在產品開發上和其他公司做技術性的聯盟，至於在售後服務方面，很多公司更是和當地熟悉自己產品屬性的公司，做策略聯盟，以確保產品在維修零件上調度自如，有時更拿來當行銷的賣點。有優良產品及服務及品牌形象的企業，也可以用加盟方式，來做另一形式的策略聯盟，以期快速進入或擴充市場。

在價值鏈與價值鏈競爭的時代，廠商能透過不同結盟，整合產銷上下游，更進一步與生態鏈上的廠商結盟，互補製造多樣性的差異化，是不斷加強競爭優勢的一種手段。策略聯盟重要的成功要素之一，就是聯盟各方要有雙贏或多贏，長期分享資源的認知及心態，有共生及同船渡的度量。

在確定雙方合作的策略性價值後，其實只是讓此項策略聯盟有了一個好的開始，但有了好的開始，並不等於是成功的一半，因為取決策略聯盟成敗的主因，仍在後續的執行。

在策略聯盟的執行層面上，有許多必須小心應對的細節，舉例而言，許多公司都喜歡透過搭售（Bundle）來進行策略聯盟，因為合作雙方都有機會賣出更多的產品，但這樣的如意算盤卻得打得更精準一點，因為搭售的生意只要一個不注意，就有可能變成「De-Bundle」。

有位朋友就曾在搭售生意上吃了悶虧，原來，他們公司（A公司）與另一家公司（B公司）合作搭配銷售，推出買一台A公司產品搭配三台B公司產品，只要原價八折的優惠，剛開始市場反應還不錯，但賣著賣著，A公司產品似乎越來越賣不動，但B公司的產品卻跑得很快，後來才發現，原來在八折組合的優惠價格下，通路商一看到有利可圖，就將原本應該搭售在一起賣的產品拆開來賣，破壞了A公司原本期望出現的策略合作效益。

在進行策略合作時，當然得先確定宏觀的策略價值大方向，但在執行層面上，卻得具體而微的確定每一個動作細節的配合，因為這決定了策略聯盟雙方的價值鏈能否順利的結合在一起。

舉例而言，兩家公司如果產品具有互補性，但通路型態卻大不相同、又或者是有高度衝突，該如何調整配合？或是在兩家公司確定策略聯盟後，公司內部業務團隊的各自業務區域範圍的責任歸屬該如何分配釐清？業務團隊的銷售績效激勵該如何重新制訂標準？這些看起來都是很瑣碎、很煩人的事，但就是這些執行面的細節，決定了策略聯盟的成敗。

「策略聯盟」是花招？還是強招？其實全在公司的一念之間，因為要有「策略」性的思考，才會有「策略」性的聯盟效益，公司應該要從產業共生體系（Ecosystem）中去思考可能的策略合作方向與潛在夥伴，因為，在亂世中造勢需要勇氣、更需要眼光，而在這個時點，「人多勢眾」不應該只是一句空話，而是招招帶勁的真功夫。

「競合」才是高手之道

也許有人會說：「與競爭對手合作？這無異是與虎謀皮吧！」事實上，這樣的想法並不完全正確，因為在廣大的國際市場上，不同的公司在不同區域或區隔的市場各自都有其競爭優勢。很多時候，與競爭對手的配合，因為各自擁有不同的利基，若深入細究雙方的價值鏈，或許就會發現，因為各自擁有不同的利基，就會有不同的合作空間。公司在面對「競爭」時，或許可以換個角度思考「合作」的可能性與機會點，在策略聯盟的合作模式中，因為既競爭、又合作的敏感關係，更能夠讓雙方清楚各自的需求與可以合作的空間。

不過，「競合」談起來容易、做起來卻可能很難，最大的問題就出在，競爭常常是你死我活的，身處不同利益點的雙方，想的更是如何讓「自己」的利益最大化。但是，合作必須要同心協力，結盟更是要讓雙方的利益趨於極大化的一致性。所以，在這兩者極為不同的矛盾衝突心態中，要想找到足以支撐策略合作平衡點的利基，並不是太容易的事。

「策略聯盟」一詞，過去二十年被大量的應用在描述或形容全球企業所進行的商業活動，但事實上「策略聯盟」不應是名詞或形容詞，應該是動詞，因為真正能夠創造綜效的策略聯盟，是由環環相扣的行動計畫組成的，驅動這一連串動作的引擎，就是結盟雙方對於合作的明確期望與目標，而雙方公司的價值與終端使用者的需求，更應該是策略聯盟關係中最重要、也最需要被好好對待的核心關鍵。

AI私房心法

1. 雙方公司的價值與終端使用者的需求，應該是策略聯盟關係中最重要、也最需要被好好對待的核心關鍵。
2. 在進行策略合作時，得先確定宏觀的策略價值大方向，但在執行層面上，卻得具體而微的確定每一個動作細節的配合。
3. 公司應該要從產業共生體系（Ecosystem）中，思考可能的策略合作方向與潛在夥伴。
4. 智能整合：AI透過大數據、機器學習和預測分析提供策略聯盟的評估的標準與共同協定守則、並輔助市場適應性和風險管理。

溝通協作：AI強化協作工具和競情分析，提高溝通效率，平衡競爭與合作，實現有效的「競合」策略。

以客為尊

32

熱誠，讓價值鏈不打結！

每條船的船體構造、推進動力都有所不同，想要渡河的人當然可以視自己的條件需要選擇適合的船，但是，有些船剛開始很夠力，但開著開著，卻似乎有點後繼無力的感覺，此時，是該換船？還是修船？

有次，與兩位朋友聊天，其中一位朋友說：「我們公司在海外市場的布局才剛起步，每一次到國外去參展或是接洽業務，都要從頭開始介紹公司背景、產品功能、技術服務，上百次這樣講下來，一開始是滿腔熱血，到最後，血都快流光，還沒看到業績爬起來，說真的，海外團隊與通路商的士氣都快被磨光了！」

話才剛講完，另一位朋友也跟著長嘆一聲：「唉，萬事起頭難啦，你們只要再撐一下，士氣就會再起來，不像我們，以前公司小時，不論是海外分公司團隊、還是通路商都很有衝勁，雖然公司不大，但他們卻都很拚、很熱情的不斷嘗試拓展新的市場機會。但是，這幾年公司變大了，不知怎麼搞的，不論是海外分公司團隊、還是通路商，大家都有點懶懶的，或許是因為公司已經有一定基礎，好像不用太認真也會有業績進來，所以，就越來越看不見當年的那種熱誠與拼勁，我真的是很擔心，這樣下去一定會出問題的啦！」

回到國際市場價值鏈來看，當海外分公司、經銷通路商、或零售通路商意興闌珊、甚至是後繼無力的時候，公司除了應該要檢視、解決價值鏈上出現的問題，進而理順價值鏈外，也應該要注意到的是，造成這些價值鏈環節缺乏更積極前進的動能的原因，只是因為技術、產品、通路、服務、價格、廣告之類的因素嗎？還是有其他更深層的原因呢？

原汁原味的價值，少了一味就破功

許多公司在經營國際市場業務的過程中，會建立起一套系統流程，讓所有的價值鏈環節照表操課，希望藉此減少解決價值鏈環節間的矛盾與衝突，進而讓價值鏈能夠順暢運作，但有了強大的流程系統制度，就一定萬無一失嗎？

有開車的人大概就會知道，車子的引擎是需要保養的，要定期更換機油，機油最廣為人知的用途是潤滑，但潤滑的效果卻是為了要讓油料的燃燒能夠更完全，才不至於出現積碳影響引擎的運轉，讓車子的引擎能夠維持高度的運作效率，而事實上，再好的車子也需要保養，也需要添加某些元素催化提升機械運作的效率。

有次在開羅出差時，聽到他們在消遣有些公司，是如何為了吸引客人，而廣告了有名無實的服務。故事是這樣的：有一個人工作很疲累了，經過一家按摩店就進去想放鬆一下。只見門口有人很親切的問說，是要按全身，還是只按腳，全身請右轉，腳底按摩左轉。等右轉後，又有一人跑出來問，要指壓或油壓，在往左走後，又有一人跳出來說，先生是喜歡泰式或中式。回答泰式右轉後，又有一位站在走廊中間，問是要男按摩師還是女師傅。在答完是女生後，想想應該可以享受按摩了，但那位招待卻回答，「先生很抱歉，其實我們今天的按摩師不夠，以至您要的服務無法提供，但您覺得我們的服務系統如何？」

制度是死的，人是活的、環境更是無時無刻都在變化，所以，只有制度的價值鏈運作流程，可能常常都要面臨調整、理順。但是，如果公司懂得善用「信心」、「熱誠」、「認同度」、「榮譽感」等元素，就像是為價值鏈運作的引擎添加高品質的機油一樣，不但能夠潤滑、而且能夠提升運作效率。

將熱誠融入文化

對許多公司而言，面對千里之外的國際市場業務價值鏈，不論有多麼完整的標準作業流程或是合作方案，總是會有一些鞭長莫及之處，又或者是在價值鏈運作過程中出現的突發狀況。在這些難以觸及的「綿綿角角」上，就必須要倚靠海外分公司、經銷通路商、零售通路商對公司的信心、熱誠、以及由衷感到驕傲的榮譽感，準確且完整的將公司的價值傳達到市場終端。

有次，我到海外市場去拜訪客戶，但一開始談，我就覺得這位老闆對我們充滿了不信任感的敵意，即使，我們的產品、服務、品牌他都有很高的認同度，但似乎就是不能夠對我們完全放心。在經過一番談話之後，這位老闆逐漸卸下心防，講出他真正的心底話：「在遇到你之前，我其實對貴公司沒有太大的信心，因為，貴公司的產品、服務、品牌的確都很不錯，但貴公司的業務人員卻好像不是很有信心，雖然該講的都講了，但就好像不是很有把握的樣子，讓我擔心你們公司是不是有問題。」

回來之後，我立刻與當地同事深談了一番，我發現，他並不是不了解公司的產品，也不是不認真工作，而是他似乎是有點困惑，少了一種歸屬感或榮譽感，搞不清楚究竟自己是為何而戰、又為誰而戰。

事實上，公司需要了解與牢記的是，要讓海外分公司、通路商等價值鏈環節懷抱著高度熱誠，要成就所有權（Ownership）的精神，第一要務就是要讓價值鏈環節「喜歡」、「信任」公司所提供的價值，試想，如果功能差、品質糟、服務爛、價格又貴，大概很難讓人「喜歡」又「信任」吧？而且可能根本就不想承認自己與這樣的公司有關吧。

有參加過直銷公司舉辦的直銷商大會的人，大概都很難忘記現場那種「萬眾一心」的氣勢，上百、上千、甚至是上萬人在同一個場合裡一起大喊「我們要成功！」「我們要成長！」，那是多麼驚人的氣勢。而如果去觀察每一個人臉上的表情與眼神，你會發現，這些人不只是隨口喊喊而已，而是真心的認為在這個公司、在這樣的業務型態中，能夠找尋到自己人生成功的定義，並且是很驕傲、很有自信的。而如果接觸過直銷商的人，一定會發現，他們對於公司價值是深信不疑的，而且是很自豪、很驕傲的，更特別的是，在同一個直銷體系的直銷商多半有很高的認同感與榮譽感，在這些因素加乘反應下，讓每一個直銷商很清楚自己為何而戰，又為誰而戰。

簡單的講，對於那些遠在千里之外的分公司、通路商而言，公司要提供的是一個理由，一個能夠讓他們知道自己為何而戰、為誰而戰的理由，就是要讓他們覺得在這樣的公司工作是很值得驕傲的，與這樣的公司合作是很有前途的，而更重要的是，公司必須「源源不絕」的提供足以讓人信任、驕傲的理由，幫助海外團隊或通路商的熱誠能夠持續保溫、而且保鮮。

有一次受邀去參加一個美國大公司的亞太經銷商大會，做簡報的地區銷售副總裁，不知是對自己能在這大公司做事，感到自豪還是在炫耀，整個簡報一直在介紹公司有多少層級，多少分公司，總部有多大多漂亮，最後只留一點小小篇幅，介紹對通路的市場開發及支援方案。讓我們底下的聽眾一愣一愣的，搞不清楚他宣傳他們公司的那麼多大官及層級，到底和我們這些通路有什麼關係，及能得到什麼好處。所以公司要切記，內部自嗨變成自戀或自傲，進而阻礙了價值的傳遞，讓通路及客戶感受到公司的真正優勢，並因而感受到與有榮焉，且產生努力推銷的熱情。

也許有人會講：「什麼『熱情』、什麼『榮譽感』，拜託，都幾歲的人了，還在玩這種小朋友的遊戲，有錢賺比較實在啦！」這樣的說法絕對沒錯，古有名言：「小人喻以利，君子喻以義。」講的是要提供誘因、動力，對一般人而言，工作、做生意當然是要賺錢。但在很多時候，「錢」其實是最沒有競爭力的條件，因為只要有別的公司出的價錢比你高，這些原本宣誓為你效忠的夥伴，就全部跑掉了。

所以，公司要了解的是，該給的一定要給，但有錢不見得就能當一輩子的老大，而是要能給跟隨他的人更多賣命、打拼的理由，要讓跟著他的人有值得驕傲的自信與熱誠，更重要的是，在太平時期、富貴榮華時，或許還沒有太深的感受，但在關鍵的危急時刻，真正跳出來情義相挺的，一定會是這些長期以來，真正對公司有熱情、有榮譽感，而且是真正對這家公司感到驕傲的員工或通路商。

AI 私房心法

1. 要維持海外分公司或通路商的信心與熱誠，公司總部就必須不斷的作球給價值鏈上的每一個環節，舉例而言，公司可以透過持續曝光的策略聯盟、簽約合作、新產品發表、市佔率領先、公司又擴展了哪些領域市場等訊息，讓身在市場第一線打拼的海外團隊與通路商更有信心、更有士氣，也自然能夠將公司所希望傳達的價值準確的傳達到市場終端，而在後方持續作球給前方的過程中，其實公司既有的價值也會獲得加值提升。

2. 公司要能讓價值鏈環節「喜歡」且「信任」公司傳遞的價值，進而讓他們產生有自信、足以自豪的榮譽感，能夠在傳遞價值的過程中，展現出高度的熱誠，真心相信這樣的產品與服務，會為下一個價值鏈環節創造更大的價值，讓市場終端消費者明確的感受到來自於公司總部的熱情與誠懇。

3. AI可以幫助價值鏈運行中隨時不間斷記錄並摘要小成功，以讓整體的價值鏈讓AI幫忙點燃著且持續給予激勵動能。

33

傳得準還不夠，還要傳得快！

從市場進入障礙的角度來看，公司若能真的做到化繁為簡、要言不煩的簡化，就能成為公司一項重要的競爭優勢，因為，這是其他競爭對手學不來、也永遠跨不過的障礙門檻。

多年之前，我們剛開始進入某個海外市場布局拓展業務，當時在掌握當地市場狀況、了解通路生態之後，鎖定一家大型通路商為目標，作為進入當地市場的灘頭堡。經過積極洽談溝通，這家通路商也十分看好我們的產品線，在雙方都有高度意願的情況下，眼看著就要正式簽約合作，但萬萬想不到的是，半路上竟然殺出程咬金，另一家競爭對手也同時看上這家通路商，並開出非常優惠的條件爭取合作，而唯一的但書，就是不能再與同類型的公司合作，擺明就是要斷了我們的機會。

雖然競爭對手來勢洶洶，但我們還是持續向通路商展現合作的高度誠意，就在一番拉鋸之後，這家大型通路商終於決定與我們簽約。在完成簽約之後，我們當地市場的負責主管，忍不住問了這家通路商：「你們為什麼最後選擇與我們簽約？是因為我們的產品？還是服務？還是看好我們未來的成長潛力？」這位通路商老闆笑笑說：「你說的答案都對，但也不完全對。」「啊？什麼意思？」這位老闆的回答實在太有哲理了，讓我們的同事完全一頭霧水。

「簡單」就是最「難」的進入障礙

只見這位老闆慢條斯理的走到辦公桌後面、拉開抽屜，拿出兩個公文袋來，一個公文袋沉甸甸的、像是裝了一本書，另一個則是薄薄的、好像只放了幾張文件，這位老闆說：「這份厚達一百頁的書，不是別的，就是另一家廠商的簽約合作書，而薄的一份則是你們的簽約合作資料，我一看到這兩份資料，當時就決定跟你們合作。開什麼玩笑，『一百頁的合約書？』這家公司也未免太誇張了，要跟他們做生意，得先看完一本書嗎？光簽個合約就這樣，以後做起生意來還得了？而且只不過對合約裡的用字有點小問題，他們當地團隊就完全不能做主，得先上報到區域總部、然後再報到全球總部，這一等就是幾個星期。而你們雖然在這個市場才剛起步，但也算是有名號的公司，卻沒有像他們一樣，每次只要我們有問題，你們最慢在兩天內就會有答案，而且洽談的主管都是真正可以做主的，確實感受到你們想合作的誠意，所以，我們當然決定要跟你們簽約。」後來我們與這家通路商的合作關係，果然非常成功，充份發揮了魚幫水、水幫魚的效果，不但讓我們在當地市場嶄露頭角，並佔有一席之地。

這是我第一次如此真實的感受到，原來在經營國際市場業務的過程中，除了產品、服務、支援、甚至是品牌知名度以外，在關鍵性的競爭拉鋸戰中，還有一項是決定勝負的重要競爭條件，就是「簡單」。重點就在，要讓通路合作夥伴感覺與你做生意很簡單、要讓終端消費者感覺產品使用上很簡單，就是要讓通路合作夥伴、終端客戶都能感受到公司務實、不傲慢、沒有繁文縟節、快速傳達價值的誠意。在公司經營國際市場業務的過程中，價值鏈的資訊與價值不只要有「傳」也有「達」，而且還要夠「快」，而「簡單」，其實就是要讓資訊與價值，不但傳得「準」，而且還能傳得「快」！

決「戰」於千里之外，決「勝」於彈指之間

對公司而言，在決戰於千里之外的國際市場上，理順價值鏈、維持價值鏈的正常運作是公司的基本功，但要與其他競爭對手一較高下，那麼就是必須決勝於彈指之間，比的是準確性與速度，是讓價值鏈運作加快的能量。

「簡單」的概念，就是要讓資訊與價值不單是傳得準，而且還能傳得快，更進一步來看，對公司而言，「簡單」絕對是一帖活血行氣的良方，因為在價值傳達過程中，有時可能手法是很粗糙的、很迂迴的、甚至可能是很遲緩的，所以公司要思考的重點，不僅僅在於傳達，而且是要能夠很順暢、很

輕易的讓價值鏈上的環節接到球。

基本上，公司就是要思考，要如何讓通路商很容易與自己做生意，試想，當市場上出現了一個大標案，通路商一方面要與其他人激烈的競爭，另一方面，還要分神來處理與公司間，繁瑣的作業流程溝通，在這樣的情況下，通路商能夠有效率的為公司打天下嗎？舉例而言，對經銷商而言，公司要展現「簡單做生意」的誠意，就必須要提供更多市場行銷資料、教育訓練、更容易簡單的交易往來流程，幫助經銷商很容易與公司往來，並且幫助他們更容易的去賣產品。

要特別注意的是，「簡單」不只存在於公司「直接對應」的價值鏈環節間，而是整條價值鏈都必須要很順暢。舉例而言，有些公司想盡辦法，讓合作的通路商夥伴「簡單做生意」，但通路商夥伴對他的零售通路商、甚至於終端消費者，卻不見得也抱持著同樣的心態，這可能是受限於通路商本身的價值鏈，不夠有效率，所以會出現複雜難懂的折價促銷方案、產品被堆放在賣場展示貨架角落等狀況。又或者是部分家大、業大、規矩也大的通路商本身，就有很繁瑣的標準作業流程，讓簡單做生意的誠意僅止於公司到通路商這一段價值鏈流程。在這樣的情況下，公司的「簡單」誠意有也等於沒有。

講到這裡，其實就可以清楚的看出，「簡單、方便」其實扮演的是臨門一腳的角色，因為不論對通路商、分銷商、零售銷售商、甚至是終端消費者而言，如果公司真的用心，讓通路商可以簡單做生意、方便銷售，讓消費者方便購買、簡單使用，其實就是在幫通路商或消費者解決問題，降低可能必須面對的壓力，而且持續觀察價值的傳遞是否符合預期，如此一來，才能真正加快價值鏈的運作速度，不單單是傳得順、傳得準，而且還能傳得快、傳得好。

而同樣的「簡單」這件事，也適用在公司內部不同部門身上。因為這些部門各自在價值鏈上扮演不同的角色，也同樣必須傳遞不同的價值到其他環節手中，如果將「簡單」的觀念導入部門間的資訊價值傳遞時，就會讓公司內部的運作更為順暢，不同部門間的協同運作也會更為快速。

有一公司，每年端午節時都組一個二十人團隊，去參加划龍舟比賽。幾年下來每次都輸，追查原因，原來每次都只有一個人，小明在划，其他十九個同事，都只是在嘻笑聊天看著，老闆很沒面子，痛定思痛之下，組成一組研究小組，看要如何改善。三個月後報告出爐，很興奮的跟老闆說，找到原因了，是小明划的太慢，建議小明要多練習，划的快一點。

我想大家對這樣的故事，應該會感到很熟悉，這是很多組織的通病。當我們說要傳的準及快時，組織內各部門，卻是各持本位主義，互相怪罪推諉，價值要傳的快又準，沒有在價值鏈上的成員通力合作，是做不到的。

在這資訊發達、透明、數位化的時代，敵人從四面八方而來，目標瞬間萬變，所以現在的團隊，不但平時要不斷加強內部聚合及通路的緊密配合，盯緊真正的靶心，瞄準後精準射擊，直中目標，更要隨時把價值鏈，打造的非常機動結實，在不斷移動的靶心中，先射出箭、再機動瞄準，這更是對價值是否傳的快又準的一大考驗。

AI 私房心法

1. 公司在思考「簡單」這件事時，如果只是一心想要簡化，而少了細膩的操作思維，就會「吃緊弄破碗」，因為不負責任的簡化，到最後只會把事情變得更複雜、更難以收拾，所以，公司要思考的是要負責任的簡化，才是真正化繁為簡的藝術。

2. 在不同的國際市場中，必然有不同的市場環境、文化、法律、使用者習慣等差異，這些差異在不同市場也有優先順序不同的重要性，公司若要在這些不同市場中執行「簡單」策略，化繁為簡的下手關鍵，就在於不同市場的需求差異。從另一個角度來看，「簡單」其實就是一種真正貼近當地市場的本土化，因為公司必須站在當地通路商、零售通路商、消費者的角度去思考，要提供怎樣的價值與資訊，才能讓當地市場更容易、也更快接收到來自公司所要傳達的價值與資訊。

3. AI可以幫忙傳的準：包含預測分析於庫存管理，個性化市場營銷，風險管理，品質檢測自動化，也可以幫忙傳得快：包含智能物流，自動化客戶服務，智能合約於供應鏈，智能製造。

34 將心比心，深得「客」心

「將心比心」，不是一廂情願的「給」，而是設身處地的先想好到底客戶要什麼，探究消費者內心深處的想望。

有次我們海外分公司參加一個大型秀展，一進展場，同事就興沖沖的跑來問我：「不錯吧！我們今年的場子很熱鬧，看看旁邊的攤子，都被我們比下去了。」我認真看了一看，我們的攤位陣仗確實很大，而且到處都貼滿了醒目的標語「就是要給你最好的！」、「最佳評鑑」、「無與倫比的產品品質」、「最安心的售後服務」。同事看我笑而不語，接著繼續說：「你有沒有看到這些標語？這些全都是我們最近強打的廣告，為了這個展，我們事前功夫做得可是一點都不少。」

看著忙得滿頭大汗的同事，我很清楚他們對於這個秀展花了很多力氣、做了很多功課，但我疑惑的是，消費者真的了解「最好」、「無與倫比」、「最安心」是什麼意思嗎？更重要的是，這真的是客戶要的嗎？

一廂情願的給？無用

近年來被認為是新科技時尚風格代表品牌的蘋果（Apple），十年前也曾經陷入垂垂老矣、無以為繼的存續危機，直到 iPod 的出現，才真正扭轉了蘋果的命運。就如同很多人討論如今蘋果的成功，該歸諸於技術的領先、工業設計的精湛、還是行銷手法的高明呢？我認為重新帶領蘋果再攀高峰的創辦人賈伯斯（Steve Jobs），有如懂得讀心術的巫師，看見了、而且實現了消費者內心深處真正的慾望與需求，從蘋果的 iPod、iPhone、到 Mac Air，就是要讓消費者用起來、看起來、感覺起來都很好、很舒服。蘋果做對一件最重要的事，就在於「將心比心」，對消費者而言，更是「深得我心」。

「將心比心」，不是一廂情願的「給」，而是設身處地的先想好到底客戶要什麼，所謂的「設身處地」，就是要感同身受的去了解、探究消費者內心深處的想望。

也許很多公司會認為，「將心比心」、「設身處地」根本是基本常識，誰不想要「最好」的價值、「最便宜」產品呢？所以，只要打出這樣的訴求，諸如「就是要給你最好的」、「最快的運算速度」、「最便宜的價格」等廣告詞，消費者一定會想要，而這些真的是客戶所想的嗎？又或是決定消費者行為最關鍵的想望與需求嗎？

有些人，除了一直自說自話，不求從市場得到回饋外，還常常倒果為因，把結果當成當然。認為產品大賣，是因為促銷得宜，殊不知是競爭對手調高價格，或有新的通路決定上架我們的產品。很多時候，是因為看似要下雨才要帶傘，而不是因為帶傘天才下雨。

很多遊客愛去的美墨邊界提瓦那市，去那邊買免稅的便宜貨，有一天，一群台灣遊客，看到老墨在兜售一件一千五百元的皮衣，大家嫌太貴，所以乏人問津。終於有人和老墨在一陣殺價後，把價格殺到了一件五百元。當大家知道後，就一窩蜂衝過來搶買，忽然老墨說，現在一件要變回一千五，因為需求實在太強了，只見瞬間大家一頭霧水一哄而散。事實上，客戶是因為降價了才要買。這種倒果為因的例子，幾乎是非常普遍，做市場調查的現象，有些業務也常把由於產品功能強或行銷得宜，而錯以為自己在銷售技巧上多了不起。

映現內心想望的意若思鏡

在哈利波特小說中，出現了一項神奇的寶物「意若思」鏡（Erised），鏡旁的銘文是「Erised stra ehru oyt ube cafru oyt on whosi」，乍看之下，很多人以為這是作者胡謅的一段文字，但事實上，這是作者特意安排的梗，因為若從鏡中反射影像重讀這段文字，就會變成「I show not your face but your heart」，意思是「我映現你內心的想望，而不只是你的面容」。

很多公司都希望擁有意若思鏡，能照出消費者內心真正想望的價值與需求，但有趣的是，意若思鏡神奇的地方，就在於只有照鏡子的人本身，才能看到鏡中真正反射出想望的影像，而意若思鏡反射照映出的影像，往往會讓當事人自己嚇一大跳，熱淚盈眶，因為人類有許多的需要或想望是潛藏的，在沒有過去經驗值的累積提醒下，是無法被提出或說明的。所以，公司真正需要的不是一面意若思鏡，而是要讓自己變成一面意若思鏡，反映照射出客戶最深層也最關鍵的價值需求。

事實上，每家公司都有能力打造出一面意若思鏡，因為確實了解消費者的需求，原本就是公司的責任與義務，更是公司存在於市場的價值，而這也就是所謂的發掘客戶需求。

沒講出口的需求才是關鍵

有個朋友的公司是資訊硬體ＯＤＭ廠，有次接到某品牌大廠的訂單，客戶將所希望的功能、外型等規格都寫得很清楚，他們也與客戶充分溝通，確定符合客戶要的產品功能與規格。在產品開發完成、生產出貨之後，這位朋友卻不斷接到客戶的抱怨，因為此項產品銷售大大不如預期，這家客戶回頭責怪ＯＤＭ廠商做出來的東西不是市場要的，所以才會賣不好。朋友對客戶的抱怨很無奈，因為產品從開發、設計、到生產，全都按照客戶的規格要求，照理說，這就是客戶想要的東西，但到頭來卻被嫌到臭頭。

雖然朋友覺得客戶的要求是不合理、且不可理喻的，但就我看來，這一切其實再合理也不過，所謂「了解客戶的需求」，不只是從客戶口中聽到什麼就做什麼、給什麼，而是要更進一步、更早一步去了解客戶還沒講出口的需求。

對於發掘客戶需求這件事，很多公司大概都會很羨慕福特汽車的創辦人亨利．福特的膽識，因為他曾經說過：「顧客可以選擇他想要的任何一種顏色，只要它是黑色的！」但是，不要忘記了，當時的福特汽車佔有五〇％美國汽車市場，所以，亨利福特可以霸氣十足的這麼說。但是，在目前競爭越來越激烈的國際市場情勢下，公司就是要比對手更貼心、更設身處地，甚至比對手更早、更快發掘並提供客戶需要的資訊與價值。

在今天市場，產品、通路、服務多元化的數位時代，如果再加上各地區，不同的文化、習慣、經濟狀況、消費能力，客戶的需求千變萬化，實在很難準確洞悉客戶要什麼。除了可以運用田野訪查，實地親身體驗，數位行銷、社群、通路回饋，智慧物聯網的應用及大數據等等方式，收集多樣資訊及判斷客戶的需求，最重要的是，把握客戶為何要買的動機，客戶要完成什麼，例如在生理、安全、社交、尊重、自我實現等不同等級的需求。要隨時融入當地文化及社會，有敏銳的觀察力，要做到習不以為常，理所不當然，才能發掘客戶未說出的渴望，時時給客戶帶來驚喜。

AI私房心法

1. 所謂「了解客戶的需求」，不只是從客戶口中聽到什麼就做什麼、給什麼，而是要更進一步、更早一步去了解客戶還沒講出口的需求。
2. 在價值傳遞的過程中，價值鏈環節之間都必須設身處地為對方著想，每一個環節的需求都應該被重視、被滿足。
3. AI的人工智能語意分析技術可探尋更細膩人性的細節，加上現今電商市場多元化的挑戰：在當今數位化、多元化的市場環境中，了解客戶的多變需求變得更加複雜。可透過AI讀取大量田野訪查、數位行銷、大數據等，以更全面地理解客戶。例如誰也不會想到尿布與啤酒綑綁銷售居然是大賣的產品，以專業資深行家也很難找到尿布與啤酒背後的人性關聯性。

35 展現真心換信心

過於誇大、高估自身的能力，很可能成為一場摧毀客戶信心的大災難。

剛開始拓展國際市場業務時，對當地市場而言，我們是一個完全陌生的品牌，幾乎沒有通路商對我們感興趣，但在我們終於與當地最大的通路商體系簽約合作後，先前那些對我們不感興趣的中小型通路商，紛紛找上門來表達合作意願，我很好奇的問他們：「你們以前不是對我們不感興趣嗎？怎麼突然態度大轉變啊？」這些通路商雖然有點尷尬，但卻也坦白的說：「以前我們根本搞不清楚你們是什麼來頭，但看到那家大通路商跟你們簽約，就知道你們一定是有實力的公司，否則那家大通路商怎麼可能會願意跟你們合作。」

類似的情況在其他市場也曾出現。我們剛開始在東南亞市場布局時，除了逐步建立通路體系，也做了很多市場行銷廣告，但業績一直都沒有起色，對當地客戶而言，初來乍到的我們幾乎是完全沒有知名度的，但當我們與某家全球知名電腦品牌大廠建立起策略聯盟關係，將兩家公司的產品搭配進行銷售，果然很快就讓當地市場注意到我們的存在，也就此開始拓展當地市場的業務。

有些時候，通路商或是終端消費者，不見得是不認同公司所要傳遞的資訊與價值，但他們需要多一點的理由與證據，來讓他們感覺到這樣的資訊與價值是可靠的。

舉例而言，走進書店常常可以看到在新書上會加註「全球銷量兩百萬冊」、「紐約時報書評給予最高評價」之類的字眼，對許多讀者而言，他們直覺想到的是「哇，全球有兩百萬人看過這本書耶，應該不會太差吧！」「連紐約時報都推薦，應該會是有深度的書」，這些理由與證據，讓他們認為這本書至少不會太差，這其實也是另一種讓消費者感到安心與可靠的價值。

一般來說，廠商若能在美國，日本，西歐有成功的客戶，不錯的市佔率或得了大獎，在國際市場，尤其是開發中國家的通路及客戶，比較容易信服。當初也是我們公司，在美國得了幾個第一獎項，打著世界名牌的光環，才在東南亞或印度能打出一片江山。尤其是印度人崇尚名牌，當公司生意做起來且上市後，印度總經理，就常常自豪的吹噓說，在印度只要掛上D-Link的名字，要賣什麼都可以。

很多市場要起來，除了要投資在一些活動及人力，來顯示對客戶或通路支援的基礎外，還須要一些成功例子為點火器，例如我們在巴西立公司，做了上百多場教育訓練後，業績還是要等到贏了聖保羅大學的大案子，及打進當地最大的西班牙電信後，整個市場才為之震撼，不但名氣快速傳遍巴西，甚至擴散至整個中南美市場。

間接比直接更有效

值得注意的是，上述所提的這些讓客戶安心的方法，多半都是「直接」性的訊息，就是要告訴通路商或終端消費者：「我們一定會讓你安心！」但這樣的訊息有時不見得能讓客戶立刻有效的吸收，甚至會被質疑是否只是空口說白話。

根據我過去的經驗，有時「間接」會比「直接」更有效。

舉例而言，當年亞洲金融風暴最為嚴重的時期，整個東南亞幾乎都受到金融風暴的影響，所有公司的廣告預算都大幅縮水，但我們逆勢操作，連續打出幾個氣勢驚人的廣告，所有人都在問：「這是什麼公司啊？這個時候還有能力可以大做廣告，實力應該是不錯！」就當時市場的買氣來看，即使透過廣告，可以刺激的買氣仍然有限，表面上看起來，這樣的廣告手法好像沒有直接打到真正的目標消費族群，但事實上，我們大做廣告的原因，是為了要讓經銷代理通路商、分銷通路商見識到我們的實力，而最後也的確達成了我們的目的，吸引許多通路商上門表態要與我們合作。

簡單的講，對於客戶而言，若只是直接把類似的資訊或價值傳送給他，對方或許會理解，但不見得會百分百買單，如果製造一個引起客戶注意的狀況，讓客戶自己去解讀，進而認同公司所要傳達的價值，絕對會讓客戶更相信，而且更安心的去接受公司的價值。

一次不忠？百次不用！

很多人都聽過「潛水夫症」，之所以會發生潛水夫症的原因，來自於壓力的突然改變，一旦減壓不當，氮氣會形成氣泡在體內各處流竄，對血液循環造成障礙。

許多公司想出很多種不同的方法來幫助客戶「減壓」，但要命的是，在減壓的過程中，許多公司用了錯誤的方法，或是不夠完整的程序，甚至過於誇大高估自身的能力，使得原本幫助客戶「減壓」的好意，成為另一場摧毀客戶信心的大災難。

舉例來看，如果公司宣布提供兩年的產品保固服務，不能只在產品上貼上標籤就沒事了，而是要更進一步讓客戶知道，公司在當地有很廣大的通路服務體系，也有在地的支援服務據點，讓客戶真正享受到「安心」的實質價值。

有些公司為了讓客戶安心，提出不受「購買地」限制皆可保固、換貨的服務，但當客戶發現產品有問題或是不適用要換貨時，卻受到百般刁難、千般不耐的對待；或是客戶撥打客服專線請求協助，但電話卻是怎麼也打不通，只能又急又氣的乾瞪眼。試問，這樣的服務、這樣的「減壓」美意，能讓客戶安心嗎？

又或者，公司大做廣告，誇口自家產品擁有最高的市場佔有率，但被踢爆廣告不實，試問，這樣的品牌還會有讓客戶安心購買的價值嗎？

公司可以提出許多讓客戶安心的方法，但重要的是，這些方法都必須要能夠「長期一致性」的被執行、被落實，而這就是公司的承諾。公司對客戶許下的承諾，其實就是在考驗公司的真心，必須是要經過衡量評估，確定可以達到的，也就是要「說到做到」。

所謂「一次不忠，百次不用」，因為在價值鏈傳遞資訊與價值的過程中，如果公司所傳達的訊息是錯誤的、是不實的，是沒有辦法被兌現的，不論對通路商或終端消費者而言，都會形成未來資訊流傳遞的瓶頸關卡，因為當價值鏈環節失去信心時，就會造成資訊與價值的扭曲與折損。

尤其是在這資訊透明及發達的時代，公司更要小心注意，所有對外所發表的訊息，包括廣告，發表會，記者訪談及在社群分享及交換訊息等等。所有的數據，新聞或意見，都是數位足跡，如有不實或誇大，都有可能在日後一段時間，甚至幾年被競爭對手或有心人士，當成攻擊的話柄，不得不慎。

只想賣產品，客戶沒信心

觀察許多公司拓展國際市場失敗的經驗，很多是因為抱著「打帶跑」的心態，想說先小小的做做看，能撈一票當然最好，如果撈不到好處，就腳底抹油一走了之，滿腦子只想著要「賣」產品，根本就不去管客戶到底是不是安心，也就怪不了客戶對公司沒有信心，無法認同公司提供的價值。

如果公司對這個市場是有承諾的，是以長期深耕的心態在經營，就應該要想得更遠，而不是只著注眼前的小得小失。舉例來看，當公司的產品出現設計上的錯誤，必須要全面性的召回（Recall）處理，對那些只想撈一票走人的公司而言，恐怕都不願意損失一大筆錢召回產品，但對想要長期深耕市場的公司而言，雖然召回產品會造成立即且顯著的損失，不過，從另一個角度來看，這也正是公司展現對此一市場真心誠意的最好時機，這樣的舉動，是負責的，更是具有高度承諾的，自然就會換來客戶的信心。

AI私房心法

1. 通路商或是終端消費者，不見得不認同公司所要傳遞的資訊與價值，但他們需要多一點的理由與證據，以證明這樣的資訊與價值是可靠的。
2. 公司可以提出許多讓客戶安心的方法，但重要的是，這些方法都必須要能夠「長期一致性」的被執行、被落實，而這就是公司的承諾。
3. AI的精準數據分析多維度報表可以將價值鏈夥伴信心加速點燃，好比預測銷售量能間接刺激原物料夥伴準備，也同步強化銷售通路的備戰。

36

如何傾聽市場？

公司的老闆或是總部主管，真的不知道問題出在哪裡？不知道時間該花在哪裡？不知道誰是真正的客戶？還是，根本假裝不知道這些問題的答案？

一次與幾個老友相聚的場合裡，在酒酣耳熱之際，天南地北的聊開了。我們這群認識多年的朋友，其中有好幾位在不同公司獨當一面負責國際市場，彼此間常開玩笑，最常見面的地點是在機場的候機室，要不然就是在報紙上讀到對方在海外市場開疆闢土的故事，都是一付威風八面的樣子。

但聊著聊著，有個在台灣上市公司任職的朋友把杯子一放，說：「做業務真難啊！」他長嘆一聲：「我們有一些不錯的通路夥伴持續在合作，雖然沒有立即性的爆發性成長，但業績都是持續在跑；但怎知，那天我風塵僕僕的回來台灣開會，坐鎮台灣總部的大老闆劈頭就給我來了一句：『最近公司股價跌得很慘，就是因為我們海外市場的業績不如預期！』接著直接下令，要我回去立刻讓通路商多進點貨，下個月一定要把業績衝高。」當下，這位在海外市場第一線打拼的朋友當場傻眼，心裡冒出了一個又一個的問號，「這不就是塞貨嗎？」、「通路商不是我們真正的客戶吧？」、「這樣做對公司長遠業績及市場開發有什麼意義呢？」

而一個在外商公司任職高階主管的朋友也跟著嘆氣，他說：「我的狀況也比你好不到哪去，我們美國總部的老闆從沒來過台灣，也搞不清楚這裡的狀況，卻總是質疑我產品賣不好、工作不認真，但當我向他報告，台灣市場應用環境還不成熟，此類產品還沒有實際需求時，這位老闆卻告訴我：『不可能，這個產品在美國熱賣，沒理由在台灣賣得不好』，讓我不知道該怎麼讓他了解，未來台灣當然可能會像美國一樣出現需求，但卻也不是立刻就會大賣，而是需要時間慢慢深耕培養，因為他根本不了解台灣市場，當然不能理解產品賣不動的原因。」

另一位朋友聽完，冷笑一聲說：「我比你更慘，我們公司平均一週要求召開三次業務檢討會議，從總部直屬主管、亞太產品主管、當地市場業務負責人，從上到下，一層接著一層的檢討下來，光是準備會議資料就得花上大把時間，我們不是為了做生意而辛苦，而是為了『開會』而疲於奔命。因為要開這麼多的檢討會議，第一線業務人員根本沒時間去了解客戶到底要什麼，通路商到底需要我們怎樣的支援，更別說掌握整體市場的動態了，因為我們八〇%的心力都被拿來『檢討』，但這些檢討會議，其實也沒檢討出什麼結果，大家只是想破頭講一些老闆喜歡聽的業務報告。」

到底該聽誰的

上述這些狀況，很多人應該都不陌生，因為這就是現實生活中公司在開拓國際市場時會出現的狀況，不論是被要求灌貨衝業績，賣不動產品被罵到臭頭，還是一天到晚被要求開會檢討等情節，其實在很多公司都時常上演。

也許有人會問，這些公司的老闆或總部主管，真的不知道問題出在哪裡嗎？真的不知道時間該花在哪裡嗎？真的不知道誰是真正的客戶嗎？真的不知道該怎麼做才會有更好的業績嗎？又或者是，他們根本是假裝不知道這些問題的答案？

事實上，這些問題的關鍵都出在公司的心態與文化上。

在經營國際市場時，公司決策形成的過程，是由內部由上往下形成，抑或是從外部（External）匯集資訊之後才作出的決策，將會影響一家公司經營國際市場業務的模式。

「傾聽」，就是了解市場實際狀況，進而掌握價值鏈全貌，發現漏洞的第一步。很多人都知道要傾聽市場的聲音，了解客戶的需求，但在實際運作公司的過程中，卻常常忘記傾聽的重要性，或漏失傾聽某一個價值鏈環節的聲音；但在開拓國際市場時，其實必須要從後方逐步向前，傾聽前方的意見，因為身在越靠近市場的前線，越能真實的反映出市場的實況，也才能提供最正確的客戶意見。

從前打仗時，敵我雙方都會派出所謂的「探子」，去偵查前方地理及敵情。好的探子，會在抵達敵人陣地後把敵人步兵，騎兵人數，戰馬幾匹，軍械種類，補給狀況，陣地地形等等細節，在第一時間，一次完整的回來匯報，畢竟快速瞭解全貌，是致勝的關鍵。但是往往在前方的人、業務或支援，不知是經驗不足或關係不夠，或者是通路搞不清楚，常常回報片面狀況，待總部再詳細一問，才又回去收集資料，如此多次一來一往的問答，因而就延誤了商機。

對OEM廠商而言，品牌公司是其客戶，對品牌公司而言，總部應該把海外子公司或分公司當成客戶，分公司把經銷商當成客戶，經銷商把分銷商當成客戶，分銷商把終端用戶當成客戶，在這環相扣的過程中，可以透過傾聽各個環節反映的資訊，進而了解每個環節的運作狀況，而最終的目的，就是要透過這些資訊的取得理順價值鏈的運作。

事實上，對所有公司而言，只有終端用戶才是真正的客戶，產品必須賣到終端客戶手中，才算是真正的完成價值鏈的流程，而價值鏈中的分公司、經銷商、分銷商，品牌公司一方面要了解他們的需要，提供更好的支援，把他們當成客戶一樣。另一方面，他們也是公司在價值鏈中的環節夥伴，必須讓他們能夠運作順利，從各種支援行動中了解各環節的需求，進而藉由促銷活動，教育訓練，技術支援等來彌補不足，才能夠替公司將產品賣到終端用戶手中。

傾聽不只是「聽」！

也許有人會說，台灣公司其實早就學會「傾聽」客戶需求這件事，否則過去二十、三十年來，台灣公司怎能夠把全球一線大廠客戶都服務得妥妥貼貼的。事實上，就專業代工製造的領域而言，真的已經有許多台灣企業做得很好，但值得注意的是，這些以代工製造為主的公司，他們面對的客戶常常就是單一特定的大廠客戶，所以只要集中精神好好聽清楚這個大客戶的意見，就能完美的達成目標。

但在國際市場業務的範疇中，台灣企業可能要同時面對多個不同地區、不同型態的客戶及協銷夥伴，包括代理、經銷、分銷、系統整合、電信業者等，在這樣的情況下，難度自然相對較高，就有可能讓公司忘記、或者是漏失傾聽來自市場最前線的聲音，使得公司決策出現錯誤的判斷。

所以，傾聽市場的聲音，絕不只是聽單一客戶、或單一管道的聲音，而是要從價值鏈由上往下、由後往前的了解來自市場最前線的需求與實況；很多公司不是不知道「傾聽」的重要性，但卻因為既有的心態與文化，忽略了「傾聽」不只是「聽」而已，而是一種心態與文化，因為真正有價值的「傾聽」會出現在對客戶的尊重、對夥伴的認同、以及對市場的謙卑上，若能虛心傾聽來自市場真正的聲音，企業才能找到客戶對產品及服務的真正需求。

公司要安排及運用不同管道，去瞭解市場的動向及對公司的意見。可以用問卷或請外部顧問幫忙調查，尤其是要聽到，除了現有客戶及通路以外的回饋，有時很多公司，在利用參展收集資料，甚至可以意外的聽到，對公司的形象批評。有一次在新加坡展場上，就不經意聽到，有人指著我們攤位說，這家公司薪水很低，對員工很苛。

另外在招人面談時，也可從請教應徵的人，對公司的看法，聽出弦外之音。最重要的，公司要能夠隨時分析過去市場的走向，更新今日市場的動態及掌握明日市場的趨勢，以達到知已知彼，百戰百勝。

AI私房心法

1. 身處市場第一線的分公司業務人員應該將市場動向、競爭情形及客戶需求回報給總部了解，另一方面，總部也必須充分授權，讓市場最前線的業務人員有更大的彈性空間，反應多變的市場變化，去支援通路做「對」的決策。

2. 要達到如此成果，授權絕對是最重要的關鍵之一，若沒有授權，就不能真正落實尊重當地市場的聲音，就失去了傾聽、資訊交流的意義。

3. AI能幫助企業進行更具高級的傾聽，舉例零售業的客戶購買預測：

 a. 分析：AI利用分類或回歸模型，來預測客戶可能感興趣的產品，基於他們的購物歷史和搜索行為，舉例RFM是一種用來衡量客戶價值和忠誠度的分析方法。

 b. AI可提供批判性思維：考察算法是否過度推薦特定類型的產品，從而限制了顧客的選擇多樣性。AI再提供建議：增加算法的多樣性和隨機性，以避免形成過度狹窄的推薦虛化，同時定期更新算法以反映市場趨勢和消費者行為的變化。

37 得客心者得天下：善用數位溝通

由於通訊的發達，競爭資訊無所不在，客戶已不能滿足平凡產品或被動的服務，廠商要有以客戶為中心的思惟，通過不同管道做積極雙向的溝通，才能創造給客戶不斷的驚喜及深得吾心的感覺。

通常客戶有機會直接接觸到廠商，就是在產品出問題或不會使用時打去客服中心要求協助。而大部分的公司在聽到客訴時，往往都會感到沮喪，覺得是一個費用與浪費時間的負擔，完全失去當初在行銷產品時，滿滿的熱情與用盡各種平面或數位的溝通管道及工具，轟炸通路及客戶。

如果是在國內，當產品功能或品質出問題，或有時是客戶不會使用或使用不當時，頂多是請客戶回修或派工程師去現場解決問題，但是若發生在國外，那問題就複雜許多。

如果當地沒有自己的團隊，就必須委託代理商或尋求專業的客服中心，而將客戶服務視為負擔，但實際上，從另一個角度看，它是建立與客戶溝通和信任的絕佳機會。

總之公司想要跨進國際市場，在地化的產品維修及服務的能力是必要的投資。想當年友訊在印度及俄羅斯市場的成功，就是具備有自己當地的客服團隊，不但要讓客戶感到親切關心，減少等待時間，快速找出解決方案，我們更利用客服中心推薦更好的產品，將產品的不同問題解決方案製成案例，在網站上成立專區供客戶參考。

如此既改善了客戶服務流程，使之更加親切和關心，同時減少客戶的等待時間。也通過AI的數據分析，公司能快速找出問題解決方案，並透過客服中心推薦更適合的產品，這不僅提升了客戶滿意度，也增強了品牌形象。

一位電子產品銷售的老闆也分享了他們如何運用AI來幫助改進其客服中心的效率和客戶滿意度。尤其是自動語音識別（ASR）和自然語言處理（NLP），來分析客戶通話數據。他們首先收集了過去六個月的客服通話錄音，這些錄音包含了豐富的客戶反饋和查詢資料。語音識別處理：接著，他們使用自動語音識別技術將這些語音錄音轉換為文字格式，這使得進一步的數據分析成為可能。數據分析與洞察：利用自然語言處理技術，公司分析了轉換後的文本數據，尋找常見問題、客戶的情感趨勢，以及提及產品的特定功能或問題。

根據分析結果，公司識別出了幾個關鍵領域，例如產品功能的常見問題、客服流程中的瓶頸，以及客戶常提出的特定查詢。實施與監測：憑藉這些洞察，公司改進了其產品指南，調整了客服流程，並對客服團隊進行了針對性培訓，以更好地應對常見問題。此外，他們也設置了實時監控系統，以持續追蹤客戶反饋和服務質量。

在一段時間後客戶滿意度顯著提升，因為問題得到了更快速和準確的解決。客服效率提高，由於有了更好的準備和知識庫支持。產品和服務的持續改進，他們利用AI幫助他們從大量的客服數據中提煉出有價值的洞察，從而優化用戶體驗。重要的是要收集足夠的數據，並選擇合適的技術來分析這些數據。隨著時間的推移，這些分析可以不斷地調整和完善，以滿足客戶不斷變化的需求。

基於AI分析的結果，公司可以為客服人員提供即時的反饋和針對性的培訓建議。這種方法比傳統的人工評估更有效率，也能更快地幫助員工提高專業知識與技能。

有痛苦才有機會

其實客戶有問題，就像去醫院找醫生，廠商要特別重視客服的經營，利用任何溝通媒介或工具來和客戶溝通。在過去數十年由於網路速度的增加及覆蓋普及，已從只有郵件及網站及客服及行銷中心進化到透過動態網站，影片，串流，視訊，社群，每個地方，每個時間及每個人無所不在的溝通。俗話說（沒圖沒真相），現在的廠商在行銷上可以利用視訊，實物攝影機，影片，直接把產品圖像提供給客戶參考，使用者也可以就產品損壞或沒有功能的部分，和支援人員分享，以輔助問題的快速解決。以往廠商要辦個展示研討會就，要租場地，準備產品，總部的人要飛過去，客戶也要風塵僕僕的從各地塞車趕過來。但現在可透過遠程視訊來舉辦，而通路或客戶只需在家或公司內就可參加線上連網。這方面很多學校已開始在廣泛應用，更在世界因新冠鎖國時，更廣泛的使用。

記得有一年出差印度孟買，眼睛被沙子吹進去，在人生地不熟之下，只好用視訊求助台灣的醫生朋友，在他遠端視訊的指導下，藥房幫我做了及時的處理，兩三天就沒事了。這在今天配合網上各種醫療器材如血壓機，五官鏡等更可廣泛的運用在偏鄉及船上的看診。這對於很多地區像印尼，菲律賓多島之國就是很棒的福音。

廠商更可以透過特別加密的企業用社群軟體，把客戶及通路各部門相關人員拉成一組，方便在群組內分享及解決問題。如此一來客服中心就可以少掉很大的負擔。例如廠商的技術，客服，業務甚至供應鏈管理人員，可以成立各別群組來做第一手的及時分享及解決問題。

寓行銷於溝通

在當今數位化快速發展的時代，有效率的AI輔助數位溝通，已成為企業提升服務品質和市場競爭力的重要工具。這幾年由於疫情，很多公司都鼓勵員工在家上班，廠商在考慮到跨國設點上，可以充分利用社群找到當地的零工專才，以專案外包方式開始，透過新型態的數位溝通工具，廠商可以更方便的理順價值鏈，把服務熱誠，產品價值傳遞出到終端客戶。在今天數位溝通下，除了要善用這些工具傳播信息外，最重要的是要有溝及有通。要讓客戶樂於回饋，甚至於推薦及分享經驗給朋友。

客戶不但能在搜尋關鍵字時馬上找到要的網頁，視頻，同時也在用各種管道如電話，手機，電腦，平板等等馬上找到答案或要連絡的人，如果人員剛好在忙或出差，也可馬上由本人或代理回覆，以達到不掉球與隨時溝通的目的。客戶的每一個好壞回饋都非常珍貴。

東南亞華人流傳一個笑話，有一位企業老板很嚴厲，要員工只要聽命令指示執行。有天和朋友去釣魚，一陣子過後，他的朋友羅筐滿滿，但他竟一條魚都不上鉤。他和朋友換位置後還是如此。他就問朋友有什麼竅門，朋友笑笑的說：你要鼓勵魚兒開口啊！

有些老板只想要聽好的，殊不知會嫌的人才表示他關心，有興趣。要趁機充分溝通，解決問題，那麼這樣的服務客戶，以後就會放心且也成了口碑。其實最好的客服，就是提供知識幫客戶解決問題或賺錢。傳銷公司的每個人，要成功都要成為好的客服。要有幫客戶解決問題及成功的熱忱。在這方面也可以充分運用人工智能，提供更精準的服務。數位溝通平台的進步，如運用得當，利用網站，搜尋，短視頻，社群，口碑，可以吸引長尾潛在客戶，在開發國際市場上有非常大的方便助益。

但數位行銷也不是萬能的，如果廠商不知道自己產品的定位，優缺點，濫用數位行銷對客戶進行自吹自擂，反而造成客戶混淆或厭煩。同時對客戶問題因即時通訊沒有準備，答非所問或是無法解釋反而會影響到客戶的信心。一位做服飾的朋友很自豪的展示他新裝的物聯網智慧零售功能，當客戶進店時透過人臉辨識馬上知道他是老客戶，電視看板上播出他喜歡的新裝，同時也用VR試穿鏡請他試穿且用視訊和他的朋友一起評論，但在一切滿意後，由於店裡沒貨，客人沒法親自感受到布的質感，所以只好等下次貨到了再來。

所以數位通訊的發達是在企業行銷，客服，通路及內部溝通帶來了很多方便，尤其是善用在跨國經營可以省了很多時間及力氣。重要的是廠商除了要對自己的產品，知道是在什麼市場及什麼人，及何時要送出有品質的訊息，同時也要實際當地的員工或夥伴提供產品及服務。透過多通路線上及線下行銷溝通，才能獲得客戶的真誠回饋及忠心，繼而成為最佳代言人。

AI 私房心法

AI技術從二〇二三年起大舉進入人類的生活中，因此有了AI的輔助溝通，以往需要花很大的代價，才能換得比較精準的溝通，而幸運的我們只要善用對的AI數位工具，如企業跨境協作平台，或是人與人多元媒體智能溝通等，便能輕鬆的提高客戶服務質量和效率等各方面。

國際化人才管理

38 錯誤的找人心態

很多公司嘴巴上說：「花大錢沒關係，找到對的人最重要」，但心裡想的往往是另外一回事。

在前進國際市場開拓業務時，有些公司抱持「砸大錢，就會找到最好的人」的信念，於是舉凡透過獵人頭公司引薦、高薪從通路商或競爭對手中挖角的作法，就成為這些「有錢不怕世事」（台灣俚語）公司找人的管道。經由這樣管道找到的人，的確都很體面，從流利的英語能力、傲人的名校學歷、到多家大公司的主管工作資歷，每一項條件看起來都是上上之選。

一位任職高階主管的朋友一付鬱卒樣，一問之下才知道，是與海外主管發生嚴重衝突，但又不知該怎麼把他弄走，擺在那裡簡直就是塊擋路的大石頭。我記得當初這位朋友在找人時，曾經很興奮的告訴我，他從外商大公司挖了一個高階主管，這個人不但經驗豐富，學歷又好，人又長得相貌堂堂，一口純正的英國腔英語，優雅得不得了，對公司在當地市場發展一定會有很大的幫助。但僅事隔一年，這個當初被寄予厚望的菁英級人才，卻成為老闆眼中的問題份子。

門不當戶不對的用人衝突

原來這位海外主管過去一直都在國際級的大公司做事，習慣了大公司那種格局，一切按照標準作業流程做事。但問題是朋友的公司並不是什麼真正的大公司，很多作業流程都是很陽春的，如果這位主管能捲起袖子來幫忙建立制度流程，對公司當然是一種貢獻，但糟的是他並沒有主動幫公司建立制度，而是不斷抱怨公司沒有制度，而且因為習慣了外商大企業中，就是要帶一整個團隊才能作事的模式，他一到任就接連擴編雇用了十幾個員工，讓老闆看在眼裡、痛在心裡。想當初出了天價才挖到這個主管，就是寄望他一個人可以抵多人用，但沒想到他什麼都還沒做，就又先燒掉一堆資源，這筆帳怎麼算都不划算，兩人間的衝突就因此越演越烈，幾乎到了水火不容的地步。

事實上，很多公司雖然嘴巴上說：「花大錢沒關係，找到對的人最重要」，但心裡面想的卻往往是另外一回事，就是希望花高薪請來的這個人，可以發揮最高的成本效益，最好是一個人可以做三個人、四個人、甚至是五個人的事。

當抱持這樣的心態找人時，就很有可能出現上述例子中的狀況，因為大部分公司願意花大錢延攬的人才，常常都是來自「門不當戶不對」的大公司背景，而矛盾的是當初公司之所以願意高價聘請這樣的人，就是看上其擁有大公司的工作經驗資歷，但到最後雙方衝突的導火線，卻也都是因為其沿襲大公司的工作模式或態度，引發現任公司高度不滿，完全忘記了當初找人時的初衷。

有些公司為了省時省事，喜歡從競爭對手、或是通路商中直接挖角，想成功挖角，勢必要付出更高的代價，花大錢之後，是否又會淪為同樣的狀況？另外，從通路商合作夥伴中挖角，其實並不是好的選擇，因為這可能會破壞與通路夥伴的合作情誼，也會讓其他的通路商對你有所防備，擔心自己會是下一個被挖牆角的受害者。

也有許多公司，特別是台灣的公司，總是希望能夠花小錢、賺大錢，所以在找人時，大都秉持「俗擱大碗，好用又便宜」的原則，只要看起來還不錯，價錢不會太貴，又還能對公司有所貢獻，這樣的人就是上上之選。像這樣的找人心態，在剛開始小做市場時，或許還可以撐一陣子，但若公司業務持續擴大，當公司想要大做市場，就可能會踢到鐵板。

當初開始接俄羅斯時，人生地不熟，真不知從何開始找人，到了莫斯科，透過介紹認識了原來的一個小代理商老闆，一開始覺得，這人有點嚴肅，晚餐時只談產品及技術，有點無趣。等到第二天，一早天下著雨，他開車帶我要去辦一些公司設立的手續，但在之前，要先影印一些基本資料，只見他開到地鐵站口，衝下去找影印機，如此折騰了大半天，跑了幾個地鐵站，但都沒有找到影印機。在他衝進衝出，整身濕透後，我建議他就先不要麻煩了，改天再說，誰知他酷酷的回了我一句「在俄羅斯，沒有悲觀及放棄的權利」。當晚，在我力邀下，他答應加入了我們。由於他這種創業家的精神，日後我們在全國各區陸續設立了20多個點，找的人，除了要有網路的技術，可以支援當地通路及客戶外，更要有這種創業家，鍥而不捨的精神。也因此，俄羅斯業績在十年內，從一百萬成長到了兩億美金。

某家台灣公司在剛進入土耳其市場時，跟一家當地小經銷商合作愉快，後來決定到當地設點時，就力邀這位經銷商老闆加入公司擔任業務主管。一開始這個主管因為對當地通路與市場型態非常熟悉，業務果然很快就上手，一年的時間市場業務大幅的成長，公司整體規模也隨之擴大，然而公司後來漸漸發現，這個人好像開始有點不太對勁，當過去業務規模還小時，他可以單槍匹馬做出很好的業績，但在業務規模擴大後，他必須要負責指揮團隊開拓業務，但因為不懂管理、不會帶人，業務表現因此一落千丈，原本是公司業務頭號戰將的他，此時卻變成公司業務成長的瓶頸，他自己很沮喪，公司對他也很頭大。

知道你要做什麼，才能找到對的人！

其實，「又要馬兒好，又要馬兒不吃草」，是許多公司主管在找人時心中那個「不能說的秘密」，但這樣的心態一定是錯的嗎？就投資報酬率來看，這樣的觀念的確會有最高的報酬率，但實際上，就算是最識馬、懂馬的伯樂，恐怕也很難找出一匹日行千里、卻不用草料餵養的寶馬。

很多公司在找人時，大都會以「找到對的人」為出發點；但怎樣是對的人呢？我認為取決於公司在當下那個時點需要的是什麼樣的人、未來又需要怎麼樣的人？要找怎麼樣工作職能的人？

如果用戰略布局來形容，公司在思考價值需求時，要想清楚目前這個時點，是要找懂得衝鋒陷陣、直搗敵營的猛將，還是要找懂得運籌帷幄、決勝沃野的明帥。例如是要找可以負責全局的地區市場負責人，還是負責衝業績、拼生意的業務主管，抑或是以提供當地通路商技術支援為主的技術經理，其實都取決於當時公司彌補價值鏈環節缺口的需求。

公司對各不同市場的經營心態，是「買」市場？還是「租」市場？如果公司決定要全力大做這個市場，要花時間長期深耕投資，用「買」市場的心態去經營，那麼就要找到一個懂帶兵打仗的「將」；但如果公司就只想要試水溫小做，不想花大錢，或只想快速在短期內看到業績，抱持的是「租」市場的心態，那麼或許就只要在當地找一、二個人，做做業務、提供技術支援，此時可能就不須找到將才，只要找夠勤勞、夠耐苦，當然也帶點衝勁的「兵」就可以了。

俗話說「沒有不對的兵，只有無能的將」，所以在經營國際市場上找人之前，公司要很清楚自己的願景，定位及在當地階段性的策略。否則找來的人，不但不能加速市場開發，反而會浪費資源在內耗上。找到的人，不但要認同公司的基本信念，最重要的是要有主動積極，團隊合作的精神及良善的道德的操守。不管是要找會布局的行銷策劃，衝勁十足靈活通變的業務，很會執行的後勤或有保守特質的會計，公司除了考量當地文化及做事習慣的一些變通因素，最要堅守的，就是請來的人要能認同公司的價值，要有高的道德標準。

1. 「世有伯樂，然後有千里馬；千里馬常有，而伯樂不常有」，這是唐代文學家韓愈的文章，簡單解釋的意思就是，因為有善於相馬的伯樂，這世界上才有所謂的千里馬。
2. 找人之前，公司要先確定真正的需求，否則再優秀的人也會變成公司的大麻煩。但不要忘記，馬兒要吃草吃得飽，才能跑快又遠，企業別再做「又要馬兒好，又要馬兒不吃草」的白日夢了。
3. 招募最佳人才：AI可以幫助HR招募人員，可以識別HR招募人員尋找的候選人類型，並向前帶來適合的履歷表。AI系統便可管理技能和態度測試，以排名潛在員工的工作適合性。然後，對話介面（招募聊天機器人）便可使用自然語言直接與候選人溝通，並在整個招募程序中保持互動。

39

找人才，有捨才有得！

獵人頭公司提供的履歷通常就是那一些人，這一群人在同一個池子裡跳來跳去，累積了很體面的履歷背景，但不見得是適合企業的人才。

透過獵人頭公司尋找適合人才，的確是許多台灣公司在時間與距離限制下最好的選擇，至少可先透過履歷評選出可能的人選。但值得注意的是，在國際化程度較高的國家市場中，或許獵人頭公司的人選會比較廣泛，可以有較多的選擇，但在某些相對較為封閉的市場中，可能當地就只有幾百個英文講得好、有跨國性公司營運經驗的人，獵人頭公司所提供的履歷永遠就是那一些人，而這一群人就一直在同一個池子裡跳來跳去，所以累積了很體面的履歷背景，但到底是不是真正適合的人才，也沒人搞得清楚。

其實，獵人頭公司不見得是唯一找人管道，以我們過去的經驗來看，我們負責俄羅斯市場的同事就曾靈活運用技巧，尋找適合的人才。

透過當地合作夥伴找人才

當時，我們在俄羅斯已站穩腳步，因此準備大舉擴張，打算將觸角延伸至烏克蘭、愛沙尼亞等國家。一開始，俄羅斯的同事就到各個國家去舉辦通路商的招商說明會、產品研討會等活動，認識了一些當地通路商，同事就問這些通路商說：「我們公司想要到這裡來設點，以後能夠提供更好的支援給你們，所以，有沒有什麼好手可以介紹給我們？」通路商一聽，心想：「如果我介紹的人真的被錄取了，以後做起事來不就方便多了。」在這樣的情況下，許多通路商就很努力的介紹了許多不錯的人才，為我們省下不少找人的時間。

事實上，透過經銷商或當地合作夥伴尋找人才，的確是很聰明的方法，但因為經銷商或合作夥伴也許對公司的特性、文化、背景、資源不盡了解，在推薦人才時就可能出現盲點，更要注意的是，有時經銷商等合作夥伴可能會站在自身的角度或利益推薦人選。

找人的管道當然很多，獵人頭公司、通路商或其他關係的引薦，都是方法之一，各有其優缺點，但不論是怎樣的方法，最重要的是精確的蒐集可能的人才資料，才能從中找到最適合的人。

在這網路發達的時代，社群平台如臉書或領英也是一個找到人才的來源。如果經營得法，不但可以找到有潛力的人才，同時也可給業界或專業人士好的口碑，籍以宣揚公司專業及高成長的形象。

對方敢要，你敢給嗎？

有次聚會，我聽到有位朋友抱怨他在中南美洲國家的找人經驗，他說：「我知道巴西很多城市的交通都很擁擠，遲到個半小時，我可以接受，但上次我們約了個人面談，說好是九點鐘在飯店餐廳吃早餐，結果他居然十一點半才出現，早餐約會當場變成午餐會報，這實在太誇張了。」對許多台灣公司而言，這樣的經驗的確是很大的文化衝擊，但說實在話，在中南美洲等地區市場，這樣的經驗其實還不算太誇張。事實上，台灣公司在尋找海外據點人才時，經常會遭遇類似的文化差異震撼，最常見的狀況，就出現在討論待遇時。

有個朋友告訴我：「在國外跟那些老外談待遇，心臟真的要夠強，因為他們一開口的薪水都是天文數字，而且，住要住五星級飯店的行政套房，搭飛機一定要商務艙，在當地還要配車、配司機，拜託，我們老闆自己都坐經濟艙了，一個區域市場經理待遇居然比老闆還好，會不會太誇張！」

事實上，這是許多台灣公司在海外找人時最「想不開」的問題，在歐美等已開發國家市場找人時，一看到當地開出的待遇條件就倒退三步，因為實在比台灣的平均待遇貴上很多，但很多公司心想：「唉，沒辦法，這裡就是什麼都貴。」所以，不管請的是什麼人，也不管自己是不是負擔起或管不管得動，就硬咬著牙付了比台灣高出很多的薪水。

可是在部分新興市場，很多公司的想法就完全不一樣了：「拜託，這個國家的人平均一個月只賺個五千、一萬元新台幣，找個經理給個二、三萬塊新台幣，就算多了吧！」然而在很多新興國家中，M型社會結構十分明顯，金字塔頂端的專業人士所拿到的待遇，是直接與國際接軌，而不是與當地本土市場的待遇相比，許多台灣公司一看到這樣的人所開出的待遇條件，往往會嗤之以鼻然後走人，認為根本就不該有那樣的行情。

事實上，待遇的水準高低，公司心中當然會有一把尺，只是，這把尺應該要以當地市場實際狀況來量度，並以同一水準的行情來評估，絕不是自己悶著頭扳著指頭算數就可以了，還是要看這個人值不值得。

在尋找人才的過程中，不論是待遇或其他的文化差異，對許多公司而言，其實都在測試公司自己是不是「準備好了」。就以待遇這件事來看，如果公司真的覺得這個人條件很好、也很適合公司的需求，但是要求的待遇卻不是公司付得起的，此時公司應該回過頭想想，是不是真的有能力負擔前進此一市場所要付出的成本。

試想，如果有個人不但具有運籌帷幄的「帥」格，還有帶兵打仗的「將」才，甚至可以在草創之初，捲起袖子勞動當小兵，這樣的人就是幾近完美的人選。但如果這樣「完美」的人選，要求的待遇卻也是近乎「苛求」的天價，此時，公司有兩個「忍痛」的選擇，一是答應對方提出的待遇，另外則是放棄這麼完美的人才，如果是你，你會選擇那一種？

所以想要在挑戰重重的國際市場中，披荊斬棘，站穩腳步，財務和人事，就是最重要的兩大基石。不但要有建全的人事制度，更要有專業及有經驗的人事經理來負責。大則地區總經理，小至辦事員的任用、考核，都要考慮是否符合公司的文化，做事原則及事業的特性。

記得GCR剛開始創立時，朋友介紹了一位以前待過外商，但只負責台灣的人事經理，由於其對國際市場不熟，而我們為求方便及快速在全球建立分公司網路，同時也捨不得花錢找獵人頭公司，有一些地區負責人，就用了以前在友訊當地的退休幹部，或經銷商介紹的朋友。沒想到這些人，雖有經驗及人脈且人品不錯，但在新的商模及生意特性上，只懂得如何銷售硬體，對於物聯網軟硬結合的訂閱式解決方案服務，幾乎幫不上忙。且其找來的人及通路，也完全派不上用場。

想想如果當初在進入每一市場時，就有對公司事業的特性及做生意需求仔細的評估，而不是因為有熟人就冒然進入，沒有想到先捨，人不對或市場不成熟，就先戒急用忍，而一味只想要得，到頭來就只有賠了夫人又折兵，鎩羽而歸。所以人事，是公司在國際經營的大事及命脈，不可不慎。

AI私房心法

1. 各家公司心目中的「完美」型人才幾乎是不存在的，即使真的存在，也可能很昂貴而負擔不起。飄洋過海到人生地不熟的市場去找人，原本就有許多不確定的風險與文化衝擊需要克服，而有些看起來近乎「完美」的昂貴人才，或許不見得適合公司現階段的需求。
2. 在尋找人才的過程當中，與其「看高不看低」，還不如腳踏實地找一個「性能價格比」效益最高，且深具潛力的人才，想清楚自己的需求與能力，以「有捨才有得」的心態，找一個好用又好看的人才。畢竟，飄洋過海找人才，不能只想靠好運氣來賭一把！
3. AI分析可以處理大量員工工作紀錄資料，評估多個層面後，敢於捨棄不合適的人才，才能找到合適的人才。

40

找人要懂門道

要找到好人才，必須善於利用問題，對他提出深入甚至是尖銳問題，觀察他的反應，同時鼓勵他提出問題，由此判斷他真正的企圖。

好的開始是成功的一半，如果領頭的人找的好，對公司在新市場開疆闢土上可說是如虎添翼。但對的人不是光看一紙履歷就能辨別的，有時經由不同管道探聽徵詢，或可取得更進一步的線索，例如由對方履歷上的資料詢問過去與其有業務或是合作往來的人，了解這個人的行事作為與風評，俗話說：「凡走過必留下痕跡。」一點都不假。

如果從對方同事口中聽到：「這個人很優秀，但就是因為太優秀了，所以聽不見別人的意見。」或是「他的業務能力其實是『說』得比『做』得好」，又或是，「老闆一到，他就認真做事到半夜，但老闆一上飛機，他就繼續晚到早退快樂過日子」，類似這樣的評語，若僅有少數一、二個人提出，可能是「挾怨報復」或是「見不得人家好」，但如果同時有好幾個人都提出類似的評語，那麼這個人恐怕就不是公司要找的創業家，甚至連開荒牛都當不上。

面談，要「談」才有用！

有次我們在土耳其招募一位負責大型企業機關單位客戶的業務經理，經過篩選與面談後，一位年輕女士進入最後決選名單中，在最後一關的面談中，我開門見山的問她：「請問你為什麼想來本公司工作？你對本公司有多少認識？本公司的優勢與特點為何？」她對答如流的回答了一套還算完整的說辭，但她的回答都是很表面的形容或描述，沒有更深入的獨特觀點，我知道她事前其實並沒有先做功課，於是我忍不住再問：「你是要來爭取負責大型企業機關客戶的業務經理職務，但你沒有先作功課好好研究，以後當你去做大型企業客戶時，難道也不先做功課就去嗎？這樣做得好嗎？」這位年輕女士當場十分尷尬，不知該如何接話。

面談是需要技巧的，如果負責面試的主管只是拿著履歷看一看、唸一唸、那不如不要談算了，真正有意義的面談，其實就是要「對談」。舉例來看，有些人在面試的過程中把市場狀況分析的頭頭是道，所有的數據資料背得滾瓜爛熟，如數家珍，但是一問及產品銷售通路的實際狀況卻是支支吾吾，像這樣的人可能就不適合做業務，因為他根本搞不清楚什麼樣的產品該在什麼樣的通路上賣，或這個市場有哪些通路可以賣。

在面談過程中，提出好問題去測試對方是否適任，是非常重要的，但真正最高招的境界，則是「從問題中找問題」，從對方提出的問題中了解這個人關心在意的重點。在面試時，要適時的請對方問問題，如果對方說「沒有問題」，大都表示這個人可能搞不清楚該問什麼問題，又或者是對方問的問題不在於公司業務將如何推展，只關心福利與待遇，又或是與工作內容無關的雜事，那麼這樣的人可能就有大問題。

有次我與一位前來應徵海外業務高階主管的男士面談，我提出至少五點的未來發展方向試詢他的意見，只見這位男士頻頻點頭表示贊同，我忍不住問他：「你真的覺得每一點都可以做嗎？」他很有自信的回答：「沒問題，我都可以做得到！」然後就開始自顧自的談起他希望的待遇、福利等要求。

面試結束後，我對於這位先生的評語是「吹牛不打草稿」。也許有人會覺得我過於武斷或是太過嚴格，但我認為，對於我所提出的發展方向，包括公司為何選擇此一方向，或是未來希望達到的目標等重點，對方根本連問都不問就直接做出回應，顯示他只是隨口敷衍回應，並不那麼關心未來工作內容，只是關心能領多少錢、放多少假，這樣的人會是把公司業務當成個人事業經營的創業家嗎？我很懷疑。

事實上，透過對談也可以藉此觀察這個人更多內在特質與行事風格，是不是符合公司的需求，例如可以在過程中不斷拋出更尖銳、具針對性的問題給對方，觀察對方面對壓力與情緒時的反應，也可以提出一些需要觀察的問題，了解對方是否有細心敏銳的觀察力等，又或者詢問對方未來生涯規畫方向，像是打算在這家公司待多久，未來希望被晉升的職務等，都可以進一步確認是否與公司未來的發展需求相符合。

很多時候，在當地因藉出差方便，而需要幫忙面談不同部門專業領域的人才，如業務要談技術，或技術要代為看一下財務人員時，除了請外面顧問或總部專家，電話或視訊會議輔助外，也可以請對方敘述以前的工作經驗，所完成的專案，如何達成最自豪的成就，或如何克服所遇到的挑戰等，來有個初步的印象。

有時在面談時，也可以故意提出有些直接近乎刁難的問題，來考驗對方如何沈著面對挑戰，臨時應變的能力及態度。見微知著，從應付臨時挑戰當中，可以看出其是否有高的情商。這會是在將來，可否建立優良的跨國溝通及合作，重要的考量。

另外在尋找海外團隊時，本土化當然是重點，但也必須注意到此一人才的國際化程度水平，例如，英文也許不必有優雅的英國口音，但也不要夾帶濃重的當地口音，至少要能讓別人聽的清楚，並有流利而無礙的溝通能力，外表不必多麼地體面亮麗，但也不要讓人退避三舍。

我曾在中東地區面試一位被多方管道強力推薦的男士，因為他在當地市場的通路銷售經驗非常深厚，絕對是好手中的好手，但當我們正式見面時，卻讓我對於該不該雇用他傷透腦筋，因為這位男士雖然會講英文，口音卻很重，而當我們握手時，我瞥見他的手指甲留得老長，這是我想要的國際化人才嗎？還是再想想吧！

很多新創公司在遴選人才時，把是否可以帶來好的人才及團隊，幫助連結有價值的關係，或引進資金，當作用人的主要考慮因素，但其實，公司還是要回到引進新人的基本面，技術，經驗，人品和認同公司的願景及價值觀，才是支持公司成長的長久之道。

AI私房心法

1. 每次找人的過程，對公司而言不只是一道作業程序，更可以轉化為另一種幫助公司更了解市場的能量，在面談的過程中，透過談話，公司其實可從中獲取更多外部資訊，也可了解自身在當地市場產業中的定位與態勢。

2. 好的人才就像黃金一樣珍貴，要想在滾滾人流中找到適合的人，履歷、推薦函都只是用來淘金的篩網，但要從中找到砂金，還是要有好眼力，所以公司還是要「近觀」(Close Look)，才不會發生錯把魚眼當珍珠的糗事，或是滄海遺珠之憾。

3. AI可以幫助HR生成更多提問技巧，來幫助HR了解應徵者各種維度的評估，例如尖銳矛盾的問題，應徵者對於應變的反應邏輯處理予以錄音紀錄，最後進行AI評估。

41

為何對的人變成錯的人？

在人才這件事上，對的人比好的人難找，而適合的人比對的人更難找。

有次我去參加公司在中南美洲某個市場的年度經銷商大會，由於當地市場發展陷入瓶頸，所以在出發之前，我對此行早已有最壞打算的心理準備。

事實上，公司在這個市場耕耘了好幾年，但一直都沒有辦法更進一步突破，後來我們終於從當地某家大公司中找到一位擔任高階主管的人才，這位主管不論就人品、操守、專業知識都是上上之選，努力工作的精神更值得肯定，而在這位主管到位之後，頭一年公司營運的確逐漸進入正軌，但之後業績表現卻未再有明顯進展，面對新進競爭對手的節節逼近，當地團隊似乎沒有即時應變，讓既有通路商體系怨聲載道，更糟的是先前賣出的產品紛紛遭到退貨，出現嚴重的存貨堆積問題。

貨不對版必然事出有因

我們在中南美洲市場的那位主管是好人一個，對產業知識的了解也不差，做起事來正正經經，認真努力，在一開始從無到有的階段，恰如其分的扮演好建立業務基礎的創業家角色，但因為他對市場通路業務的習性所知不多，無法準確的掌握產品生命週期與區隔重點，只會與通路商分析市場、談行銷策略，缺乏將產品推廣轉化成為實際營收的能力，因此當競爭者來襲就亂了陣腳，不知道該如何應對，更不懂得要與通路商談判溝通，以取得更好的競爭位置。

所謂的「天時地利人和」，就是對的人、在對的時間、做對的事；但弔詭的是，什麼是「對」？什麼又是「不對」？就如同金剛經上所說的：「過去心不可得，現在心不可得，未來心不可得」，今天是對的，不代表明天仍是對的，更不代表永遠就是對的。

事實上，不論是對的市場、對的通路、對的產品、對的人才團隊，原本就是公司費盡心思所追求的，對公司而言，種種所謂「對」的要素，就是要能夠彌補價值鏈的不足，理順價值鏈的環節。

價值鏈是會不斷變動的，時間、空間、甚至是人心的變化，當價值鏈在逐漸變化時，既有團隊若無法跟著調整腳步，就會讓原本「對」的人事物，變成「錯」的。

舉例而言，如果公司希望找到一位能夠掌控海外市場布局的統帥，也從國際級知名大廠找到了優秀高階人才，選擇聘請此一主管，是因為他具有國際觀、更具有大格局，看上去體面大方又氣派，對於公司海外市場形象的建立，會有正面的幫助。但另一方面，公司又希望他不但要能統御三軍，還要能放下身段，親手實作。但這樣的期望與起初找人時的心念並不一致，但就因為這個人與期望有所出入，就忍不住抱怨他「貨不對版」，卻完全忘記了是因為自己錯誤的期待，而造成這樣的落差。

除了錯誤的期望外，另一個造成「貨不對版」錯覺的，則來自於公司本身的環境與人才之間的互動關係，有時候，我們從大公司把人挖來，希望他能做出大公司的格局，但一陣子之後卻發現他的工作能力還不如一般員工，事實上並不是這個主管真是那麼差勁，而是因為公司無法提供他像大公司一樣的資源支援，在小公司的資源限制條件下，卻要求做出大企業的格局規模，無異是緣木求魚。

根據經驗，公司在初期投入海外市場據點經營時，通常都需要一段時間的醞釀，短則六個月，長則可能要一年以上，全視當地市場環境的狀況而定。可是許多公司卻經常以為，只要找到適合的人，把當地市場業務全交給他，在一定的時間內就會看到明顯的成績表現，如果看不到好成績，一定是團隊不夠認真。公司總部一定要給更大壓力，要求當地團隊訂出目標，若目標還是沒達到，就繼續「盯」，在這樣的情況下，當地團隊的壓力越來越大，公司總部的不滿也越來越高。

另一經常會出現的狀況是，當海外團隊需要支援時，總部就兩手一攤，要人沒人，要錢沒錢，擺明就是要海外團隊自籌糧草，還得保證一定打勝仗。而身處市場第一線的團隊，就會開始抱怨總部的「海鷗文化」，就像海鷗在港邊飛來飛去一樣，每次飛過就丟下一泡排泄物然後就飛走了，根本不關心當地團隊的需求，更不了解市場的狀況，在這樣的情況下，總部與海外據點的關係也越來越僵。

光是換人不能解決問題

有些公司認定公司業務做不好一定就是人不對，乾脆整批換掉，再重找一批人來做。雖然更換團隊的決定不見得一定是錯的，但頻繁的更換海外據點的團隊，對公司其實是很傷的一件事，因為除了一般的人事成本，有時甚至還得付出高額的資遣費用，絕對是一盤穩賠不賺的生意。

如果公司的心態不改，在管理價值鏈的過程中，只懂得下命令，然後等著驗收成果，那麼就還是換湯不換藥，只是想透過更換團隊或主管來改變現況，其實就像是在玩押大小或賭輪盤一樣，就算公司自認為是算牌高手，但說穿了，也還是在賭機率、比運氣。

因此在海外業務發展遭遇困境時，公司總部的心態很重要，這將會影響判斷價值鏈調整的節奏，如果是人不對，當然就換人，如果是產品不對，就換產品，但如果是環境不對，總部就應該一起幫海外據點想辦法解決。

沒有功勞也有苦勞，沒有苦勞也有勤勞，沒有勤勞也有疲勞。很多老闆覺得，既然花了那麼多錢，請了當地員工，除了要立竿見影，快速見到成果及進展外，也同時實施微觀管理，隨時抽查員工是否有在上班、有沒有進度。有些老闆，甚至期望員工早到遲退，最好工作到半夜。長久下來，員工除了心態疲乏之外，也很快會找到摸魚的對策。把原本對公司的一片熱誠，在綁手綁腳下消磨殆盡。

公司在管理上，應該是著重在員工所產生的價值，是否達成期望的目標，而不是要看到員工，好像很努力就好。畢竟在總部身旁，都不適合這樣的管理，更何況距離那麼遙遠的異國。

有一次我去秘魯，分公司總經理，不管我飛了三十多小時，前晚只睡三小時，一早七點，就安排和客戶早餐，然後就到處去開會拜訪，直到晚上，還要出席晚宴，一直搞到深夜，隔天我笑著對他說，平時都找不到你，是否在昨天就把一年的工作做完了？

相反的，有次半夜有事，打給俄羅斯總經理，想想時差莫斯科應是下午六點還好，他馬上接了電話，但談完才知道，他已出差到遠東伯力，當地時間已是凌晨二點。

所以，如果找的人，沒有創業家主動的精神，事情只做表面，凡事都等總部指示或問老闆要怎麼做，縱使公司有再好的目標及願景，但在當地沒有執行，再好的人才，不能為公司所用，那在國際市場開發上，終究只有事倍功半，到頭來只有剩下疲勞。

AI私房心法

1. 國際市場業務價值鏈的不斷變化，公司絕不能以為千挑萬選找到一個人就沒事了。在人才這件事上，對的人比好的人難找，適合的人比對的人更難找。
2. 「天時地利人和」的關鍵條件必須要完全成立，才能真正成就一番事業，找到適合的人，是公司達到「人和」的第一步，而公司的心態與環境的建立，則是「地利」。至於「天時」，別忘了那句老話，機會是給準備好的人！
3. AI分析可以處理大量員工工作紀錄資料，評估多個層面後，能建議相關高層的職能變更，建議以利正確調整。

42

沒有永遠的夢幻團隊

原本「對」的人，會因為時空環境變成「錯」的人，所以應隨時思考怎麼「動」人，要「動」怎樣的人，讓最有戰力的人放在最需要戰力的位置上。

國際市場的價值鏈是不斷變動的，組織團隊也必須要不斷的變動調整，就像是玩俄羅斯方塊遊戲一樣，剛開始時，市場就像一張白紙，很多時候只要選對策略就會看到成績，但過了一段時間，很多公司會突然發現問題，就像是進入另一個層級的俄羅斯方塊關卡，此時就需要調整團隊組合，以不同的功能去面對市場的需求，才能挑戰過關更上層樓。

在業績好時，大家都很開心，誰坐哪個位子、做什麼事都是理所當然的，但當業績不好時，什麼人坐哪個位子、做什麼事，就不再是想當然爾。

在森林中，因為氣候溫和、水源充足，讓許多動物快樂的生活在一起，但因為全球暖化造成的氣候異常，改變了森林的生態，不是連續的大乾旱、就是釀成洪災的大雷雨，所有動物都慢慢的感受到生存壓力。眼看著日子越來越難過，於是大家開始抱怨其他動物。

其中，孔雀先生有著漂亮的雀屏，每次一開屏總是會惹來大夥們的一陣驚嘆聲，但自從娶了孔雀太太之後，他就不太愛開屏了，反而想學獅子的王者風範，當一個意見領袖，可是他什麼都不會，每次總是出錯主意。長頸鹿小姐是森林中個兒最高的動物，原本大家都認為，她應該睜大眼睛、把頭轉來轉去，看看遠處哪裡有危險，然後告訴森林裡的夥伴。但長頸鹿小姐偏偏不愛這樣的工作，認為不夠優雅，堅持她就是要像孔雀一樣，希望大家只要專心欣賞她美麗修長的身影就好了。

鴕鳥小姐雖然飛不起來，但卻跑得很快，是森林中腳程最快的動物，所以鴕鳥小姐就自告奮勇要幫大家扮演斥候的角色，看看外面發生了什麼事。但可惜的是，鴕鳥小姐實在太膽小了，一看到情況不對，就把頭埋進沙子裡不敢動彈，明明看到有狀況發生，也只顧著自己找安全的地方逃命，忘了向森林回報。

至於貓頭鷹與獅子呢？照理講，看起來博學多聞的貓頭鷹應該要負責分析過濾資訊，找出可能的解決方案，擬定可行的計畫，必要時，晝伏夜出的貓頭鷹，還可以趁著月黑風高，飛出森林外去了解實際的狀況。而獅子氣宇軒昂，天生就具有王者風範，在森林遭遇外敵入侵時，獅子應當挺身而出，用他的尖牙利爪來保護大家，但森林的日子過得太舒服了，獅子樂得偷懶打混，每天就是懶洋洋的。

事實上，森林裡有善於狩獵的獅子、長於分析的貓頭鷹、動作迅速的鴕鳥、高瞻遠矚的長頸鹿、也有體面風光的孔雀，以這些動物的專長來看，即使面對氣候異常危機，動物們只要能把自身專長，用在正確關鍵性的功能上，就能齊心合力守護森林。氣候異常固然是不可抗力的因素，不過，森林裡的這些動物們，雖然個個身懷絕學，卻都用在不對的地方，才是讓大家日子越來越難過的主要原因。

隨時調整團隊陣容功能

同樣的，企業在開拓國際業務的過程中，當然不可能一帆風順，在遭遇問題時，員工是會像森林裡的動物一樣互相指責對方？還是想到必須調整組織功能強弱以趕上市場的變化？更進一步來看，公司經營國際市場的心態，或市場經營的策略，往往決定了怎樣的陣容才是最適合的戰鬥團隊。

公司經營國際市場會有不同的心態，一是強調長期深耕、以時間換取空間的「買市場」心態，另一則是強調要快速看到成績的「租市場」心態。很多公司一開始是想要「租市場」，所以一切以「快」為原則，此一階段公司最需要的就是善於狩獵的獅子型人才，只要靠這頭獅子四出獵食，就能讓公司的業績快速成長。一段時間之後，公司認為這個市場有更大的成長空間，就會開始轉向「買市場」的經營心態，願意投入較多的資源、建立較完整的組織，而此時，驍勇善戰的獅子雖然還是很重要，但卻不見得適合，再讓獅子帶著公司一天到晚衝來衝去，可能因此打亂公司長期布局的腳步，此時，具有分析能力的貓頭鷹、或是能看得很遠、掌握市場全貌的長頸鹿，反而會是成就長期深耕市場目標的必要團隊組合。

團隊組合中的職能安排，需要視狀況調整出最佳的團隊組合，來「強化」當時市場環境所需要的「關鍵」角色，例如，從守勢轉為攻勢，就需要攻擊戰鬥力較強的人，帶領整個組織動起來。但要注意，「變化」並不是全然捨棄其他團隊人才，畢竟公司不可能只靠一群獅子做一輩子的生意，也不可能整個團隊裡面都是只懂分析、不懂實做的貓頭鷹，所以，重點在於適時的調整不同人才負責的角色。

但有趣的是，有些公司真的會把一群獅子放在同一個市場中，創造所謂團隊相互競爭的環境，激發出組織的成長潛力，這樣的作法對部分以「控制」為手段經營海外市場的公司而言，團隊內部激烈競爭的環境，的確有利於總部達到「控制」的目的。不過，就我個人的經驗來看，透過團隊內部競爭態勢製造矛盾的作法，其實有很大的風險，因為這將造成組織的內耗，只要一個閃失，就可能讓組織大失血。

輪調，不失為好辦法

有些人過去是「對」的人，但因為時空環境、組織架構的變化，而變成了「錯」的人、「不適任」的人，所以，公司內部必須建立起一套機制或決策模式因應處理，思考該怎麼「動」人，要「動」怎樣的人，讓最有戰力的人放在最需要戰力的位置上。

舉例而言，當海外業務出現問題時，海外據點與公司總部的人員就會互相推諉，指責對方的不是，想要解決這樣的問題，其實可以讓海外據點的人員回到總部一段時間，或是讓總部人員派駐海外據點去，透過工作職能交換或是輪調，實際擔任不同功能的角色，進一步從中找到更好的溝通互動方式。

有次，我們內部就出現海外據點與總部產品部門發生嚴重爭執，在說不清誰是誰非的情況下，我決定讓總部負責產品的主管輪調到當地，去感受一下前線同事遭遇的壓力。

當這位主管到海外據點去時，我給了他一個清楚的任務目標，要求必須要在多久時間內，讓總部看到成績。在清楚的目標壓力下，這位主管開始與業務團隊一起深入市場，到第一線傾聽客戶的聲音，也開始了解到，過去海外據點不斷向總部要求的問題點在哪裡，而以他過去在總部的經驗，很快就了解該透過怎樣的方法來解決。

經過一段時間之後，總部開始發現，海外據點與總部間的雜音紛爭變少了，原本的問題也跟著消失了，總部給的支援完全符合當地市場的需求，業績也跟著突飛猛進。

總部派人的目的，主要是幫助當地團隊和總部，有更好的合作、配合及溝通。但如果去的人，在心態，知識及經驗上不到位，可能只會適得其反。我們在設了巴西分公司後，仍然由智利區域總部支援，在後勤物流及技術方面，配合的很好，但智利的財務經理，在巴西駐點一段時間後發現，當地稅法繁雜，很多廠商或通路，用了很多方式來避稅，所以在公司設立架構及會計上，要懂得如何變通。這對在智利，凡事嚴謹及照章行事，且保守的財會人員來說，就是很大的挑戰。所以在最後，還是透過會計師介紹，聘用了當地的財務經理，才上了軌道。

另外，當年為了支持俄羅斯成長，從新加坡派了一位經理去駐點支援，但沒想到，他到了後就作威作福，一付監軍及做起山大王的態勢。搞得業績倒退，存貨暴增，俄羅斯總經理要辭職。最後在快刀斬亂麻之下，請他走路，才免了一場災難。

不過有時，總部定期拜訪，也可收到監督及促進溝通的效果。記得在印度和合資夥伴分家後，有一段時間業績並沒起色，尤其是北區。我特別飛到新德里，在辦公室會見了不同的經銷商。一天下來，瞭解到由於孟買總部支援有限，加上地區經理心態保守，通路沒感受到公司有要大力開拓市場的決心，及解決問題的誠意，所以相對的就把精力用到別的廠商上面。經過開誠佈公的溝通，化解了誤解，並曉喻了孟買及北方區團隊要通力合作，從此以後北區的業務就呈現了快速的成長。

有時候，公司在新產品上市或要招募不同通路進入新的客層，如從原來在零售消費市場，要擴展透過系統整合商進入企業市場，原來與總部配合良好的當地團隊，就會顯得意興闌珊。畢竟要賣新產品或進新市場，挑戰比較大，要花較多時間及力氣，同時也會影響到整個業績及佣金。公司在這種情況下，就要考慮設計新的獎勵方案，加強培訓。如真的推不動，那就要引進新人或團隊來推動。

有些公司，在初期為了快速進入市場，鼓勵當地團隊因地制宜，對地方團隊充分授權便宜行事。

等成長到一段時間後才發現，各地分公司已習慣各行其是，形成藩鎮割據。不但整天抱怨總部開發的產品，不適合當地需求，要有新產品，害得公司同一類產品，就有十幾種不同版本。有些地方在總公司要實施制度或電腦化管理時有呈現一定的抗拒。所以公司在成長的不同階段，不論在文化，管理制度、系統及溝通上，要先考量如何讓整體價值鏈上的各崗位都能合作無間，成為一個高能量、可持久的夢幻團隊。畢竟沒有全球化管理的能力，就沒有本土化的實力。

私房心法

1. 身處第一線的海外據點團隊雖然是最了解市場狀況的，但為了讓公司總部提供更好的支援，類似輪調卻可以讓組織中資源流通效率提高，進而讓在不同位置上的人各自做好該做的事，共同合作達到目的。
2. 面對國際市場業務瞬息萬變的情勢，價值鏈環節的不斷調整變動，在「動」與「不動」之間，就必須要有更靈活的思維去調整。
3. 透過AI分析員工工作歷程，可以分析員工各自擅長與興趣點，重新生成新團隊面對商業需求的建議。

43

鳳凰無寶不落！

與其要求團隊「屢戰屢勝」，不如先建立團隊「屢敗屢戰」的精神準備，犯錯沒有關係，但「不二過」才是重點。

有個朋友氣沖沖的告訴我：「真是氣死人！我們從A大公司找了個VP來，就是看上他在大公司的國際市場經驗很豐富，讓他來做海外市場的頭，配車配司機就不用講了，出門一定坐商務艙，住一定住行政套房，待遇更是加碼再加碼，結果這位老兄每次卻是『只說不做』，只懂得做公關，而不是捲起袖子來一起做事，搞得整個團隊大反彈，讓我接辭呈接到手軟，我真的是自己給自己找麻煩了！」

另一個在場的朋友苦笑著接口說：「你這樣還算好，頂多就是把這個人拔掉就沒事了，我的問題才大！我們找來管中南美市場的人是個吃苦耐勞的好人，但不懂我們公司的文化，每次總是出一些怪招，事情沒做好就算了，也搞得整個公司雞飛狗跳，但真的要罵他也罵不出口，因為他總是最早來、最晚走，打拼做事永遠跑第一，找到這樣的人，照理說應該是『夫復何求』，但不知道是不是這個人跟我們公司八字不合，就是沒辦法把業務帶起來。」

兩位朋友劈哩啪啦的把事情講完後，突然矛頭轉向我：「都是你！你不是說要找到好的人、對的人、適合的人，才能把國際市場業務做好嗎？我們真的是詳細考慮過公司既有狀況後，經過千挑萬選才找到這樣的人進來公司，我們公司也很符合他的背景長才，該給的錢我們都沒少給，照理說，這樣的人應該會有很好的表現，怎麼會這樣？」

聽完朋友的抱怨，我很能體會他們的心情，畢竟那種以為「找到人就安枕無憂了！」的階段性心態，我也曾有過，但後來我發現，找到適合的人比找到好的人重要，還有「找到人之後，該做什麼事」絕對是更重要。

不教而殺謂之虐

找到對的人負責海外據點業務，絕對不是一件容易的事，而是需要經過多方的探詢、縝密的評估。但找到這個人之後，公司只是為未來國際市場業務種下一顆品種優良的種子，而這顆種子能否發芽、茁壯、進而開花結果，在於公司能否扮演稱職的園丁角色，給予適當的灌溉（照顧）、施肥（幫助），才是真正的重點所在。

因此，從這個人進入公司體制開始，公司就應該要更慎重的去思考，該如何去指引、激勵、誘導他，善用這個人的專長與優勢，為公司創造更高的效益，而這就是所謂的「Manage In」（人找進來後要如何管理）。

Manage In的重點在於，要讓他了解公司的文化、運作的方式，而且若要委以重任，更應該要待人以誠，表現出最大的誠意來幫他成長，要用他的優點、導正他的缺點，幫助他在公司中有更大的表現空間。

想想看，身懷絕技的你剛進入一家公司，正想要開始大展身手，而當你飛天鑽壁、拳腳盡出之際，你的老闆什麼都沒跟你說，就是在旁邊看著你做所有的事，直到你犯了錯誤時，他才在後面冷冷的說：「你真的是太不了解我們公司了！才會犯下這樣的錯誤。」你會做何感想？下次還會繼續搏命演出嗎？或是從此開始虛晃兩招了事？

很多公司到最後與海外據點團隊的關係，之所以會越來越緊繃，常常是因為總部的人認為：「這明明就是基本問題，但海外團隊居然會犯這樣錯誤，真的是不可原諒！」但所謂的「基本問題」，對於熟悉總部內部運作的人而言，當然是不應該犯的錯誤，但對於新加入的團隊而言，或許就不是如此，總部應該要扮演提點指導的角色，所謂「不教而殺，謂之虐」，如果未給予必須適當的指導，就妄下斷語指責種種不是，對海外團隊而言，就不是公平合理的對待。

培養「不二過」的精神

所以，在管理海外團隊的過程中，公司必須建立一套制度，要有標準的作業流程，要讓新加入公司的海外團隊，了解公司的方向與文化，透過基本的考核架構，海外團隊就會認知到公司的實際需求與目標為何。但更重要的是，總部與在市場第一線的海外團隊要有更深入且仔細的互動溝通，在討論營運業務目標過程中，總部一定要有三問，也就是「了不了解？」「同不同意？」「能不能做」？

之所以要問「了不了解？」就是要確定海外據點團隊，了解總部訂定目標的想法、布局營運的邏輯、真正要的是什麼，才不會讓團隊辛苦奔波，卻總是在做白工；而所以要問「同不同意？」則是要更進一步借重海外團隊對當地市場的了解，對其自身組織資源能力的掌握，確定此一目標是否合理可行，而最後的「能不能做？」是要了解，海外團隊對於達成目標的能力，需要怎樣資源配合，又需要總部提供怎樣的支援。

不同的公司文化，當然會有不同的管理風格與規範，目標當然很重要，但除了訂目標外，公司在管理海外據點時，更要訂下達成目標的進度，檢視是否有按進度達成預期的階段性目標。因為透過每一個階段的進度的評估，就能更清楚的了解團隊在當地市場第一線所遭遇的問題為何，是因為團隊的心態不對、方法不對、能力不好、還是受到市場大環境狀況的影響。當海外據點團隊未能順利達成階段性目標時，總部就要更警醒的去關心，而不是等到最後目標達成無望時，才來秋後算帳。

我認為，在海外市場業務剛起步的初期階段，與其要求團隊「屢戰屢勝」，還不如先建立團隊「屢敗屢戰」的精神準備，犯錯沒有關係，但「不二過」才是重點。

要讓馬兒跑更快，拿出胡蘿蔔來吧！

除了建立管理機制外，公司千萬不要忘了，要想馬兒跑得快、跑得遠，光吃草不見得就夠，如果再加上一根胡蘿蔔吊在馬兒面前，那麼，馬兒肯定跑得更快更遠，所以，激勵機制的建立是很重要的。許多公司都知道要給誘因，要懂得去激勵團隊，但可惜的是，卻不是每家公司都會去做、或知道該怎麼做。

在「激勵」這件事上，好的人才絕對「值得」拿到好的待遇，而更好的工作表現絕對「應該」要有更好的激勵，但可惜的是，很多公司總是想不開，在「值得」與「應該」間，總是忍不住要討價還價一番，但不要忘記了，該給的不給，該走的就一定會走，與其到時才捶胸頓足，還不如先想清楚，該拿出怎樣的胡蘿蔔給你的千里馬吧！

事實上胡蘿蔔的種類，可以是因人而異，不一定只侷限在金錢報酬上。

記得當年雄心勃勃的進軍巴西市場，組了一個有業務，技術，後勤等，魚塩柴米醬醋茶，五臟俱全的團隊，但一年多過去，不但業績沒起色，市場也沒有拓展開來。直到有一天去拜訪一個大型客戶，遇到他們負責資訊的華人高階主管，在開完會後，想不到他竟用台語和我交談。在他鄉遇故知的情況下，才知道他原來是台灣去的第二代移民，第一名校聖保羅大學理工畢業。

在往後又見了幾次面後，我就單刀直入，邀請他加入友訊巴西，請他來帶領整個團隊。剛開始他很猶豫，畢竟在現有公司坐領高薪，生活愜意，何必辛苦加入一個充滿挑戰的公司，披荊斬棘。我就用我們對巴西市場的願景，已經投入及將要投入的資源，對市場的長期承諾，來吸引他並使他安心。並表示我們的文化就是充分授權，他可以有一個環境及舞台自由發揮及成長，同時又可和台灣連繫上，為家族爭光來打動他。果然在他加入之後，由於他在產業的關係及名望，給團隊，通路及客戶打了一劑強心針。且在他專業及盡心的領導下，巴西營收五年內從兩百萬成長到一億美金，幾乎完全覆蓋了經銷、零售、電訊各大通路。人員也從原來十幾人成長到了一百多人。

同樣的，我們也用可以外派到分公司歷鍊，或到總部來學習來吸引及留住人才。而GCR印度團隊則是另類的例子，在前幾年疫情、並資金用完後，暫停營業，但在這期間原來團隊並沒有散去，到了疫情趨緩，大家又在沒有領錢情況下，主動利用空檔，抱著這是個有價值的平台，不甘心放棄之下，希望將來可以把公司做起來。

所以鳳凰無寶不落，除了實質上的金錢外，公司要懂得如何運用願景，職位、舞台、名望、成長機會各種工具來引才及留才。

AI 私房心法

1. 許多公司都以為找到人之後就可以高枕無憂，但事實上，放牛吃草是會找不到牛的，更不要說要讓牛來耕田了，所以，在找到人之後，公司一定要做到引導、管理、激勵等重要關鍵。

2. 「良禽擇木而棲，良臣擇主而事」，公司如果能找到好的人才進入公司內部，當然對整體戰力會有一定程度的加分，但更重要的是，所謂「鳳凰無寶不落」，公司本身要能夠提供夠好的環境，讓好的人才有發揮的空間與機會，要懂得如何去引導、激勵團隊發揮更高的潛能，如此一來，才能夠發揮更高的加乘效應。

3. AI可分析人才的工作執行細節計畫，此人目標，並提供輔導計畫，累積成就感。一方面融合團隊合作律動，另一方面激勵團隊合作與忠誠的動力來源，透過透過AI訪調當地薪酬水平，文化成長與學習機會。

44

動？不動？都是大學問！

雖然 Manage Out 最重要的涵義不在於開除人或是換掉人，而在於要讓最適合的人坐在最適合的位子上，但不可否認的，必要的時候，也要思考 Manage Out 中的「Out」技巧。

對經營國際市場業務的公司而言，時時刻刻都在面對決戰千里之外的挑戰，距離的橫阻，讓公司必須更依賴主其事者的判斷與決策，所以，要將最有戰力的人放在最需要戰力的位置上，而要達到這樣的目的，公司內部就必須建立起一套機制或決策模式因應處理，思考該怎麼「動」人，要「動」怎樣的人，而這就是「Manage Out」（人不適用，要如何調整、請走）。

乍看之下，很多人或許會認為，Manage Out 就是開除、資遣、拔權等非常激烈的動作，但事實上，Manage Out 的真正涵義應該是要讓公司辛苦找到的好人才，都用在最需要用的地方，所謂「錢要花在刀口上」，人才也是一樣。

舉例而言，很多時候，公司之所以會發現需要執行「Manage Out」的機制，其實就是因為價值鏈的運作出現了問題，要想辦法理順疏通。常常出現的狀況是，當公司海外市場業務出現了問題，海外據點與公司總部的人員就會互相推諉，指責對方的不是，遇到這樣的狀況，除了各打五十大板以外，想要解決這樣的問題，其實就可以讓海外據點的人員回到總部一段時間，又或者是讓總部人員到海外據點去，透過工作職能交換或是輪調，實際擔任不同功能的工作角色，進一步從中找到更好的溝通互動方式。

搬掉擋路的大石頭，要快更要準！

俗語說：「請神容易，送神難。」但在經營國際市場業務的過程中，找到適合的團隊本來就不容易，要準確的判斷捨棄不適任的團隊，就更不是輕鬆的事。特別是對許多台灣公司而言，在處理海外團隊的人事問題時，一開始是因為心理障礙不敢管外國人，到最後，就變成不敢「砍」外國人，考慮到當地勞工僱用法令等問題，處理起人事問題來，總是綁手綁腳不知該如何是好。

但說實在話，除了考慮到浪費虛擲的人事成本問題外，對於部分不適任的人，公司若不懂得明快處理，便可能造成組織運作的沒效率、甚至是空轉。就我過去的經驗來看，有一些人剛開始表現不錯，但慢慢的已經跟不上組織成長的腳步，無法再發揮充足的戰力，而他自己也很清楚這一點，但是他為了要保住自己的位子，就可能在組織內搞一些小動作，大玩政治遊戲的手法，搞得組織內部派系山頭林立，大家比的是做人而不是做事。在這樣的情況下，如果公司還不懂得適時介入處理，那麼，這樣的問題就有可能拖垮整個組織。

曾經，我們在某個市場中聘請了一位當地人擔任主管，但是，這位主管每次開會只懂得罵人、卻不懂得做事，搞得下面的人怨聲載道，到最後甚至鬧到要集體請辭。原本，我認為這只是一個單純的組織管理問題，但在我飛到當地市場去與員工深入面談之後才發現，原本真正的問題出在這位主管本身，他就是那塊擋住公司持續成長的大石頭。於是，我毅然決然的請那位主管走人，而在他離開之後，我們在當地市場的表現卻突然像是活了過來一樣，公司上下可說是氣勢如虹，做起事來毫無罣礙，不到一年時間，就在當地市場打出一片江山。事後回顧起這一段，就有當地員工對我說：「公司總部為我們提供的最大幫助之一，就是請那位主管走人！」

所以，要搬開擋路的大石頭，公司總部的眼光一定要準，不要以為很多事情都只是政治問題，而疏忽了人才的不適任造成的問題，而且出手要快，才能有效的將影響降到最低，否則時間越拉越長，所謂「夜長夢多」，很多事情就會越來越棘手。

而在搬開大石頭的過程中，有時亂用蠻力硬搬，就有可能會砸到自己的腳，所以，需要更具有技巧的找到支力點。我就有過一次搬開大石頭的經驗，有一位在公司服務多年的高階主管，他早年的確為公司打下一片江山，但隨著公司規模持續擴大，營運越來越多元化，他的管理領導方式卻似乎已趕不上公司成長的腳步，過去他慣於遙控指揮、但卻不擅於授權管理，而當公司規模越來越大，這樣的管理方式，就造成組織反應緩慢的沒效率問題。

由於這位主管十分資深，一旦沒有處理好，就可能會對組織帶來更大的傷害，於是，我找了個機會與他促膝長談，我清楚明白的點出他的問題，但也很誠懇的告訴他公司很感謝他多年的付出，他的能力與才幹絕對沒有問題，只是公司組織需求已經出現變化，沒有辦法再讓他有太大的發揮空間，而他的才華卻是其他類型的公司很需要的，與其繼續強留他在公司屈就，還不如瀟灑放手讓他尋求更大的空間。

這位主管也非常的深明大義，了解我的說法之後，也知道公司對他沒有任何負面的看法，純粹只是希望開誠布公的把兩者之間的關係釐清，給雙方更大的空間。於是，這位主管不但爽快的決定要離職，而且還協助公司尋找繼任人選，並且在過渡時期擔負起協助與安撫人心的角色。

在管理國際分公司時，由於語言，文化及習慣的不同，管理人員在面對海外員工所提供的資訊要有判讀的能力，且要能聽出弦外之音或訊息隱藏的意涵。常常聽到總部的人在抱怨說，分公司那個人講話都不算話，承諾都沒兌現，那個人隱瞞真相，誇大事實，甚至有些會提供不實的資訊，真的氣得想把他們開除。

其實有些都是溝通的問題，有些地區為了面子會吹牛，有些是為了爭取更好條件而誇大，有些為了不方便拒絕而託辭，或隱瞞缺點而說謊，這些都是比較輕微，只是多了解當地不同文化的表達方式，就可處理得宜。

但如果是碰到員工不做事而忽悠，扯爛，怠惰而誤事，或為達某目的而欺騙，已經開始傷害公司形象或影響到團隊士氣，傳播毒性文化，則是要馬上慎重處理的。

有些分公司人員，仗著總公司信任或不敢干涉，就開始結黨，在外包案子，五鬼搬運，侵佔公司財產，公器私用，內部派系互鬥或對付不同流合污的同事，這已是原則問題，就是總公司高層要進來介入，做破釜沈舟，大刀闊斧改革的時候。

有些公司為圖方便，在像巴西這種稅賦繁重且複雜的地區，開始做生意或公司設立時，利用當地員工做人頭，把產品沒付稅運入，或逃避該繳的公司稅，到頭來這位員工表現不好或犯錯，要處理時往往就變得非常棘手。

還有些公司，在歐洲高度保護勞工的國家，一不慎也會和工會對簿公堂。所以在進入任何市場時，就得把該做的步驟要做足，律師，會計師，公司秘書的錢，一分都省不得。這是公司經營上的大學問。不得不慎。

AI 私房心法

1. 在「要準，又要快」的搬石頭行動中，公司必須注意因為人事變化造成的組織動盪不安，特別是主管人事部分，越高階的主管、或是越資深的主管，一旦出現異動，多少都會影響到組織的人心士氣。所以，在處理此類狀況時，技巧很重要，最重要的就是要順利推開大石頭，但卻不會壓到田裡已經快要結穗的稻子。
2. 而在搬開大石頭的過程中，有時亂用蠻力硬搬，就有可能會砸到自己的腳，所以，需要更具有技巧的找到支力點。
3. 風險評估與預測：AI可以分析數據，預測開除某個員工可能對公司業績和團隊士氣的影響，幫助管理層作出更加精準的決策。
4. 情緒分析：AI可以通過分析員工的溝通方式和反饋，幫助識別團隊中可能存在的潛在問題，如不滿或低士氣。

全球化經營

45

偏見易造成誤判

與不同人交易時，要先了解他們的思考模式與背景，別以刻板印象先入為主。

幾年前，我到埃及出差並抽空去看金字塔，站在外面，想像這是數千年前人類建造的文明，心裡充滿了崇敬之意，對埃及這個具有數千年文明傳統背景的國家，充滿了歷史的感動。但一走出金字塔，就有一群小販蜂湧上前來兜售產品，用帶著濃濃埃及腔的英文對我說：「My Friend、my friend，give you good price」（朋友，出個價吧！），但他的「Good Price」是可以從十塊錢一路殺到一塊錢的價格，當場就把我從數千年的歷史感動拉回到現實的世界。

旅遊書上描寫的泰國人民因為受到佛教的薰陶，是非常溫和善良的民族；但是許多人去過泰國，大概也都知道泰國人對佛教的虔誠與做生意是兩碼子事，殺價在泰國是絕對必要的。埃及、泰國都不是特例，因為同樣的文化印象反差，也出現在相信輪迴、來世的印度等國家身上。

記得在美國芝加哥讀ＭＢＡ時，住在學校附近義大利人區，每天回家都要經過一條窄橋，橋上偶而會有黑人不良少年，把你攔下要錢。同學通常東張西望，遠遠看到黑人就警覺的躲開，過了橋是義大利人區就安全了。有一次在學校圖書館打工，不小心被書架打傷腳，而脖子也因睡地板而跩到，當天剛好沒有帶錢，又跑不動，心裡想這下子死定了，只好一直唸著觀世音菩薩，耳朵幾乎聽不進任何聲音，但黑人還是一直念念不休的跟過來，甚至跟過橋。直到我住的樓下，等到我已像一隻嚇暈的小白兔，他才拿出一本聖經，大聲跟我說，要我虔誠信主，才能得永生。

如果我一開始，不要因為他是黑人有先入為主的觀念，冷靜聽他說，也不用嚇到晚上要去收驚了。這深刻的經歷，在日後一直提醒我，行走國際市場時，千萬不要對人有先入為主的觀念。

很多人會以過去的經驗認定，但其實許多「經驗」都是聽來的，並非親身經歷的體驗，以為印度人、中東人、中南美人、韓國人就是這樣，就是這付德性。但很多人也都同意，印度人、韓國人、或其他地區的人中也有很多好人，有可以成為朋友的人，差別就在於，如果你交往的人是抱著短線的心態，你們之間的合作關係就只是短線利益的關係。

自己人「偏見」自己人？

若以國家背景來看，印度因為宗教的關係，他們相信輪迴、來生，所以他們是相信承諾的，也是忠心的。過去十多年來，在我經營印度市場的過程中，當地據點的人員與經銷商的流動率很低，雖然外面環境的誘惑或邀約不斷，他們卻還是對公司很忠心。所以，這與外界認為的印度人很愛殺價、貪小便宜的刻板印象不同，因為如果所有印度人都是如此，那麼這些員工早就應該跑光了，而不是一路跟著我們走過低潮、從小公司做到大公司。

另一個親身的經驗是，有一年我們有一個地區性的經銷商夥伴，因為違反了公司規定而被取消合作代理權，經過一年後，其他地區的經銷商聯合起來請求我們讓這個經銷商重新回來，因為他已經受到教訓了，大家也不忍心這麼多年的合作共事關係就此破滅，類似這樣的故事，其實在現實利益衝突下的商場，是很難得見到的。

許多人對不同市場或民族產生的偏見，是因為不同的文化背景、語言環境差異造成的影響，而這樣的差異，就會造成誤解與偏見；但有趣的是，就算相同文化背景的人，仍會產生偏見、歧視，在現實生活中，這樣的例子其實並不少。

記得幾年前，有位擔任經理的智利同事被派去開發中南美洲國家市場，即使在語言相同的情況下，也常被騙得滿頭包，回來抱怨他所經歷的「文化洗禮」。而許多台灣公司前進大陸市場的經驗就更為經典，即使講的是同樣的語言，受中國五千年悠久歷史文化的薰陶，但台灣人到大陸卻也還是有「文化洗禮」，大呼：「被騙得受不了！」

有次我在從南非回新加坡的航程中，旁邊坐了個北京來的人，前面坐了個上海人，北京人一直跟我說個不停，我指著前面，問他說：「你怎麼不跟前面的同胞講講話？」那位北京來的先生回答我說：「哼，上海人⋯⋯。」

有個笑話是這樣說的，其他國家的人看印度人，往往會舉這樣的一個例子來形容：當你面前同時出現了一條蛇與一個印度人，你要先打死哪一個？答案是：印度人。但同樣的一個笑話到了印度當地就變成了：當你面前同時出現了一條蛇與一個信德族人（分布在巴基斯坦及印度西北部，是印度早期至海外開始做生意的種族），你要先打死哪一個？印度人會告訴你：信德族人，因為信德族人會比蛇還毒，還容易害死你。

偏見是天性，包容心不可少

類似的笑話版本也同樣出現在中東、亞洲、美洲等不同地區。中東其他地區的人就認為埃及人很會騙人。而回到亞洲，以台灣人很熟悉的香港為例，也有很多人說香港人很現實、油嘴滑舌。這樣的笑話或許不得體、不恰當，卻也適切的點出不同地區、種族之間存在的歧視偏見。而這些心障、心魔，也是最難被克服、卻又最容易干擾經營市場決策思維的進入障礙。

所以，類似這樣因為自大、自傲而產生的偏見、歧視、甚至是誤解，其實是無所不在的。因為人都有分別心，會把所見所聞的事物分別歸類，甚至進一步分成好的、不好的、喜歡的、不喜歡的。所以說，歧視、偏見是人的天性，但歧視就會讓你忽視，而因為忽視，就會不了解，因為不了解，就會形成恐懼而退縮，甚至是誤判。

很多時候，愈是有經驗的人，就愈容易有偏見及先入為主的誤判。為了展現自己的資深，掛在嘴邊常是，那地方我去過，那裡的人如何如何，對事不對人成了對人不對事，不聽或忽略了別人的不同建議。

其實在不同的時空下，必須儆醒以往的經驗可能已經有不同的事實，切忌因自以為是，造成思考僵化，莽撞行事，而吃了不少虧。

我常說這世界只有兩種人，好人與壞人，但這只有一線之隔，當對方知道你的價值，知道你是有備而來的時候，他就是好人。但當你的價值不見了，或搞不清楚狀況而魯莽輕忽，那就像是直接把錢放在桌上任人取用一樣，原本不是壞人的人，都可能因此變成你眼中的壞人。

AI私房心法

1. 很多時候，因為被騙過，所以會有害怕、恐懼、甚至是歧視，而這些東西加總起來，最後就會成為偏見。在發展國際市場的過程中，常常就必須不斷調整這些偏見帶來的影響。

2. 與每一個國家或不同民族的人往來，其實就是要了解他們的歷史、文化、生活，然後才更能應付自如，但即使如此，也很容易不小心陷入「以管窺豹」的誤解，所以還是要靠長期與這些人往來的經驗輔助，才能更熟悉、更準確的作出關鍵性的判斷。

3. AI可以提供針對文化差異的教育和訓練，例如透過模擬不同文化背景下的互動情境，幫助不同文化背景的人能相互理解和尊重。

46

光是「做好自己的事」還不夠！

要讓資訊流的流通發揮真正的作用，重點在「傳達」，但光有「傳」沒有用，而是要「達」。

有天，公司總部的A同事與海外據點B同事，兩個人面紅耳赤的爭執不下，B同事說：「公司每次推出新產品，都不把行銷資料提早給我們，都是要我們開口才會有，這樣根本來不及準備，更別說先跟通路商溝通，你知道，這一來一往浪費多少時間成本嗎？」A同事回嘴說：「沒提早給你們？拜託，那些資料早在一個月以前就已經放在線上資料庫裡了，你應該每天都進系統查閱，提早下載準備，不是等到新產品推出了以後才回來吵！」

許多公司或許認為，「資訊流的傳遞」只是將資訊「傳」出去、「遞」到下一個環節手中，任務就結束了，但事實上，「傳遞」只是技術問題，要讓資訊流的流通發揮真正的作用，重點在於「傳達」。因為，光有「傳」沒有用，而是要「達」，才能讓決策指令在價值鏈上的環節動起來，才能真正將價值送達到終端消費者手中。

我曾遇過一家公司堅信「推出新產品」可以刺激銷售成長，所以幾乎是每個月都推出新產品，對於頻繁推出新產品的策略，這家公司自豪的說：「我們公司的產品開發能量非常強大，因此，每個月都有新產品開發完成和推出市場，而大量的新產品對於通路商或第一線業務團隊而言，可以創造更多的機會，多元完整的產品線可以讓終端客戶有更多選擇的空間，也可以符合更多不同客戶的需求。」

有次，這家公司的通路商氣急敗壞的向業務團隊抱怨：「最近競爭對手A公司推出了一項新功能的產品，我們卻沒有這樣的東西，客戶一直來詢問抱怨，我看得趕快向總部反應，要不然可能很難再跟A公司競爭下去。」業務團隊一聽之下，也覺得茲事體大，就立刻向總部回報狀況，但是產品研發部門一看到海外市場傳回來的訊息，經過仔細比對，卻是丈二金剛摸不著頭腦的說：「不會吧，我們才是第一家推出這種功能產品的廠商，足足比A廠公司早了三個多月，怎麼大家都不知道？」

從這個例子看到的是，這家公司認為推出新產品是足以刺激市場銷售的，但在快速推出新產品的同時，只是不斷的把新產品「丟」到市場上，卻忘記每一項新產品在被推出時，新產品的價值必須要經過價值鏈的層層傳遞，快速的傳送到市場終端用戶手中。

第一線的銷售人員才是關鍵

類似這樣資訊傳遞回饋機制出現嚴重失誤的狀況，其實很常出現在「做廣告」這件事上。有些人一聽到廣告，就覺得是一樁「肉包子打狗，有去無回」的買賣，因為廣告效益根本就看不出來；但也有公司就是相信廣告的神奇魔力，認為只要廣告做得夠大、夠好，生意自然就會源源不絕的上門來。

有個朋友就是屬於後者，他認為大部分消費者在走進零售通路賣場時，其實心裡都還是有幾個不同的選擇在評估，所以，如果能在零售通路店面賣場做大型的廣告，讓消費者一走進店面就被吸引，自然就會加深印象，提高自己公司品牌產品被購買的機率。因此，從他開始投身國際市場，就打定主意要花大錢做廣告，要以廣告取勝，但經過一年之後他赫然發現，廣告預算是一直往上加，但銷售成績卻是趴在地上起不來，不論他如何下猛藥、多做廣告，對實際銷售成績的幫助卻是十分有限。

很多人都有類似的經驗，在走進家電賣場之前，原本都已經打定主意，要買S牌的LCD TV，但到最後結帳時，卻是買了P牌的，原因無他，就是因為賣場中的銷售人員大力的向顧客推銷P牌的LCD TV，這時除非是超級死忠於S牌的粉絲，否則對一般消費者而言，大概很少有人能夠抵擋來自第一線銷售人員的強力推銷。此時，廣告扮演的其實只是催化劑的角色，第一線的銷售人員才是關鍵性的臨門一腳。但賣場的銷售人員為什麼要熱情的推銷特定品牌的產品呢？關鍵或許來自於，公司提供給賣場銷售人員的誘因、獎勵、或其他更多處理加值過的資訊。

有時產品熱賣的原因，不見得在於產品有多好，而是在於產品有多好賣，也就是要讓通路賣場的銷售人員一看到就知道，要怎麼賣最快、也最容易去賣。

隨時監控資訊的傳遞品質

除此之外，當資訊或指令經過處理加值之後，在傳達執行的過程中，可能隨時會有不同的外在環境變化出現，此時就必須亦步亦趨的緊盯不放，才能隨時調整必要的策略，而這就需要隨時監控或是跟催，去控制管理資訊回饋傳達的品質效率。

舉例來看，某家公司為了刺激銷量，總部決定讓市場終端零售價格降價二十美元，並同步調整對通路商的出貨價格，但在執行降價策略之後的一個月，銷量並沒有明顯提升，老闆心想：「難道是降的不夠多嗎？好，那就再降！」立刻再度召開會議決定再降二十美元，也立刻讓通路商知道新的降價策略。而隔了一週，這位老闆心血來潮，決定到通路賣場去看看自家產品銷售的情況，老闆卻赫然發現，連降四十美元批發價的產品，居然在通路賣場只降了十五美元零售價，其中的二十五美元降價額度，硬是被通路商給A走了。

對這家公司而言，之所以會讓通路商有上下其手的機會，很明顯的就是公司的價值鏈環節出了毛病，老闆的腦子只想到一件事，就是要將「降價的消息傳遞出去」，然後呢？對這家公司而言，資訊指令的傳達效力就到這裡結束了，在這樣的過程中，公司展現出的就是一付「我已經降價了，但愛買不買隨便你！」的心態。因為公司在傳達降價資訊時，沒有去跟進、確定，終端市場通路真的有降價，而且了解消費者是否因為降價激發出買氣需求，只是一直丟、一直給指令，卻搞不清楚這些指令或資訊到底去了哪裡？發揮了多少作用？在這樣的情況下，價格降再多也是沒有用的。

縱觀整體資訊流傳遞的過程，上述公司之所以會出現傳遞的無效率，差別就在於公司在資訊回饋機制上，抱持的是「Pass To」還是「Pass Through」的心態。

所謂的 Pass To，就是只把資訊或決策指令傳出去就算數，卻不清楚這些資訊或是決策指令，是不是真的送到終端使用者的手中，或是否真的被落實執行。而所謂的 Pass Through，就不只是把資訊或指令傳達出去就算數，而是要確保每一項指令都到該去的地方，發揮該有的效用。

如果公司只是 Pass To 的去處理資訊回饋，其實就是「令不出中軍」，因為對指揮全局的統帥而言，如果所下的軍令只管到自己帳下的中軍，卻指揮不動中軍以外的十萬大軍，那麼，那十萬大軍的戰力，就算有也等於沒有；但如果是 Pass Through，狀況就會完全不同。

但很多時候，由於文化，習慣，生活教育背景的不同，所以縱使 Pass Through，但對方解讀收到的資訊也會失真。例如約定的時間吃中飯，印度人可能認為是下午兩點，而不是十二點，贊成或反對的表示，還有對事情的描述是事實，錯誤的事實，還是有加自己看法及居心的偏見或甚至謊言。

而對事情的解讀，是只了解自己懂的，自己想了解的，或根本是完全誤解。很多人以為，大家在一起開個會就可，但通常是會前沒準備，造成會而不議，議而不決，決而不行。更何況有很多人，在會議中保持沈默或隱瞞事實，到頭來，不知是解決問題，還是製造了更多誤解，達不到要傳達的效果。這不但會發生在公司內部，同一文化的上下傳達，如果擴及跨區及跨國供應鏈或價值鏈那就更為複雜。

不同人種間，對事情的表示及訊息的傳遞，會有很大的不同。不僅在用語，語意，語氣上要加以用心了解，更要擴及注意其姿勢，手勢，表情等肢體語言，加以用心解讀，所傳的資訊要能加以分析、理解及洞察其意義。例如美國人習慣直接表達，亞洲或英國人則較含蓄。有次去印度開研討會，只見下面一直搖頭，以為是不同意或聽不懂，後來才知道，他們搖頭是懂了且贊同。或者有時候，我們會抱怨對方均不表態，問有沒有問題均不回應，其實可能也是已在傳達了一個訊息。所以有傳有達，令出能行，要達到價值鏈上下一心，不管在軍令下達或軍情上傳，能迅速確實，是打勝仗的基本關鍵。

AI私房心法

1. 每一項新產品在被推出時，新產品的價值，必須要經過價值鏈的層層傳遞，快速的傳送到市場終端用戶手中。
2. 廣告扮演的只是催化劑的角色，第一線的銷售人員，才是真正關鍵性的臨門一腳。
3. AI可以追蹤資訊的流通過程，確保每個階段都被正確傳遞和接收，並進行再認定。利用AI對語言的熟練，反推另一句問話，來確認雙方是否溝通認知一致。例如：「老闆要員工今天完成三張架構圖設計內容需要有案例。」透過AI反推問題：你是否知道老闆要求的三張架構圖設計內容，需要在哪時候完成，其內容有否需要注意的地方？

47

盲動，不如不動

要清楚判讀每一項傳進來的資訊，記得「人、事、時、地、物」的通關密語。

多數公司在海外市場遭遇到最重大的挫折，多數來自於海外通路堆積過多存貨，一開始大都抱著僥倖的心理，期待能夠順利消化庫存，直到發現前方銷貨速度持續減緩、但後方出貨成長的壓力卻緊追而至時，才驚覺大事不妙，這時通常為時已晚，因為沉重的存貨與財務週轉壓力，往往讓公司兵敗如山倒，運氣好一點的，頂多傷筋挫骨，但狀況差一點的，可能就會傷重倒地不起。

為何有那麼多的公司會犯下這樣的錯誤？是因為沒有聆聽市場的聲音？還是聽不懂市場的聲音？抑或是，聽到了、也聽懂了，但卻不知道該怎麼做？

撇開人謀不臧、明知故犯等因素，許多公司之所以會陷入這樣的困境，其實在於不知道該如何判讀資訊，讓資訊回饋機制發揮最高的效率，進而作出精準的執行策略。

有次，我們的海外據點傳來消息，說當地的競爭對手因為長期打不過我們，於是發狠要大降價，而且一降就是百分之三十，當地團隊得到消息之後，經過一番內部討論，決定跟進降價，跟對方一決生死。

透過不同管道蒐集資訊

但當這個決定回到總部後，我聽到的第一個反應是：「對方要降價？是哪些產品線要降價？在哪些市場區隔會大降價？針對怎樣的客戶要大降價？何時要降價？」但海外團隊只能斬釘截鐵的告訴我：「這個消息百分之百正確，我們有內線說他們一定會降價」，但對於哪些產品線、市場區隔、針對怎樣的客戶、什麼時候降價等問題，海外團隊卻完全沒有答案。

沒錯，很多公司單單聽到對手要殺價競爭這件事，就足以讓公司上下手忙腳亂，根本不用等到對手真的殺價，就已經達到他們嚷著要降價的目的。如果公司能夠更仔細的解讀每一個問題，了解對手降價的目的與用意，才能研判其後續可能的策略走向。

舉例而言，如果對手鎖定的是即將改新技術的舊版產品進行降價，就代表對手可能在出清舊產品之後，將把全部心力放在新技術產品上面；或者，對手可能針對過去其較不擅長的市場進行降價，希望藉此卡位進入此一市場區隔；或者是，對手選擇在第二季底降價出清，降低整體通路的庫存量，原因是因為看壞後續的景氣發展。

單一片面的資訊，極有可能造成公司在反應決策上的誤判，因此，公司應透過不同管道蒐集資訊，例如專業市場研究機構的報告、或是最終使用者等來自終端市場的訊息，掌握更多元、完整的資訊，進而更仔細的解讀價值鏈上每個因素變化的真實面貌，讓公司可以有更多不同層面與角度的判斷，這遠比單單一個「競爭對手要降價」的資訊有用多了。

所以，要清楚判讀每一項傳進來的資訊，永遠要記得「人、事、時、地、物」的通關密語。以先前提到的「競爭對手要降價」為例，你應該要了解的是：「是誰要降價？這家公司是我們的主要對手？還是次要對手？（人）」、「降價執行策略為何？（事）」、「降價的時點？（時）」、「在什麼樣的通路或市場區隔進行降價？（地）」、「什麼樣的產品線會降價？（物）」。「人事時地物」的資訊判讀法則，不是什麼高深莫測的技巧，但說實在話，這個通關密語真的是百試不爽。

重點不在「讀」，而在「判」

有次，我們在巴西的團隊回報，在新產品上市後一個月，客服中心的業務量暴增了一倍，因為，幾乎所有的使用者都打電話進客服中心，要求客服人員指導如何安裝。乍聽到從巴西傳回的消息，總部產品部門的同事都很緊張，急著檢討是不是說明書出了什麼問題，才使客戶不斷打電話詢問，但在討論之後發現，我們全球採用同樣一本說明書，只是因應本土化需求，編纂成當地不同語言而已，但何以同樣一本說明書，在別的國家就沒有出現使用者不懂操作，而塞爆客服專線的狀況，獨獨在巴西出現這樣的狀況？

許多企業在取得前線資訊回傳之後，常常是直線式的，針對資訊表面上的意思去解決問題，就以上述的例子來看，可能會直覺認定是說明書有問題，於是重新改寫說明書來解決。但事實上，問題真的是這樣嗎？就上述的例子來看，在更進一步進行資訊判讀之後發現，同樣的狀況只有在巴西最為嚴重，在別的市場幾乎沒有，差別出現在哪？

原先，我們擔心是葡萄牙語的說明書編纂出現問題，但經過仔細檢查後發現，並沒有語意不清、或是指示說明錯誤之處，再進一步比較其他市場的不同性，我們才赫然發現，其實是因為巴西當地使用者對於相關產品的使用原本就不熟悉，再加上根本就不願意花時間讀說明書，當然就直接打電話到客服專線要求協助。

碰到這樣的情形，當然就不是以改寫說明書來解決問題，而是要透過其他的方式，例如教育消費者、或是提供其他更簡易的安裝指導手冊（Quick Installation Guide, QIG），讓消費者能夠順利安裝產品。

別拿著蘋果去比西瓜

有次，某家公司召開年度預算目標會議，會中多個海外據點的主管，對於當年度的成長目標看法都維持在二〇～三〇％之間，距離老闆要求的三〇％以上年成長率，明顯還有一段差距，眼看會議氣氛越來越冷，此時，某位海外據點主管，開始報告其當年度的預算目標，一開口就是要成長五〇％，原本已經快結冰的會議氣氛，突然開始活絡起來，這時，老闆眼睛發亮、帶著讚許的笑容對這位主管說：「好樣的，有膽識，我們公司其他主管如果都像你一樣就好了！」看到這位主管備受老闆讚賞，其他地區的主管紛紛搖頭嘆息：「唉！老闆又被蒙蔽了，成長五〇％？拜託，我們這些人二〇〇二年都是做一億美元生意的，他是做一百萬美元的人，就算成長五〇％，也不過就是一百五十萬美元，而且，當地市場的平均成長率是倍數成長，但他只說要成長五〇％，這樣比，對嗎？」

從距離千里之外的國際市場傳回來的資訊，身處後方的價值鏈環節，的確很有可能因為經驗、文化、教育、職位種種不同的偏見立場，形成讓人伸手不見五指的迷霧，進而在判讀資訊時誤入歧途，更經常在資訊傳遞的過程中，受到外力干擾而扭曲、炒作，判讀資訊除了要從不同層面、不同角度去交叉比對外，同時也要注意不要陷入以管窺豹、見林不見樹的迷思中，在進行比較分析時，更要特別注意共通因素與變數的狀況，才不會出現拿著蘋果去比西瓜而鬧出大笑話。

所以，有人說數字是不會騙人的，一艘船航行大西洋要六天，六艘船只要一天。一個人蓋房子要一年，找來三百六十五人一起蓋就只需一天？我們剛開始進入巴西市場時，就以為我們可以輕鬆、就可做到兩千萬美元，因為當地通路或市調公司說對手二〇〇〇年做一億，因此我們只要挖對手五分之一的營收就可。因此不經仔細評估就設了公司，找了一堆人就要大搞。但想不到一年多過去，生意幾乎還在原地踏步。其產品特殊需求，做生意及財稅的複雜度，遠超出我們的想像。

而當我們評估日本市場時，對自己的新產品及價格信心滿滿，認為可以輕易贏過當地最大的對手，就決定進入。想不到對手一夕之間大幅降價，也推出了新產品。這種敵人是不會動的假設，是公司切忌要避免的。

另外很多時候，由於過度自信在別的市場的成功，而就自大、疏忽或偷懶，沒經過一番全盤分析，冒然進入一個陌生的市場，而栽了大跟斗。更有時，或是迎合大老闆喜歡聽好消息的習慣，就常不願面對現實，誇大戰果，養成了報喜不報憂的文化。

所以盲動不如不動，凡事要謀定而後動，是經營國際市場一個必要的修練。

AI私房心法

1. 如同丹麥哲學家齊克果（Soren Aabye Kierkegaard）所說的：「表相如浮標，本質如魚鉤。」一般人只專注在看水面上的浮標，卻無法看透水面下的魚鉤情形，所以，許多公司在面對紛沓的資訊時，除了要有開放的心態、要懂得問問題外，更要有能力判讀資訊。
2. 判讀資訊除了要從不同層面、不同角度去交叉比對外，同時也需要注意不要陷入，以管窺豹、見林不見樹的迷思中，在進行比較分析時，更要特別注意，共通因素與變數的狀況，才不會出現拿著蘋果去比西瓜而鬧出大笑話。
3. 避免盲動可以透過AI的自動化客服驅動的聊天機器人和自動化系統，有用的市場反饋與情報，以真實了解而改進產品和服務。

48

笨問題好過不問問題

要把干擾公司正常營運決策判斷的「魔鬼細節」釐清楚，就要開口問問題。

有次聽到公司總部的同事暴跳如雷對著電話大罵：「為什麼不把標案條件問清楚？什麼？問不到？為什麼不找其他的管道問？啥？沒有其他的管道？為什麼這麼大的案子只有一個窗口？以為有窗口就可以了？那為什麼現在又問不到了？啊？又為什麼現在出事了，才回頭來搬救兵？」

原來，海外分公司為了爭取政府大型標案，找上某家當地大型系統整合商合作競標。在過程中，負責此項標案的菜鳥業務每次去拜訪系統整合商談合作，對方都很有誠意的由大老闆親自出面接洽，一談到合作內容，這位老闆就口若懸河、滔滔不絕的說起過去與政府採購部門往來的經驗，對於與我們的合作更是充滿信心，認為以我們公司的產品素質，再加上他們公司與政府採購體系的關係，爭取這項標案簡直是手到擒來。

這位業務同事一來因為初出茅廬，二來因為對方是系統整合商的大老闆，他心想：「再怎麼樣人家也懂得比我們多，很多事情他們一定會設想週到，好像也不必太擔心。」所以在洽談合作的過程中，一切都以系統整合商馬首是瞻，對方怎麼說，他就怎麼做，就連去政府採購單位拜訪時，也是只聽不說，全由系統整合商主導。

等到要投標了，系統整合商開了個破天荒的超高投標金額，分公司主管看到標單內容覺得不妥，把那個菜鳥業務叫來問：「這個投標金額這麼高，應該是高於當下的行情吧，怎麼標得到案子啊？」被主管這樣一問，這位同事支支吾吾的講不出來，因為當初看到標單金額，他也覺得很怪，但想到對方是有經驗的大老闆，去質疑人家的專業好像不太好，但面對上司的質問卻又回答不出來，此時，突然靈光一閃，就對分公司主管說：「系統整合商的老闆說，這次的競爭對手很少，開價不用開太低，以他們公司過去百戰百勝的成績來看，應該沒問題的。」分公司主管聽到這個答案雖不滿意但也可以接受，於是就大筆一揮簽了字。

問題永遠不嫌多，打破砂鍋也要問到底！

最後，整合商真的順利得標了，但是當分公司主管高高興興去賀喜時，才赫然發覺，為什麼這個標案競爭對手這麼少，又這麼容易以高價得標，原來這個標案交貨條件多如牛毛，必交與約交的比重，甚至不合理到了一個天方夜譚的地步，擺明的就是要得標公司隨傳隨到，但卻又不保證一定會買。而且驗收條件與罰則不合理到了極點，後續要免費保證維修十年，這個案子根本就做不下去。但若是整合商不簽約廢標，又要面臨天文數字的罰款，整合商不願意獨自承擔，一定會要我們負責，這讓分公司主管當場臉色發青，旁邊的業務小菜鳥更是嚇到說不出話來，兩個人只能先虛與委蛇一番，再急忙打電話回總公司討救兵，請求裁示。

故事最後的結果，就是前述總部同事對著電話不斷大聲吼叫：「為什麼？」其實，在這個故事中，最大的問題就在於，在過程中有太多該問卻沒有問的「為什麼」，直到最後一刻，面臨兩難處境的時候才出現。細究其中，當然有很多執行細節需要檢討，但就如許多人都知道的「魔鬼藏在細節裡」，要怎麼把干擾公司正常營運決策判斷的「魔鬼細節」釐清楚，卻是許多人百思不得其解，卻又問不出口的「問題」。但是，問題出在哪裡？事實上，問題就出在「問題」上！

在公司經營國際市場的過程中，可能因為時間、距離的限制，也可能因為文化、社會背景的差異，都會讓價值鏈上的資訊流傳遞效率大打折扣，但這樣的問題，不見得是因為資訊流傳遞過程出現堵塞，而是傳遞的資訊本身就有問題。就像是人體內的血液循環系統一樣，心臟功能沒有問題，血管彈性沒有問題，血管也沒有阻塞，但若血液裡的紅血球沒有承載足夠的氧氣，那麼這個人還是會缺氧頭暈，甚至可能因此暈倒。

在國際市場價值鏈的過程中，因為資訊越來越多，讓公司很難確定究竟哪些資訊是對的？哪些資訊是錯的？所以公司必須要更認真思考如何辨別資訊的品質，要如何釐清真正具有價值的有效資訊，而要達到這樣的目的，就是要懂得問「問題」，要很仔細的、要拋開假設的預設立場去問每一個問題。

很多公司的高階或資深主管，為了顯現自己的經驗老到，常常問一些表面無關痛癢的問題，而沒有更深一層的去思考，例如問題出現的時空背景，背後真正的原因。公司要時時有對問題如何發生，有反思的能力。察覺到眾多困難的背後，「人」的因素，如何層層疊疊的串在一起。弄清楚什麼問題？如何發生？及為什麼會發生。所有從疑問出發，所收集到的資訊，都要以解決真實的難題。要不斷的深化提問來釐清現實，要能從不同立場切入，換位思考，打破視角侷限，並質疑一切人們認為「想當然爾」的觀點，用以發現前所未有的現實。

不會問問題？那就建題庫

也許有人會問：「不就是問問題嗎？有那麼難嗎？」的確，問問題真的不難，但觀察許多公司的資訊流傳遞過程，卻經常是不管三七二十一，把資訊丟上資訊流傳遞的列車，當下一個環節取得資訊時，就「想當然爾」的照單全收。很多公司之所以會被單一的資訊迷惑，而忘了要問後續的問題，常常是因為在資訊傳遞的過程中，很多人會被先入為主的框架限制住，認為「本來就是這樣」，所以就不敢問、不想問、也不願意問，好像問這樣的問題，就是自己不專業、不上道或是不禮貌的感覺。

如同前面所述那個菜鳥業務的例子，一看到對方是系統整合商的大老闆，就認為對方經驗多資格老，講的話一定是對的，不能被挑戰或質疑；其實，之所以要問問題，並不在於質疑、挑戰對方，而是要讓資訊揭露的角度更為全面，而透過問問題的過程，也可以讓對方了解，可能出現的爭執點或疑慮為何，進而思考提供更完整的資訊。

這樣的狀況其實存在於許多公司內部或是價值鏈的環節上，在針對所接收到的資訊進行判讀時，如果要向對方提出問題，總是有一種名不正言不順的感覺，不知道該怎麼問起，有時勉強問了一、二個問題，就無以為繼了，不知道怎麼繼續問下去，因此，公司還不如主動建立起一套管理判讀資訊的機制，教大家怎麼問問題，甚至建立題庫。

公司可以透過設計建立類似問卷的方式，針對不同的資訊流傳遞流程需要，提供不同的問卷題庫，而且這樣的問卷，必須隨著實際市場或價值鏈的情況，進行修改。之所以要建立一份這樣的問卷或類似的機制，就是要讓身處價值鏈上不同環節、不同職位階級、不同背景資歷的人，能夠在一個共同的基礎上，更清楚的逐一解讀溝通資訊的品質與內容，這其實就是一個ＳＯＰ（標準作業流程）的概念。

兵家常說，要運籌於帷幄之中，決勝於千里之外。公司在千奇百怪的國際市場，上下要養成會問題，問對問題及勇於面對問題的習慣。要隨時提醒這問題，是否要急於現在處理？如果稍後再處理或不處理，會如何的淡定修養。畢竟有限的資源，要花在刀口上，切要避免浪費在到處救火，去處理短期小事，而忽略了較長期的重大問題。

AI私房心法

1. 想要釐清真正具有價值的有效資訊，就要懂得問「問題」，要很仔細的、要拋開假設的預設立場去問每一個問題。
2. 與其一再責備不會問，不好意思問，不如主動建立起一套管理判讀資訊的機制，教大家怎麼問問題，甚至建題庫。
3. AI能建立問題庫和標準作業流程。透過機器學習和自然語言處理，AI可以分析過往的溝通案例，從中提煉出有效的問題和策略，幫助構建更加精準和全面的問題庫。還可以透過預測分析，預判可能的問題和狀況，從而幫助公司提前準備應對策略。

49

「溝通」，有這麼難嗎？

在資訊流傳遞過程中，最主要的目的就是要讓資訊完整、精準的傳達到價值鏈的每個環節上，但許多公司的盲點在於：「明明這麼簡單的一件事，就是把訊息傳遞出去而已，有這麼困難嗎」？

朋友有次很沮喪的來找我（好像不沮喪的朋友都不會來找我），在他描述事件的過程中，「你不懂啦！」、「跟你講也沒用啦！」、「你不要管啦！」這些字句不斷的出現，但他不是與我討論他的親子問題，而是他在經營國際市場業務時的遭遇。

原來，他們公司內部的研發團隊與海外市場業務團隊，最近為了某項大型標案吵得不可開交，由於標案產品型態特殊，海外團隊在與客戶溝通後，回頭要求研發團隊，必須要配合客戶規格需求更改產品設計，一次、二次、三次，到了第四次，研發團隊忍不住開罵了：「能不能一次講清楚要改哪裡？不要這樣一直改來改去，浪費我們時間，客戶就一定是對的嗎？這個產品原本就不應該這樣改啊！」這些抱怨聽在身處前線的業務團隊耳裡格外刺耳，當場就不甘示弱的吼回去：「你們懂什麼啊？根本不懂，跟你講也沒用啦！你就不要管我們怎麼做生意，只要把產品改好就對了！」

類似這樣的狀況，在許多公司中一點都不特別，幾乎是經常性的上演這樣的戲碼，差別只在於衝突爭執的嚴重程度，以及最後有沒有把生意做成而已。這樣的差別，其實在於公司就其所擁有的價值鏈中，資訊流的傳遞是否具有效率、有品質，簡單的說，就在於是不是有真正的「溝通」。

這不是真正的溝通

問題出在哪裡？事實上，問題就出在「溝通」二個字上，不論是有「溝」沒有「通」，或是有「通」沒有「溝」，都不是真正的溝通，更不可能是有品質的溝通。

有次，我的同事氣沖沖的跑進辦公室，大聲的抱怨著：「真是，牛牽到北京還是牛，不會變成一隻聰明的神牛啦！」很熟悉的場景吧，不論是公司總部與分公司，或海外據點與當地通路商夥伴之間的資訊傳遞上，常常會出現類似的抱怨與責難。

基本上，價值鏈是由各個不同功能的環節所組成，而不同環節的運作方式、文化背景、利害衝突可能各有不同，而這些差異就有可能讓資訊流在傳遞過程中，出現資訊被扭曲、傳遞不完整的狀況。

舉例而言，在許多公司中，最常見的衝突，就在於不同部門間的本位主義，如同是價值鏈環節之間既有的利益矛盾，例如，財務部門經常抱怨，業務團隊只懂得做生意要放帳，卻不管最後帳是不是收得回來；產品研發部門永遠都覺得自己的產品做得最好，賣得不好就是業務團隊不夠認真；在海外的業務團隊總是認為，總部只知道要求業績，但卻不識民間疾苦，沒有提供當地市場需要的支援；就連通路商夥伴都會抱怨公司，好賣的產品備貨太少、難賣的產品卻塞貨太多。

對公司而言，價值鏈上的所有環節利益，應該是一致的，但是在很多時候，往往會因為資訊流傳遞的品質出了問題，而造成了價值鏈環節間的矛盾衝突。像放帳這件事情上，財務與業務部門的利益是一致的，就是要在合理的範圍內，提供財務支援放帳，讓業務有機會越做越大，但重點是在沒有效率的資訊流中，就會出現各個部門只聽自己想聽的話、做自己想做的事，而讓整體訊息的完整度與精準度大打折扣，明明講的都是同一種語言，但各個不同環節解讀出來的訊息，卻可能是片斷的、甚至是天差地遠的。

所以，當公司發現，在價值鏈的資訊流傳遞過程出現問題時，應該思考的是：「你聽得懂我在說什麼嗎？」

在台灣早期的綜藝節目中，很流行玩一種喝水傳話的遊戲，參賽者必須口裡含著水，從第一個人在見到紙條上的內容後，依次傳話到最後一個人，最後一個人如果能說出一樣的內容才能過關，由於過程中，參賽者講的話往往是含混不清的，所以，傳到最後一個人時，所說出的答案，常常與第一人的內容，風馬牛不相及的，是那種標準「貓在鋼琴上昏倒」的答案。在國際市場價值鏈資訊流傳遞的過程中，如果出現同樣的狀況，那麼，昏倒的就不只是貓了，而是價值鏈上的所有環節，而因為資訊分享傳遞出現誤差，在實際執行時自然就是東缺西少、漏洞百出。

除了開放更要聆聽！

因此，所謂的「溝通」，就要有「溝」，更要有「通」，要建立起一套資訊流傳遞的機制，這就是讓資訊流可以順利傳遞流動的「溝」，但是有了機制還不夠，因為機制是死的，而流動的資訊是活的，如果在資訊流傳遞的過程中，不同環節之間，無法用大家都聽得懂的語言溝通，那麼就會變成只有「溝」、而沒有「通」。

對公司而言，要想讓資訊流傳遞順暢，就是要選擇大家都聽得懂的語言。也許會有人認為，在開發國際市場業務的過程中，大家共同的溝通語言應該就是英文，只要大家的英文程度都很好，就應該可以溝通無障礙。但有趣的是，很多問題不是出在真正的「語言」問題，而是每一個環節是否讓資訊流確實精準的傳遞到其他環節手中，也就是說，在資訊流傳遞的過程中，每一個環節扮演的角色，絕不只是自己聽懂就好了，重點是要確定其他人也聽懂同樣的訊息。

要確認讓其他人聽懂，關鍵不只在於要怎麼「說」，而是在於「聆聽」（Listen），因為在很多「有溝沒有通」的狀況中，常常是，不想聽、也懶得再講。有位朋友就曾這樣跟我說：「我真的對那個團隊失望透頂，跟他們講什麼都聽不進去，他們講什麼我也不想聽，就算聽到不對的，我也懶得再講，反正他們也聽不懂，何必浪費我的口水。」

事實上，抱著這樣心態的人其實還不在少數，在很多會議上，有些主管的報告才剛起頭，就看見老闆揮揮手制止他不要再講了，可能是因為之前已經討論過、又或者是先入為主的認為，這個議案沒有新意、不值得再談。但要注意的是，在瞬息萬變的國際市場情勢中，許多狀況是隨時持續變化的，昨天不能做的案子，不見得明天就不能做，其中有許多可能性必須要重新評估。

很多時候，因為「先入為主」的觀念，而讓資訊流的傳遞遭遇瓶頸。所以，「聆聽」絕對是確保資訊品質的重要關鍵，透過耐心的聆聽、鼓勵發問，就能夠更清楚的知道該如何傳遞資訊、有哪些資訊的傳遞品質需要提升，需要再講得更清楚，做到真正的有「溝」也有「通」。

AI私房心法

1. 「世界上最遠的距離，就是我在你身邊，但你卻不知道我愛你」，這是讓許多人蕩氣迴腸的經典名言，但如果同樣的情形，發生在經營國際市場業務的公司身上，卻絕對足以釀成一場災難，因為，這代表了公司的價值鏈出了大問題，資訊流的傳遞效率幾乎癱瘓，才會出現近在咫尺、卻無法正確傳遞資訊的困境。
2. 對公司而言，要讓資訊流傳遞順暢，除了要有船，還得要有方向正確的河道，才能順利渡行到目的地，而所謂的溝通無障礙，就是要有「溝」、而且能「通」，但要注意的是，隨著價值鏈拉長、資訊流擴大，既有的「溝」流渠道，也應該要隨之擴充或調整，如此一來，才能真正讓資訊流順利暢「通」。
3. 透過AI情感分析：能分析溝通中的情感和語氣，幫助理解對方的情緒和態度。這在處理客戶關係或內部溝通時尤為重要，能找出真正可能溝通失效的主因，能夠提高回應的同理心和針對性。

50

越開放，就越能聚焦！

機會是無限的，但資源絕對是有限的，所以，公司在思考市場發展策略的首要之務，就是要懂得取捨，要懂得評估在資源有限的條件限制下，尋求能為公司創造最大效益的策略布局。

有次，一位朋友垂頭喪氣的來找我：「印度市場愈來愈難做啊，到處都是競爭對手，當地媒體每天都在報導，又有什麼新廠商加入印度市場，市場訊息更是亂得一塌糊塗，今天傳A公司要殺價清庫存，明天傳B公司要用延長放帳天數的手段來綁通路商，我每天光應對這些消息，就疲於奔命了，哪還有時間去想什麼偉大的市場發展計畫。」

聽完朋友的苦水，其實我一點都不意外，因為，這樣的經驗很多公司都曾有過，市場上只要一有個小道消息，就會看見一堆人跟著跑來跑去，但是跑了半天，卻不知道到底要跑到哪裡去，又為什麼一定要跑？事實上，我也曾在其他海外市場遭遇過類似的情境。有次，我在某個市場接受當地媒體的訪問，那時剛好有其他競爭對手，也大張旗鼓的準備進入當地市場，於是媒體就問我：「面對來勢洶洶的C公司，你們公司有什麼準備？」當時我只是笑笑的回答：「我們公司的目標已經很清楚，就是要再成長一倍，所以我們關心的是產品、技術支援、通路合作、以及終端消費者的滿意度，這是我們的聚焦、也最關心的重點。至於其他競爭對手怎麼做，對我們而言，絕不是現階段，我們所應該關心的事。」

以價值鏈的既有資訊流為依據

我相信聽在媒體耳裡，這樣的回答似乎在打太極拳，但事實上，這真的是我們在當地市場的經營策略，當然我們必須注意競爭對手的動作，在必要時做出反應，但絕不是在對方什麼都還沒有做之前，就先自己打亂自己的腳步，而忽略了原本的聚焦。簡單的講，如果公司沒有聚焦，或者是對已經設定的聚焦定位不具備足夠信心，那麼，即使市場只是掀起小小的浪花，對某些公司而言，卻可能視為一場足以滅頂的海嘯災難。

進一步來看，很多人都知道要聚焦，但真正的聚焦，不能用「比大小、拼運氣」的賭博心態來看，而應該是要以價值鏈的既有資訊流為依據，透過了解、整合、評估價值鏈每個環節所傳達的訊息之後，更進一步確定此一聚焦真正符合公司實際的需求與資源。如同人體的血路要通，血流才能將養份順暢送達，各個器官才能健康運作的道理一樣。在充足而明確的資訊下，才會有真正的聚焦出現，若只是悶著頭、憑直覺去選擇聚焦的重點，也不過就是亂扯一通的鬼話。

所以，聚焦需要有取捨的智慧，更要有不動如山的信心，也就是所謂的「信心清淨，即生實相」。更深究其中，聚焦應該是全面性、整體性的，而不是單點性、分散式，對公司而言，要真正貫徹聚焦的精髓，就必須要讓資訊流，透過價值鏈，順暢的流經每一處環節、並且傳遞到市場最終端去。

不分享就很難聚焦

公司有了聚焦，才有更準確著力點。聚焦必須力行於身處市場第一線的戰將，也概括產品總部內的各個單位與支援體系，把整體價值鏈串連起來。如果前方業務單位有很清楚的聚焦，但後方價值鏈上的其他環節沒有整合，就會出現過於發散、而無法將價值與資訊的力量準確送到終端。

舉例來說，所謂的氣功修煉法門，都會談到「三花聚頂」、「五氣朝元」，練氣練到最高境界，就是要讓精氣神的精華與五臟之氣，能夠分別匯聚在印堂穴與百會穴，而要達到這樣的修為，必須要有觀照內在氣流變化的能力，進而控制導引氣流到該去的地方。而根據氣功修習的說法，若能做到三花聚頂、五氣朝元的境界，人才能真正自然且隨意的控制自己的身心。

而同樣的，對公司而言，在已然確立值得布局的聚焦目標後，接下來要做的，就是要讓價值鏈上的資訊流能夠順利傳遞，協同配合達成聚焦的目標。

就以公司發布新產品的策略來看，有些公司是依本身既定的進度推出新產品，但也有些公司卻是以競爭對手的進度為進度，前線或總部人員，只要看到對手在市場上推出新產品，就會立刻要求，也得要推出同類型的新產品來應戰，但卻沒有考慮到，自身產品是否真的已然準備就緒。

產品推出的進度，應該要以價值鏈準備就緒與否，作為考量準則，新產品發表不是僅「發表」完就算了，而是要能夠應用整條價值鏈的力量，讓此新產品的價值，順利傳遞到市場終端去。但很有趣的是，許多公司在發表、推出新產品的時候，好像永遠都在趕進度，趕的，只是新產品發表會的進度，而不是價值真正透過價值鏈，傳遞到市場上去的進度，所以，經常會出現的狀況是，公司已舉辦新產品發表會，但通路商、合作夥伴卻在半年之後，才突然驚覺原來這個產品已經推出好一陣子了。

又或者是，許多公司在市場最前線大肆進行市場行銷活動，為新推出的產品造勢，而在行銷活動非常成功、訂單如雪片般飛來的情況下，一回頭，才赫然發現，原本公司總部根本就還沒準備好那麼多庫存可以銷售。

蘋果（Apple）公司，近年來在 iPod 或是 iPhone 產品上的空前成功，或許很多人都會認為 iPod 或 iPhone 產品的創新價值是成功關鍵，但事實上，蘋果絕對不是一家只懂得開發產品的公司，而是更懂得如何經營提升價值鏈營運效益的公司。因為，不論是 iPod 或是 iPhone，在真正產品上市發表之前，蘋果早就把該做的通路、技術支援、銷售策略、策略聯盟等等價值鏈上的環節，全部整合同步上線，而且是更早，就讓各個環節加入討論、整合可能的市場發展策略，讓大家共同分享資訊、參與前期工作，各個環節就能依其不同的功能定位，做好該做的事，因此當產品一推出，整條價值鏈，早已沒有所謂的空窗期、過渡期效應，而是一步到位，讓市場終端消費者看到完整的價值。

近幾年來，物聯網解決方案，如雨後春筍般冒出來，企業開始利用物聯網，人工智慧等科技，在物流，採購，生產製造，銷售等各方面，要進行數位化或數位轉型。有些廠商，在國內有了不錯的成績後就想要進軍海外，一開始在東南亞，由於有當地朋友關係，也拿下了一些案子，但在投入後，漸漸的覺得在市場擴展，專案交付，後續服務等等方面，有點力不從心。尤其是很多是需要和其他互補廠商配合，和當地綫上支付工具銜接，和當地服務交付的整合商及客服系統配合，複雜程度已不是當初只專注在國內專案，可以不對再改，日夜修正可以比擬。

台灣公司在過去三四十年來，非常專長做ＯＥＭ或ＯＤＭ，讓所有落地之事，交予品牌公司去導入。全公司以品牌廠商的開案需要為主。可以說，是專案導向，以大量生產為主，毛三到四。有些廠商，羨慕品牌公司的高毛利，就跨出來做成產品，由專案導向進到產品導向。但由於市場需求及競爭態勢，愈來愈以符合不同企業或個人需求的整體解決方案為導向，再擴展至以軟體為主的數位訂閱服務導向。但由於不同地區及客層，都有其獨特的需求。所以更加深了在價值鏈上下游整合的必要性。公司在可能要有全盤的考量及認知，如何從專案為主，逐步進階到以落地為主，軟硬結合的數位服務。這在在都加深了價值鏈上下游整合的複雜度及挑戰。

在不同的導向階段，公司要慎選及利用全面資源管理系統，來建立產銷，財會等標準流程，並在溝通平台，跨境交付及服務方面，都有全盤的考量及階級性實施的能力。

所以公司要能夠在產品開發，行銷、交付及售後服務方面更開放，以結合不同互補廠商，使產品或服務更多樣化的同時，更要聚焦讓供應鏈及價值鏈結合的更紮實，來提供不同客戶，更精準到位的產品及服務，以不斷的加強競爭優勢。

AI私房心法

1. 在資訊流傳遞這件事上，我真的認為，公司如果能夠抱持著越開放的心態，與價值鏈上的不同環節分享資訊，包括公司內部的不同部門、海外據點團隊、通路商等等，其實，就會有更聚焦的效益出現。畢竟，掌握資訊等於掌握權力的那個舊時代，已漸漸離我們遠去，而在前方迎接我們的，將會是另一個更開放、更強調分享的新時代，透過開放的分享心態，將會讓資訊流的傳遞更為順暢，共享資源的結果，也會讓公司的策略布局發揮更高效益。

2. 聚焦與取捨：面對無限的機會和有限的資源，公司必須學會取捨，聚焦於最能創造效益的策略。AI可進行分析大量資料後，進行預測提醒，來加速該在時間階段內，聚焦哪些事情，又該放掉哪些事情。

51 結語

近幾年，由於中國人工昂貴，投資及經營成本的增加，加上中美貿易抗爭，很多台商朋友都紛紛把工廠從大陸轉回台灣或到東南亞，甚至印度等地。可是在這過程中，不論是在總部及地方管理上，人才的取得、培訓、溝通、及擁有優質的跨境營運及財務管控系統的實施，都面臨很多的挑戰。

更何況至今，俄烏戰爭打了一年多尚未結束，以巴戰事又起，美中陣營對抗日益加深，地緣區域衝突加劇，導致供應鏈及價值鏈被迫重組。更加上各地面臨通膨，不景氣及經濟低成長的問題，世界已變的更加不平，這在在都增加了想要擴展或開拓國際市場的難度及挑戰。

有些公司，此時就選擇縮小經營或急流勇退，但同時也看到了有些公司的第二、三代，反而想趁此抓緊機會，在世界政治，經濟，科技大洗牌時，更加積極投資物聯網及系統，來做個數位轉型，並廣徵及培訓國際人才，以台灣為基地，重拾三十年前一卡皮箱走天下，那種冒險犯難的精神。

但畢竟今天的時空背景和當年已是大大不同，所以有些公司遭遇到一些挫折。

而開始焦慮，慌張而趨於保守。其實這些都只是國際市場開拓上會碰到的過程，國際化除了要在人才、系統、通路、市場開發和財務資金有一定的投資外，最重要的還是，老板及員工一致的信念，要有創業家的精神，不斷嘗試失敗而不放棄的決心，更重要的是，在面臨諸多挑戰時，要有如金剛經說的「應無所住，而生其心」以及「如如不動」的修為。畢竟國際情勢及市場時時都在變化，所以要有「無常是常」的認知，不驚、不怖、不畏，及遇山開山，遇水涉水的決心。

記得 2008 年在面對世界經濟危機時，常常自我鼓勵：一切總會過去的，金剛經說的「凡所有相皆是虛妄，若見諸相非相，則見如來」，指的就是要掙脫時間的枷鎖，時時提醒見到如來本性。有時我們往往聚焦在當時看的到，已發生的事件，卻忽略了看不到的時間特點，缺乏平行視野，沒有把在其他地方發生或將要發生的因素列入考慮。這在今日多變充滿挑戰的國際市場開拓上，擁有宏觀思維，凡事冷靜、淡定、處變不驚、突破時空的束縛，更是不可或缺的特質。畢竟人生的美麗，就是你永遠不知道，明天會發生什麼事。

過去幾年在經營 GCR 及雙印市場上，充滿了挫折，每次在異地碰到困難時，總會想起桃園五福宮禮門上的對聯：「靜靜有性靜自在，如如不動見如來」。當凡事遇到困難時能不慌亂，靜下心來，看清事情的本質，如如不動，心無所附，就往往能夠化險為夷。

我常對朋友說：人生要一切隨緣。這常常被誤會我是很消極，其實「隨緣」的背後是要「廣結善緣」，在資訊發達流通下，客戶要的往往已不是單一廠商可以提供完成，今天的市場競爭，已不是單一產品或價值鏈的競爭，而是在於生態鏈紮實及強弱的輸贏。廠商不但要在國內廣結善緣，利用結盟或合資把整體方案帶出去，還要擴及當地的產業協會，新創中心，不同通路，甚至終端客戶做各式的產品及服務的結合，以求借力使力及增加自己的實力。所以隨緣的背後是積極的整合，是不斷的用心，是「盡心隨緣」。而要在這跨境整合及結盟成功，最重要的還是要抱著雙贏甚至三贏的心態，分享資源，創造綜效，且有長期深耕的態度。要有不先入為主及不偏見，四海一家的胸襟。

記得每次到孟買出差，在和客戶開完會後回到飯店，就會到游泳池泡水放鬆一下。在炎熱的氣溫下，泳池擠滿了一堆印度及其他各地來的大人，小孩，雖然吵雜，有點擁擠，但對我這世界的旅行者，卻是無比放鬆，怡然自得。也記得常在雅加達街上遛達時，就進入小店品嚐當地的小吃美食。這種欣賞不同人文，隨遇而安，樂於欣賞及接受當地文化的胸襟，也是開拓國際市場的必備特質。

這幾年來，數位應用發展神速，很多公司開始在利用平台，數位行銷及溝通上，得到豐厚的成果，GCR也運用印度當地人脈及眾多的物聯網廠商，建立了以印度為基地市場的物聯網通路平台。當初我們很興奮的想到平台三要件：聚眾力、黏著力及對市場產生價值，這些好像印度都俱備：有廣大的客戶及通路基礎，有多樣有趣的物聯網產品，可以吸引通路及客戶，且可幫通路在銷售上或客戶使用上產生加值。但幾年下來成績卻不盡理想，最後在疫情衝擊下只好暫時收手。當然凡事失敗都可以找到一些原因，例如平台一開始還沒蓋好就急著上市，經營平台要有足夠的資金及資源，以及通路或客戶均不到位等諸多理由，懊惱不迭，深感幾年努力功敗垂成。但事後檢討發現，雖然當初覺得，不論是公司在方向及願景上，都符合未來趨勢，可惜在平台開發經營，人才、通路、及客戶方面，都是時機太早或未到位，再加上疫情一來，就形成了完美風暴。

但這兩年來情形開始有了轉機，從以往談印色變，印度市場成了一個熱門的商機，加上在數據中心，雲端運算及人工智慧發達，通訊技術，網路也更成熟之下，物聯網市場已開始欣欣向榮，充滿機會。因此深深感受到，雖然凡事要有「應無所住而生其心」的修練，盡心隨緣的態度，但更要有成事須「因緣俱足」的領悟及遠見。所以在決定進入任何市場前，要充分運用AI有全盤的資料收集，判讀及了解我們產品，支援及服務及價值鏈在何時機下進入那一個市場。畢竟有些事，可能一時運氣而成功，但凡事如沒有「因緣俱足」是很難以持久的。

很多人也許不以為然的認為凡事要等到因緣俱足，那可能會錯失先機，同時也過於保守被動。其實台灣公司一直是有「不見兔子不撒鷹」的心態，只專注在代工產能提升及訂單的增加，而較少在新創、建立品牌及跨國落地方面有所著墨與重視。很多公司很會宣導要有創新，但往往一旦面臨本業或市場出現瓶頸，投資新創公司或新事業，就裹足不前，而反覆考慮兩個面向：這有沒有人做成功過，或在未來三、五年的成長是否穩健等等，只想抱著穩賺不賠的心態，殊不想想若已有人做成功過，怎會是新創？如是新創，那成長應是爆發性而不是只是穩健的幾%！但其實，如把「有沒有人做成功過」從保守心態，轉而成為向國際或異業學習，勇於在研發、生產、業務、行銷、流程、商模以及價值鏈上不斷持續創新，以因應多變的國際市場，則可成為公司轉型或成長的動力。所以開拓國際市場，不只是要增加業績，更大的目地是讓公司有更寬遠的視野，更多的經驗，更廣泛的人才，且更多元的文化，來幫助公司成長。

有一年到巴西北部臨海的薩爾瓦多郊區開會，結果在會議結束後，因為塞車而趕不上回聖保羅的飛機，只好臨時在海邊的旅館住下。當晚正好是農曆十四，在沙灘上散步，只見一輪皎潔的明月高掛天空，夜色沁涼如水。而在次日回到聖保羅轉機，一路經孟買，十六日來到果阿，參加印度經銷大會，當晚走在炎熱的沙灘上，同樣是一輪明月高掛，同樣柔和的月光，卻已是在千里之外。真的感受到天涯若比鄰。很懷念當年的美好時光，希望世界會變的更平坦，衝突減少，使得繞著地球做生意，更加方便順利，世界也更加的平坦繁榮。

全文完

附錄 跨國營運，AI工具包

在這無處不用人工智慧的時代，要開拓國際業務或在國際市場上競爭，就要能善用AI各種不同工具，來加強自己的實力。本章在此把前面在各章節中提到的AI運用做一整理，並穿插幾個AI應用的小場景及附上相關工具包以供參考。

AI技術研發可高效率協助人類哪些事情？

自動化作業

舉凡可以自動化處理的工作流程和程序，或是在人工作業中可獨立和自動處理工作項目。例如，AI可以持續監控及分析網路的流量，藉以協助網路管控或安全的層面（不正常大流量，可能造成網路攻擊，癱瘓網路平台)。或是，AI工廠應用攝像或感應器視覺技術，在機器人或生產流程線的行進、監查產品有無瑕疵、數量計算等即時分析，評估效率和輸出，建議在管控看板。

減少人為錯誤

遵循相同反覆程序的自動化和演算法，讓AI得以在資料處理、分析、製造業組裝作業和其他任務上，減少或消除人為的錯誤。

排除重複性任務

經由AI對歷史資料的分析，歸納出重複性任務，而加以對流程的改善，以便將有限的人力資源，運用在更具影響或生產力的問題上。或是，AI也經常用在自動化處理的流程，例如電話答錄機器人總機，轉錄通話，或是回答像是「幾點打烊？」等簡單的客戶問題、自動驗證文件或指紋、甚而應用機器人代替人類執行「單調、骯髒或危險」的任務。

快速精準

由於人類生理瞬間疲乏所造成，記憶喪失或中斷的限制，AI可以打破這個瓶頸，迅速地處理更多資訊，進而找出模式及探索人類可能遺漏的資料關聯。

無限的可用性

AI不受時間、休息需求或其他人類環境的限制。在雲端環境執行時，AI和機器學習會「隨時保持開啟」，並持續處理受指派的工作。

加速研究與開發

快速分析大量資料的能力，甚至模擬可能的未來試驗結果，可以為研究與開發加速帶來突破性發展。例如，AI已用於潛在的新藥品治療預測模型，或用來量化人類基因體。

進而朝向四大面向的企業應用：

1. Project（計畫）：準確地預測與規劃，完成最佳生產計畫。
2. Produce（生產）：維持高品質、高效率的生產流程。
3. Promote（行銷）：精準目標銷售與市場分析。
4. Provide（供給）：提高客戶滿意度，帶動永續經營。

AI工具包小故事I

有位朋友前些日子出了一本書，和我分享了他用AI和讀者互動的過程：

傳統書本作家的行銷書籍策略導讀的書僮機器人：

I. 購書前輔助理解書本大綱與受眾可預期獲取的精華摘要：

利用數字化互動工具，例如向讀者展示書籍的亮點和大綱。這可以通過短視頻、互動圖表或作者介紹來實現。

在線上平台提供免費章節或書籍摘要，幫助讀者更好地理解書籍內容和風格。

透過個性化推薦系統，基於讀者的閱讀歷史和偏好，推薦該書籍相關或主題。

II. 購書後的輔助導讀各章節重點與交互讀者個性化體驗：

導讀資源，章節摘要、重點分析或互動式問答，幫助讀者更深入理解內容。

透過線上平台收集讀者的反饋和問題，並根據這些資訊進行個性化的知識整合和回應。

結合社群媒體或讀書會，促進讀者之間的討論和交流，提供更豐富的閱讀體驗。

GPTs 導讀實例

提示語範例：

「設定我是跨國經營的CEO，請參考本書所述，請提給我風險評估與對應策略」

如三九一頁圖例子可綜合書中所提精華核心，專屬讀者想針對性瞭解如何解決問題包含重點在哪些章節上（如[45’source]），快速導引讀者高效率融會貫通。

您

請問針對如果我是準備跨國經營的CEO

參考本書 我該注意哪些風險評估與對應策略

導讀機器人

作為準備跨國經營的CEO，參考本書，你應該注意以下風險評估與對應策略：

1. **客戶識別與市場需求分析**：利用AI技術分析不同區域消費者的特徵、習慣、購買因素及文化習俗，洞察出新的客戶需求，創造新的商品銷售機會【38†source】。
2. **供應鏈管理**：確保供應鏈前端與後端的資訊同步，並透過AI提高決策效率和後端決策過程的優化【39†source】。
3. **跨境談判與合作**：使用AI技術來促進溝通，使其更明確與有效。AI能協助理解彼此立場，提供預測報告來指導達成最佳合作關係【40†source】。
4. **風險評估與市場進入策略**：AI技術可用於評估進入新市場時的基本條件或資格，了解競爭對手的策略，並模擬渡河過程中的狀況與風險【41†source】。
5. **避免與大企業直接競爭**：分析大型企業的商業模式，確定自己企業的定位，並尋找與大企業合作的機會【42†source】。
6. **市場障礙識別與策略制定**：使用AI來識別和分析市場進入時可能面臨的障礙，並提出克服這些障礙的策略【43†source】。
7. **長期市場策略與數據驅動的決策**：強調長期市場接觸、產生回饋和深耕，並從大數據中發掘意想不到的市場趨勢【45†source】。
8. **數位行銷策略**：利用AI分析社交媒體趨勢和消費者行為，進行定制化行銷和精準廣告投放【46†source】。
9. **跨國界獨家代理的風險分析**：進行獨家代理前，使用AI進行市場需求、競爭對手、文化差異、法律法規等方面的風險分析與可行性評估【47†source】。
10. **海外據點設立決策**：利用AI分析市場數據和識別潛在客戶，以最小的產品概念驗證（PoC）或最小可行產品（MVP）進行市場測試【48†source】。
11. **通路選擇與策略**：使用AI來分析通路背後的顧客樣貌，匹配產品的受眾輪廓，確保產品或服務達到目標客戶【49†source】。
12. **問題預測與解決方案**：AI可以幫助企業擴展問題範圍，並提供解決方案的組合【50†source】。
13. **放帳管理**：使用AI來追蹤商品銷售情況，降低放帳的風險，並建立與客戶的長期合作關係【51†source】。

III. 購書再行銷：從作者的單一本書出發，向讀者推薦作者的其他作品或相關題材的書籍，擴大閱讀範疇。

組織線上或線下的社群活動，如作者讀者見面會、線上讀書會或主題討論，以增進讀者與作者之間的互動。

透過社群媒體分享讀者的閱讀心得和評論，創造口碑效應，吸引更多潛在讀者。這樣的行銷策略不僅豐富了讀者的閱讀體驗，也為作者和出版社創造了新的商業機會，同時維持了實體書籍在數字化時代的競爭力。

以下是本書各章節的AI工具包

經營視野

6 打通任督二脈的價值鏈

「語言溝通」在全球商業中的重要性。AI技術能克服跨國語言障礙，尤其是在處理價值鏈中的語言與認知界定問題時至關重要。

AI透過即時、準確的機器翻譯和自然語言處理，優化跨語言溝通，幫助團隊跨越語言和文化差異。此技術不僅提升工作效率，也助於建立更緊密的團隊協作。AI工具包。

#13 ChatGPT 專注於機器翻譯和自然語言處理，有助於處理價值鏈中的語言與認知界定問題。

7 know-how 都在細節裡

價值鏈涉及行業內各專家及其專門知識。利用人工智能，我們可以「盤點」分析這些環節，確定它們的主要和次要特徵。這有助於創建一個藍圖，展示行業內不同角色如何協作並共同推動價值創造。這不僅揭示每個環節的獨特貢獻，還能找出提升效率和效益的機會。

#3 智能庫存管理

#14 AI心智圖工具，協助創建行業價值鏈藍圖，展示不同角色的協作。

8 誰才是真正的客戶？

隨著全球社群媒體的高流量互動，客戶可能會隨時出現在我們身旁。因此，透過AI技術可以協助企業拓展其既有的認知框架。AI可以分析不同區域消費者的特徵、習慣、購買因素以及文化習俗，從而洞察出新的客戶需求。這樣的洞察不僅有助於理解消費者，還能創造新的商品銷售機會，滿足新顧客的需求。

#1 自動化風險評估 SAS 提供自動化風險管理和評估解決方案

#4 Appier 客戶行為分析，幫助洞察新客戶需求，創造銷售機會。

9 後方怎麼管前方？

AI可以協助實現資訊的透明化和即時更新，確保供應鏈前端與後端的資訊同步。這包括對預估供應和實際供應的持續追蹤，確保各階段都能緊密協作。此外，AI也有助於提高決策效率，通過數據分析和模式預測來優化後端決策過程。整體來說運用AI於供應鏈管理能有效提升前後端的溝通與管理效率。

#18 Azure AI Services

#5 智能客服

#13 ChatGPT 提供語言處理以優化後端決策過程

10 展現你的價值

價值的認定其實也是AI可以發揮的強項

舉例利用AI分析客戶對話數據可分為三個步驟：首先是傾聽，收集並理解客戶反饋；其次是自然語言處理，透過技術解析數據，識別關鍵信息如「抱怨」，「痛點」又有那些優點；最後是創新價值，基於分析結果，識別改善策略和新機會，以提升企業價值。

#13 ChatGPT 機器翻譯和自然語言處理語意分析

11 手中無刀，心中有刀

在進行首次的跨境談判合作時，AI技術可以扮演關鍵的角色，來促進雙方的溝通，使其更加明確和有效。AI不僅能夠協助雙方理解彼此的立場，還能夠提供預測報告，這些報告可以指導雙方如何達成最佳的合作關係。這包括對於正面合作的可能性進行分析，以及在遇到拒絕或不利情況時的預測後果。透過AI的分析和預測，更加明智地制定策略和做出決策。

#1 自動化風險評估 SAS

#13 ChatGPT 機器翻譯和自然語言處理語意分析

12 產品好？不是自己說了算

一個被視為優秀的產品，其價值應建立在消費者願意為之支付的基礎上。換句話說，產品的優越性來自於消費者的認可和支付意願。在這方面，人工智能能夠協助企業高效率地開發「概念驗證」（Proof of Concept, PoC）產品，進而收集市場反饋。有了深入且具體的市場反饋，產品自然能更接近於所謂的「好產品」。這樣的過程不僅提升了產品開發的效率，同時也確保了產品能夠更貼合市場和消費者的需求。

#13 ChatGPT 機器翻譯和自然語言處理語意分析

#4 Appier 客戶行為分析，幫助洞察新客戶需求，創造銷售機會。

⑬ 你有獨特且足夠的價值嗎？

凸顯價值要足夠，可透過AI技術數據分析，跨境翻譯精準二十四小時AI客服自動化行銷原物料管理。

#5 智能客服

#3 智能庫存管理

市場開發

⑭ 選大市場還是小市場？

AI技術對企業主要表現在三方面：首先，它能分析市場數據，精確識別潛在客戶。其次，AI有助於預測哪些客戶會持續購買，增強客戶忠誠度。最後，透過優化自動化生產和物流，AI有助於降低成本並提高盈利。經過數次小規模的實證測試（PoC），自然決定該作哪一種規模的市場。

#13 ChatGPT 機器翻譯和自然語言處理語意分析

#3 智能庫存管理

#4 Appier 客戶行為分析，幫助洞察新客戶需求，創造銷售機會。

15 你想好怎麼渡河了嗎？

AI可讓準備跨全球做生意的企業，渡河前可以透過AI得到一些情報。一、渡河需要哪些基本條件或資格。二、可以知道其他競爭對手別人怎過河。三、模擬渡河過程狀況與風險，其中有了AI技術，最大差別就是反饋的精確度，再一定時間內有一定的品質，想想找一位對的有經驗的精算師來模擬，可能就是個風險。

#13 ChatGPT 機器翻譯和自然語言處理語意分析

#3 智能庫存管理

#4 appier 應用：客戶行為分析、個性化推薦系統。

16 別跟巨人硬碰硬

AI可企業分析，這些巨人商業模式中，更細膩的流程與相關情報，進而明確自己企業定位與商業模式，更高竿的做法是「AI媒合與巨人合作的機會點」，正所謂大象踩不死螞蟻，是因為小企業生存模式與巨人絕然不同。

#13 ChatGPT 機器翻譯和自然語言處理語意分析

#4 appier • 應用：客戶行為分析、個性化推薦系統。

#17 AWS AI電腦視覺、語言AI、商業指標。

17 是障礙？還是屏障？

AI可以用來識別和分析進入市場時，可能面臨的各種障礙，並提出克服這些障礙的策略。一旦障礙被克服，這就可轉變成阻止競爭對手進入市場的屏障。AI還可以模擬這些屏障，對競爭對手造成的潛在影響，從而幫助公司制定更有效的市場策略。

#4 appier • 應用：客戶行為分析、個性化推薦系統。

#8 AI律師 DoNotPay AI

18 面對進入障礙，你準備好了嗎？

準備好沒?!最快的方式就是透過AI產生模擬題目，讓企業進行每一題的模擬推演，產出的結果也讓AI幫忙分析結果與可改善項目等。

#13 ChatGPT 機器翻譯和自然語言處理語意分析

⑲ 好大喜功？還是長期深耕？

AI的應用技術強調數據驅動的重要性，長期耕耘接觸市場、產生回饋和深耕是其基礎。同時，AI能在這過程中發掘更多價值。例如，啤酒和尿布的關聯就是一個經典案例，展示了AI如何從大數據中洞察出意想不到的市場趨勢。

#13 ChatGPT 機器翻譯和自然語言處理語意分析

AI工具包小故事II

AI輔助廣源良開發了一個針對目標市場的數位行銷策略。利用AI分析社交媒體趨勢和消費者行為，廣源良在線上平台上進行定制化行銷，讓品牌形象與故事深入人心。

此外，AI技術幫助廣源良在不同國家和地區進行精準廣告投放，有效提升品牌能見度。

a.產品創新。AI在產品研發階段扮演了關鍵角色。通過分析全球美妝趨勢和消費者反饋，AI幫助廣源良預測未來的流行元素，並指導產品創新。廣源良推出了一系列符合國際潮流的新產品，如抗氧化面膜和保濕精華，這些產品迅速在國際市場上獲得好評。

b.營運系統化。運用AI來優化其供應鏈管理和庫存控制，以及提升人力資源培訓的效率。AI系統預測銷售趨勢，合理安排生產和庫存，避免過剩或短缺。此外，AI培訓系統提供給員工關於國際市場的知識，確保服務質量。

c.法規遵守與文化尊重。最後廣源良利用AI進行法律和文化研究，確保其產品和營運符合目標市場的法律法規，並尊重當地文化。AI系統提供即時的法律更新和文化洞察，幫助廣源良迅速適應新市場。最終，廣源良的「菜瓜水」和其他產品在國際市場上獲得巨大成功，憑藉其高品質、創新的產品和有效的市場策略，成為一個受歡迎的國際美妝品牌。

20 有關係就沒關係

AI小提示：運用關係需要謹慎，如果管理不當，可能會透過錯誤的方式使用關係，甚至帶來負面影響。因此可以透過AI：建立一個決策支援系統，利用社交數據和語言意圖分析，幫助預測關係策略的潛在後果。

21 富貴不必險中求

AI可以利用大量數據進行分析，識別出人類可能無法發現的風險。可自動化許多風險管理流程，提高效率並根據不同的情況調整風險管理策略，提高靈活性。

#17 AWS AI

擷取文字和資料，快速從數百萬個文件中提取有價值的資訊。

Amazon Textract

擷取洞察：透過自然語言處理（NLP）最大化非結構化文字的價值。

Amazon Comprehend

預測商業指標：利用獨特的資料類型和時間序列資料，來建立準確的端對端預測模型。

Amazon Forecast

偵測線上詐騙憑藉在 Amazon.com 上運用多年而磨練出來的技術，阻止對手並識別潛在攻擊。

Amazon Fraud Detector

識別資料異常狀況，偵測並確定營收和保留等指標非預期變化的根本原因。

Amazon Lookout for Metrics

22 印度市場的奇特崛起

要能善用AI收集市場資訊，敵情，詳細整理，充實進入策略的參謀作業。

23 別用錯誤期望選通路商

看通路商不只有所提的承諾，更要注意背後實際營運能力、市場評價、客訴的管理等等。

㉔ 找「對」通路，成功一半

透過AI來拆解與推理各通路背後的顧客樣貌，匹配企業主產品的受眾輪廓，對的人在對的軌道上，給予對的產品或服務。

#15 社群媒體數據調查

㉕ 別怕通路商丟問題

我們只怕沒想到且突來的問題，並不懼怕遇到問題，所以AI還有一種魔法，就是可以幫你擴展延伸原本的問題，並提供解決問題的方案組合。

#13 ChatGPT 機器翻譯和自然語言處理語意分析

#1 自動化風險評估 SAS 提供自動化風險管理和評估解決方案。

㉖ 怎麼幫通路商賺錢？

利用AI幫通路做一位指引的老大。

分析通路顧客的數據，找出顧客的需求。

預測通路顧客的購買行為，從而制定更有針對性的銷售策略。

建議給通路自動化銷售流程，從而節省時間和精力。

#13 ChatGPT 機器翻譯和自然語言處理語意分析

27 放帳的智慧

企業可以利用AI技術來追蹤商品的銷售情況，降低放帳的風險。

AI管理放帳可以幫助企業建立與客戶的長期合作關係。

可以根據客戶的付款情形，循序漸進的放帳，從出貨前先收貨款（TT in advance），到出貨前先收一半貨款（50% down payment）到三〇%、二〇%，直到百分之百放帳；放帳天數也從七天，十五天，直到四十五天。訂單增加時或突然有較大訂單時，不要高興太早，先確認實際需求，調查市況，可以分批出貨降低風險。

#13 ChatGPT 機器翻譯和自然語言處理語意分析

#17 AWS AI商業指標與風險查核

28 獨家代理的真相

透過AI進行跨國界獨家代理的風險分析與可行性評估是可行的。

因每個國家的法律和文化背景不同，在進行任何跨國界的獨家代理之前，需考慮到因素有市場需求、競爭對手、文化差異、法律法規等。均可以透過AI協助。

AI可以列舉跨國界做獨家代理的風險，以及可行性分析與方案建議。

#8 AI律師 DoNotPay AI

#13 ChatGPT 機器翻譯和自然語言處理語意分析

29 合資的花樣

AI應用中較能幫上文化和運營兼容性。

使用 NLP（自然語言處理）技術來分析公司文化和價值觀的相容性。

加上運營流程整合模擬。

同時也包含雙方技術整合和創新，透過AI來分析與建議。

#13 ChatGPT 機器翻譯和自然語言處理語意分析

30 海外設立據點的決斷

AI技術可以幫助企業分析市場數據，識別潛在客戶，並提供個性化的產品和服務。

以最小 Poc or MVP 透過當地合作臨時夥伴，並以AI當合作利基一起合作，來實驗這個場域與決斷是否適合設立據點。

#13 ChatGPT 機器翻譯和自然語言處理語意分析

31 策略聯盟的底細

智能整合：AI透過大數據、機器學習和預測分析，提供策略聯盟的評估的標準與共同協定守則、並輔助市場適應性和風險管理。

溝通協作：AI強化協作工具和競情分析，提高溝通效率，平衡競爭與合作，實現有效的「競合」策略。

（沒工具）

以客為尊

32 熱誠，讓價值鏈不打結！

AI可以幫助價值鏈，運行中隨時不間斷紀錄並摘要小成功，以讓整體的價值鏈，讓AI幫忙點燃著且持續給予激勵動能。

#11 Gamma AI 簡報工具

33 傳得準還不夠，還要傳得快！

AI可以幫忙傳的準：包含預測分析於庫存管理，個性化市場營銷，風險管理，品質檢測自動化。

也可以幫忙傳得快：包含智能物流，自動化客戶服務，智能合約於供應鏈，智能製造。

#4 appier • 應用：客戶行為分析、個性化推薦系統。

34 將心比心，深得「客」心

AI的人工智能語意分析技術，可探尋更細膩人性的細節。

加上現今電商市場多元化的挑戰：在當今數位化、多元化的市場環境中，了解客戶的多變需求變得更加複雜。

可透過AI讀取大量田野訪查、數位行銷、大數據等，以更全面地理解客戶。

例如誰也不會想到尿布與啤酒綑綁銷售居然是大賣的產品，以專業資深行家也很難找到尿布與啤酒背後的人性關聯性。

#4 appier • 應用：客戶行為分析、個性化推薦系統。

35 展現真心換信心

AI的精準數據分析、多維度報表，可以將價值鏈夥伴信心加速點燃，

好比預測銷售量，能間接刺激原物料夥伴準備，也同步強化銷售通路的備戰，

#9 COZE 綜合 GPTs 網站提供多種AI工具和應用。

36 如何傾聽市場？

AI能幫助企業進行更具高級的傾聽。

舉例零售業的客戶購買預測：

1. 分析：AI利用分類或回歸模型，來預測客戶可能感興趣的產品，基於他們的購物歷史和搜索行為舉例「RFM」是一種用來衡量客戶價值和忠誠度的分析方法。
2. AI可提供批判性思維：考察算法是否過度推薦特定類型的產品，從而限制了顧客的選擇多樣性。

AI再提供建議：增加算法的多樣性和隨機性，以避免形成過度狹窄的推薦虛化，同時定期更新算法，以反映市場趨勢和消費者行為的變化。

#4 appier ● 應用：客戶行為分析、個性化推薦系統。

37 得客心者得天下：,善用數位溝通

AI技術從 2023 年起大舉進入人類的生活中，因此有了AI的輔助溝通，以往需要花很大的代價才能換得比較精準的溝通，而幸運的我們只要善用對的AI數位工具，如企業跨境協作平台或是人與人多

元媒體智能溝通等，便能輕鬆的提高客戶服務質量和效率各方面。

#16 Octon 數位協作溝通工具 CONCIO

AI工具包小故事III

AI可協助台東民宿來吸引國外觀光客

在台東的一家風景如畫的民宿裡，老闆李先生開始運用AI技術和創新行銷策略，吸引了越來越多的國際遊客。

首先，他安裝了一套智慧對話系統（AI工具：即時翻譯軟體和語音識別），讓溝通變得無障礙。這個系統可線上即時將服務人員和客人的話語翻譯成多種語言，大大減少了語言障礙。

為了更好地理解不同國家客人的需求，李先生利用AI分析工具（AI工具：文化偏好分析），搭配各國人習慣，調整了客房的設施和早餐選項，提供更符合各國文化的服務。

他還開發了一款個性化的旅遊推薦應用（AI工具：個性化旅遊推薦系統），根據客人的興趣和過往經驗，推薦適合的當地熱門景點和活動體驗。

他還利用AI來分析社交媒體的趨勢（AI工具：社交媒體分析）並持續發布民宿旅客入住過良好體驗，有效地管理線上評價，提升了民宿的網路能見度。

安全和衛生方面，智能感應器（AI工具：環境監控感應器）不斷監控著民宿的環境質量，確保一切達到國際標準。

李先生還積極運用社交媒體行銷，分享民宿的美景和特色服務，並設計了針對國際旅客的特別套餐和折扣。

國際化人才管理

38 錯誤的找人心態

招募最佳人才：AI可以幫助HR招募人員，可以識別HR招募人員尋找的候選人類型，並向前帶來適合的履歷表。AI系統便可管理技能和態度測試，以排名潛在員工的工作適合性。然後，對話介面（招募聊天機器人）便可使用自然語言直接與候選人溝通，並在整個招募程序中保持互動。

#7 人工智能招聘智能招聘指南 – Clovers

39 找人才，有捨才有得！

AI分析可以處理大量員工工作紀錄資料，評估多個層面後，敢於捨棄不合適的人才，才能找到合適的人才。

#7 人工智能招聘智能招聘指南 – Clovers

40 找人要懂門道

AI可以幫助HR生成更多提問技巧來幫助HR了解。應徵者各種維度的評估，例如尖銳矛盾的問題，應徵者對於應變的反應邏輯處理予以錄音紀錄，最後進行AI評估。

#7 人工智能招聘智能招聘指南 - Clovers

#9 COZE 綜合 GPT 網站

#13 ChatGPT 機器翻譯和自然語言處理語意分析

41 為何對的人變成錯的人？

AI分析可以處理大量員工工作紀錄資料，評估多個層面後，能建議相關高層的職能變更，建議以利正確調整。

#7 人工智能招聘智能招聘指南 - Clovers

#9 COZE 綜合 GPT 網站

#13 ChatGPT 機器翻譯和自然語言處理語意分析

42 沒有永遠的夢幻團隊

透過AI分析員工工作歷程，可以分析員工各自擅長與興趣點。

重新生成新團隊面對商業需求的建議。

#13 ChatGPT 機器翻譯和自然語言處理語意分析

#7 人工智能招聘智能招聘指南 - Clovers

43 鳳凰無寶不落！

AI可分析人才的工作執行、細節計畫、此人目標，並提供輔導計畫，累積成就感。

一方面融合團隊合作律動，另一方面激勵團隊合作與忠誠的動力來源。

透過AI訪調當地薪酬水平，文化成長與學習機會。

#13 ChatGPT 機器翻譯和自然語言處理語意分析

#7 人工智能招聘智能招聘指南 - Clovers

44 動？不動？都是大學問！

風險評估與預測：AI可以分析數據，預測開除某個員工，可能對公司業績和團隊士氣的影響，幫助管理層作出更加精準的決策。

• 情緒分析：AI可以通過分析員工的溝通方式和反饋，幫助識別團隊中可能存在的潛在問題，如不滿或低士氣。

#13 ChatGPT 機器翻譯和自然語言處理語意分析

#7 人工智能招聘智能招聘指南 – Clover

全球化經營

45 偏見易造成誤判

AI可以提供針對文化差異的教育和訓練，例如透過模擬不同文化背景下的互動情境，幫助不同文化背景的人能相互理解和尊重。

#13 ChatGPT 機器翻譯和自然語言處理語意分析

#7 人工智能招聘智能招聘指南 - Clovers

46 光是「做好自己的事」還不夠！

AI可以追蹤資訊的流通過程，確保每個階段都被正確傳遞和接收，並進行再認定。利用AI對語言的熟練，反推另一句問話來確認雙方是否溝通認知一致。

例如「老闆要員工今天完成三張架構圖設計內容需要有案例」透過AI反推問題：你是否知道老闆要求的三張架構圖設計內容，需要在哪時候完成，其內容有否需要注意的地方？

#13 ChatGPT 機器翻譯和自然語言處理語意分析

47 盲動，不如不動

避免盲動可以透過AI的自動化客服驅動的聊天機器人和自動化系統，有用的市場反饋與情報，以真實了解而改進產品和服務。

#13 ChatGPT 機器翻譯和自然語言處理語意分析

#5 智能客服透過AI提供智能客服服務。

48 笨問題好過不問問題

AI能建立問題庫和標準作業流程。透過機器學習和自然語言處理，AI可以分析過往的溝通案例，從中提煉出有效的問題和策略，幫助構建更加精準和全面的問題庫。還可以透過預測分析，預判可能的問題和狀況，從而幫助公司提前準備應對策略。

#13 ChatGPT 機器翻譯和自然語言處理語意分析

49 「溝通」，有這麼難嗎？

透過AI情感分析：能分析溝通中的情感和語氣，幫助理解對方的情緒和態度。這在處理客戶關係或內部溝通時尤為重要，能找出真正可能溝通失效的主因。

能夠提高回應的同理心和針對性。

#16 Octon 數位協作溝通工具 CONCIO

50 越開放，就越能聚焦！

聚焦與取捨：面對無限的機會和有限的資源，公司必須學會取捨，聚焦於最能創造效益的策略，AI可進行分析大量資料後進行預測提醒，來加速該在時間階段內，聚焦哪些事情、又該放掉哪些事情。

#16 Octon 數位協作溝通工具 CONCIO

#13 ChatGPT 機器翻譯和自然語言處理語意分析

AI工具包小故事IV

再透過另一個AI應用故事

在一個酷熱的夏季，有家冰淇淋店正準備舉行一場大型的特賣活動。不過，他們運用了一套名為「智慧氣象分析系統」的AI技術來分析最新的天氣預報。

出乎意料的是，AI預測出明天氣溫將會突降，還可能伴隨大雨。

對於原本打算在炎熱天氣中銷售冰淇淋的計劃來說，這無疑是一大挑戰——在涼爽甚至寒冷的雨天，人們一般不會想到吃冰淇淋。

面對這個挑戰，店家迅速啟動了另一套AI解決方案，被稱為「市場機會探索器」。

這套系統不僅分析了天氣的變化，還深入探查了市場的動態。經過分析，AI發現市場上有一批雨傘，因夏天所以正在超低價拋售。

這個發現，啟發了店家一個創新的行銷策略：為什麼不在賣雨傘的同時，送給顧客一張下次購買冰淇淋的優惠券呢？

這個策略被命名為「雨天的禮物」方案。它不僅考慮到了惡劣天氣對當前銷售的影響，還透過冰淇淋優惠券，鼓勵顧客在未來的晴天再次光臨。如此一來，即使在不利的天氣條件下，店家也能透過雨傘的銷售吸引顧客，同時透過優惠券，為未來的銷售創造潛在機會。

　　這個策略的成功，展示了AI在市場分析和快速策略調整中的巨大潛力。通過「智慧氣象分析系統」的準確天氣預測，以及「市場機會探索器」的深入市場分析，AI幫助商家有效地應對了突發情況，並為未來創造了新的銷售機會。

新工具包系列如下：

金融行業工具

1. SAS 自動化風險評估

功能　提供自動化風險管理和評估解決方案。

關鍵字查詢　「SAS 風險評估」。

2. Zest AI

功能　人工智能驅動的信貸解決方案，致力於消除貸款決策中的偏見。

關鍵字查詢　「Zest AI信貸解決方案」。

零售業工具

3. Blue Yonder 智能庫存管理

功能　數字化供應鏈和全渠道商務履行解決方案。

關鍵字查詢　「Blue Yonder 智能庫存管理」。

4. Appier 客戶行為分析

功能　客戶行為分析和個性化推薦系統。

關鍵字查詢　「Appier 客戶分析」。

5. IBM 智能客服

功能　透過AI提供智能客服服務。

關鍵字查詢　「IBM watsonx Assistant」。

媒體與娛樂業工具

6. LearningSEO.io

功能　SEO 專業虛擬教學，利用AI學習 SEO。

關鍵字查詢　「LearningSEO.io AI SEO」。

7. Clovers 人工智能招聘

功能　智能招聘指南。

關鍵字查詢　「Clovers AI」。

法律工具

8. DoNotPay AI 律師

功能　自助AI軟體，幫助理解和起草法律文件。

關鍵字查詢　「DoNotPay 法律軟體」。

一般工具

9. COZE 免費 AI GPT 網站

功能　提供多種AI工具和應用。

關鍵字查詢　「COZE AI GPT」。

10. COZE AI 影片輸出

功能　專注於AI驅動的影片生成。

關鍵字查詢　「COZE AI 影片輸出」。

11. Gamma AI 簡報工具

功能　提供AI輔助的簡報製作工具。

關鍵字查詢　「Gamma AI 簡報工具」。

天氣預報工具

12. DeepMind 天氣 AI

功能　用於更快和更準確的全球天氣預測。

關鍵字查詢　「DeepMind 天氣 AI」。

語言處理工具

13. ChatGPT

功能　專注於機器翻譯和自然語言處理。

關鍵字查詢　「ChatGPT」。

14. AI 心智圖工具

功能　提供AI驅動的心智圖創建工具。

關鍵字查詢　「AI 心智圖工具」。

社群媒體數據分析工具

15. OneAD 社群媒體數據調查

功能　提供社群媒體數據調查服務。

關鍵字查詢　「OneAD 社群媒體數據」。

16. Octon 數位協作溝通工具 CONCIO

功能　提供數位協作和溝通解決方案。

關鍵字查詢　「Octon CONCIO 數位協作工具」。

AWS AI 服務

17. AWS AI 電腦視覺、語言 AI、商業指標

功能　包括影像和影片分析、自動化資料擷取、語言處理、客戶體驗改善等。

關鍵字查詢　「AWS AI服務」。

Azure AI服務

18. Azure AI Services

功能　包括即時翻譯、語音和視覺識別、語言處理等。

關鍵字查詢　「Azure AI服務」。

Google Workspace AI 工具

19. Google Workspace AI

功能　包括生成式AI工作助理和AI聊天機器人。

關鍵字查詢　「Google Workspace Generative AI」。

Google AI擴充工具

20. ChatGPT 資料輸入小幫手

功能　結合 Google AI的資料輸入助理。

關鍵字查詢　「ChatGPT 資料輸入小幫手」。

21. Google Gemini 延伸工具

功能　包括 API 連接器、GPT 寫作助手、資料豐富化和內容創建等。

關鍵字查詢　「Google Gemini 延伸工具」。

台灣廣廈國際出版集團
Taiwan Mansion International Group

國家圖書館出版品預行編目（CIP）資料

AI時代的跨國經營：規模不是問題，價值鏈才是關鍵 / 曹安邦著.
-- 初版. -- 新北市：財經傳訊出版社, 2024.03
面；　公分. -- (sense；76)
ISBN 978-626-7197-53-0(平裝)
1.CST: 跨國企業　2.CST: 企業經營　3.CST: 行銷策略　4.CST: 行銷通路

494　　113000839

財經傳訊
TIME & MONEY

AI時代的跨國經營

規模不是問題，價值鏈才是關鍵

作　　者／曹安邦

編輯中心／第五編輯室
編 輯 長／方宗廉
封面設計／張天薪　**內頁排版**／菩薩蠻數位文化有限公司
製版・印刷・裝訂／東豪・紘億・弼聖・秉成

行企研發中心總監／陳冠蒨
媒體公關組／陳柔彣
綜合業務組／何欣穎
線上學習中心總監／陳冠蒨
數位營運組／顏佑婷
企製開發組／江季珊、張哲剛

發 行 人／江媛珍
法 律 顧 問／第一國際法律事務所 余淑杏律師・北辰著作權事務所 蕭雄淋律師
出　　版／財經傳訊
發　　行／台灣廣廈有聲圖書有限公司
地址：新北市235中和區中山路二段359巷7號2樓
電話：（886）2-2225-5777・傳真：（886）2-2225-8052

代理印務・全球總經銷／知遠文化事業有限公司
地址：新北市222深坑區北深路三段155巷25號5樓
電話：（886）2-2664-8800・傳真：（886）2-2664-8801
郵 政 劃 撥／劃撥帳號：18836722
劃撥戶名：知遠文化事業有限公司（※單次購書金額未達1000元，請另付70元郵資。）

■出版日期：2024年03月
ISBN：978-626-7197-53-0